U0464220

　　本书是 2012 年国家社会科学基金教育学课题"陌生人社会伦理关系形成中的个体德性养成研究"（CEA120118）的结项成果，同时由国家重点研究基地山西大学科学技术哲学研究中心学科建设基金项目资助。

周斌 著

重思道德哲学
——基于当代中国道德问题的分析

CHONGSI DAODE ZHEXUE
——JIYU DANGDAI ZHONGGUO DAODE WENTI DE FENXI

中国社会科学出版社

图书在版编目（CIP）数据

重思道德哲学：基于当代中国道德问题的分析／周斌著．—北京：
中国社会科学出版社，2017.7
ISBN 978－7－5203－0751－2

Ⅰ.①重… Ⅱ.①周… Ⅲ.①伦理学—研究—中国
Ⅳ.①B82－092

中国版本图书馆 CIP 数据核字（2017）第 174632 号

出 版 人　赵剑英
责任编辑　朱华彬
责任校对　张爱华
责任印制　张雪娇

出　　　版　中国社会科学出版社
社　　　址　北京鼓楼西大街甲 158 号
邮　　　编　100720
网　　　址　http：//www.csspw.cn
发 行 部　010－84083685
门 市 部　010－84029450
经　　　销　新华书店及其他书店
印　　　刷　北京君升印刷有限公司
装　　　订　廊坊市广阳区广增装订厂
版　　　次　2017 年 7 月第 1 版
印　　　次　2017 年 7 月第 1 次印刷
开　　　本　710×1000　1/16
印　　　张　15.75
插　　　页　2
字　　　数　254 千字
定　　　价　69.00 元

凡购买中国社会科学出版社图书，如有质量问题请与本社营销中心联系调换
电话:010－84083683
版权所有　侵权必究

目　录

引　言

　　无论在西方还是中国，现今的社会发展和道德状况都已经脱离了伦理学最初的历史语境和理论语境，新时期的道德哲学应当倾注于深刻的时代关怀，当代中国道德哲学更是如此。因此，问题的关键不在于道德哲学是否应当自我改造和自我发展，而是应当怎样改造和发展自身以适应时代的变化。道德哲学的使命在于研究现实社会中最紧迫的道德问题，这些问题的解决也意味着中国道德理论和道德实践发展中的绵延不绝的后劲。

　　与政治生态、经济格局等宏大图景中的复杂而深刻的变化一样，当代中国的道德现实也呈现多向度的特点，同时道德理论的研究也正在经历从总体抽象向社会纵深层面发展的模式。道德哲学研究需要直接切中国家和社会的真实问题，努力建构关于道德问题的历史脉络以及对人类个体的生活有判断力和分析能力的话语体系。在话语力量所建构的问题解释框架中，理论的内容以及范式并非是最关键的环节，需要重视的问题是理论能否符合解决现实问题的期待。展开以问题导向的研究路径应当指向社会道德现象的本质以及个体道德的形成机制，因而它在理论渊源上既区别于以思辨形而上学为特征的西方古典道德理论，也不同于近年来国内外以纯粹理论构思为主导的研究思路。

　　在当代中国社会，道德问题的多样性和复杂性以及价值层面的冲突和分歧，反映出转型时期社会个体在道德认识、道德态度和道德心理层面的波动。在当今世界，还没有哪一个国家像今天的中国一样给人以复杂的感受，社会主义市场经济持续繁荣与法治观念的相对滞后、稳固的意识形态与复杂的社会思潮、传统文化与现代文明的藕断丝连，这一切足以使任何试图解决中国问题的简单化思维难以为继。在纷繁复杂的社会环境中，对社会生活形成重要影响的道德问题迫切需要具有时代特征的哲学智慧和理性分析。因此，对当代社会道德问题的审视，必须立足于一个复杂的现实中国。中国社会的复杂性起源于弯道超车式的改革和转型，并且由于中国社会道德文化心理与西方存在重大差异，使得我们对道德的认识既有时代特点又有历史上一脉相承的东西。这也进一步说明，对道德问题的分析和解决要体现出明显的中国特色和时代烙印。从研究旨趣来说，单纯的哲学分析尽管可以体现理论深度，但未能深入现实中最令人焦虑的状况并提出有效的对策，现实社会需要的是道德哲学的具体形态和对复杂性问题的深度廓清。

显而易见的问题是，现实社会中的道德焦虑主要集中于部分社会成员对道德规则的明知故犯。我们需要研究的问题可能并不是论证为什么"无人故意犯错"，而是个体在明知做什么事情违反道德的情况下为什么执意去做这样的事情。我们尤其要关注一些严重的社会道德问题，例如人与人之间的利益侵犯，包括人格侵犯、财产以及身体的侵犯，以及在侵犯过程中充斥的欺骗、诈骗、口蜜腹剑、人心险恶等等直接性的人为侵犯行为或者潜在的侵犯风险。面对这些社会道德领域中的突出问题，有必要从社会基础、道德理论与市场经济发展、国家和社会治理的现代性要求等方面深入思考，从而把握问题的本质和全貌。

首先，当代中国道德哲学与道德问题研究的复杂性，与社会伦理关系的深度变迁相互交织。当代中国陌生人社会的逐渐形成和熟人社会交往观念的相对固化是道德问题研究的社会基础。准确把握这一问题，有助于我们深刻洞察社会转型过程中出现的各种道德问题的根源与症结，有助于我们在社会道德治理实践中对症下药，寻求符合社会道德生活实际的分析思路和解决方案。

其次，要清楚地认识到，与当前我国社会道德问题研究相关联、并切实提供现实问题的反思前提的是社会主义初级阶段的市场经济模式，而不是与欧美道德哲学相适应的、成熟的西方古典市场经济理论。长期以来，一些关于我国社会主义市场经济条件下的道德理论研究，不加区别地从欧美国家成熟的市场经济出发来反思我国改革开放进程中的道德建设问题。从成熟的市场经济理论出发的道德问题研究，本质上体现为以西方道德理论体系为背景的外部反思。而当代中国道德问题研究，恰恰是要立足于社会主义初级阶段下的市场经济不发达、不成熟的现实基础以及整个社会法治意识相对薄弱的实情，而这一点理所应当地成为当代中国道德哲学和道德问题研究的基本默认点。

最后，在当前我国社会，解决道德领域突出问题以及提高社会成员的道德水平，要将其放置于建设法治国家、法治社会的总体战略和要求中去深入思考，从而建立一个适合转型社会的道德生活实际、与国家政治制度和法治进程相符合的道德问题分析和解决的理论模式。

在当前社会道德领域突出问题治理中，要特别重视发挥法治的功能，以法治体现道德理念。同时，也不能对这一问题进行简单化的解读。比如，以法治推进道德建设就不能片面地理解为道德的法律化。事实上，道德法律化是传统法律伦理化思维的历史延续。古代法的本质是"刑"，道德法律化的本质是道德刑法化，"以法为教"追求法律的道德教化效果，但在本质上体现为刑罚威慑，因而在"民免而无耻"与"有耻且格"之间无法实现通达。然而，今天的许多人在谈到守法的时候，依然沿袭传统社会"法即刑"的观念，把法治意识片面地理解为刑法意识，"只要没有触犯刑法就是没有违法"的观念具有很大的思想市场，整个社会还没有形成足够的法治信念。其后果是整个社会刑法意识强而法治意识弱，一些社会成员的道德水平维持在刑法威慑的状态，对道德规则的蔑视较为普遍。由于一部分社会成员仅仅把是否违犯刑法作为行为选择的前提，那么在这种出于逃避严厉法律制裁的意图驱使下，各种违背道德规则的行为就不言而喻了。如果我们对法的敬畏不仅限于对刑法的恐惧，而且是对规则、正义的尊重，那么遵守道德规范就有了区别于传统的理由，法的理念就成为道德约束力在思想意识上的重要依托。如此，人们对道德和法的敬畏感是一致的，因为守法精神不仅来自于对法律的恐惧，而且是对一切规则的敬重。从另一方面讲，如果作为社会规则的道德尚未从法治意识方面获得基于规则意识的真实信念，道德就不能成为具有现实效力的概念。中国社会有必要把对刑法的敬畏扩展到对一切规则的敬畏，使规则意识成为人们遵守法律规范和道德规范的内在依据。因而，以法治推进社会道德建设，要体现为以公正、平等、自由等法治的实体价值与社会主流价值观念、公共道德愿望之间的契合，社会道德运行要基于法的理念的设计和安排，致力于形成以法治思维为主导的有序化的伦理秩序和道德状态。

纵观世界历史，任何一个国家对道德领域突出问题的治理都将呈现筚路蓝缕的艰辛过程，而且迄今为止的社会历史不存在彻底的道德完美。需要指出的是，在我国社会发展过程中出现的各种道德问题，是在国家和社会发展沿着正确方向的历史进程中产生的问题，尽管它不可避免地引起整个社会道德感的强烈反弹。然而，整个社会心态需要逐渐适应当代中国的复杂现实，要能够正确对待国家社会发展中的挫折。我们真诚希望，中国社会围绕道德问题的认识体现出成熟、理性的一面，社会成员应对道德问题的策略在整个国家趋向完美的映衬下不断得到强化。

第一章 道德哲学的现实向度

道德哲学、道德问题与道德治理，是现代道德理论与实践的有机统一。当代中国道德哲学异之于别的相关理论之处在于，它不满足于构造解释世界的逻辑体系，而是随着国家与社会本身的发展变化，紧扣时代命脉，敏锐洞察社会中的道德问题并提出有效的解决方案。道德哲学研究的重要任务，即在于从每一时期的社会复杂现象中发现本质性的问题，并将这些问题赋予新的哲学解释，从而使这种哲学解释成为道德问题治理的理论前提和实践指导。当代中国社会道德治理和个体道德培养研究必须站在时代的前沿，面向具体的社会历史条件，把握社会道德问题的构成因素。在这一思路下，道德哲学研究应当根植于社会现实基础，而不能在思辨形而上学框架中迷失方向。

第一节 道德价值难题

在日常生活中，如果一个人能够经常做到言行一致，就已经可以算作一种美德了，因为在现实交往中充满了太多的言而无信、出尔反尔甚至口蜜腹剑。当然，言行一致一般是指做道德上正确的事情，而不是指做道德上错误的事情，因为一个人也可以声称纵火并且实施这一行为。按照康德伦理学的观点，言行一致所具有的道德价值是有前提的，只有源于善良意志的言行一致才符合道德原则。

言行一致反映了一个人能够遵守诺言，其特点是做出承诺与履行承诺都是通过语言或行为来直接检验和反映的表现形式。因此，从这个意义上说，做到言行一致还不能算作很高的道德要求。一方面，如果所许诺的不是那些不切实际的目标，那么能够公开承诺的东西应当符合大众理性的预期。另一方面，对公开承诺的违背必然要承受一定的社会压力并导致个人声誉的风险。

与言行一致的要求相比，知行统一在道德理论和社会实践中较为复杂，是指如果一个人已经懂得去观察和了解事物或行为的本质，那么他就会依据真理或道德原则行事。如果他知道并认同社会道德规范，就会按照道德的要求与人交往。在此意义上，马尔库塞说："认识论本质上就是伦理学，伦理学本质上就是认识论。"① 知行统一体现了认知与行为之间的确定性，尽管知行统一并不表明践履道德行为的原因毫无例外的是对道德理论的认同，但从行为的外在性上至少可以说明该行为是与相应的道德认知具有相关性。例如，一个人做到遵守公德是因为遵守公德的行为在道德上是正确的，也可能是出于对公众反感的担忧或者是对某些人情绪化攻击的恐惧，但不论如何能够意识到对公众反感甚至恐惧的担忧已经反映了行为者的道德理性。

在言行一致和知行统一之间，"言"与"知"的关系是"言"是"知"的外在体现，表明他人认为你已经"知"，因而言行不一导致的后果纯属咎由自取；但"知"未必要通过"言"来证明，最终依靠行为主体的自我确认。尽管所谓道德理性的"知"一般是指通俗的道德理性知识，但就一个人对道德的认知程度而言，他人只能认为你应当具有道德认知，但不能在事实上进行客观确认。因而，严格地讲，他人对你是否拥有"知"难以确认，以至于一些违反道德规范的人可以把"无知"作为无理狡辩的依据。因此，知行统一在实践中要比言行一致的难度大得多。随着社会历史的发展，道德认知的外延也不断扩展，比如，社会发展中呈现出陌生人社会的人际关系准则或互联网技术引发的交往规则，以及未来生活中可能还会出现的规范，表明"知"与"行"之间是一个不断互动的过程。

论及道德上的知与行，不得不提到古希腊的思想家苏格拉底。苏格拉底曾说没有人故意犯错，但这是一个耐人寻味的判断。"故意"表明行为是基于"知"的前提下的意向活动。由于"知"的确定性仅仅依靠行为

---

① ［德］赫伯特·马尔库塞：《单向度的人》，刘继译，上海译文出版社 1989 年版，第112—113 页。

主体的自我确证，那么苏格拉底关于"无人故意犯错"的命题就是超感性领域中的判断。超感性领域是思维领域，排除了知识与行为之间存在的任何可能对人的行为产生影响的利益、胁迫、幸福等感性因素。因此，苏格拉底强调要首先认识自己，不受外在事物的纷扰。此外，"故意"还表达了行为的理由。我们知道苏格拉底第一次把哲学从天上转入人间，开始关注人类的世俗生活，因而"无人故意犯错"表明如果一个人知道在某种情况下不违反道德就无从获得利益，那么只有那些毫无私欲的人才可能不去犯错。一个人的行为之所以会犯道德上的错误，是因为他知道只有违背道德才能满足其真实欲望。如果不义之财只有通过违反道德才能获取，那么做不道德的事情必然是来自缺乏责任意识的自由。大多数犯错的行为不是无缘无故的，假如一个人不是因为利益（包括不健康的心理利益）的缘故绝不会做不道德的事情。苏格拉底指证了人们在道德上明知故犯的哲学根源。或许我们可以认为，由于道德知识并不能增加道德行为，有道德知识不意味必然有道德行为，那么一个人只有在明知道其行为是违反道德的时候，这样的行为才是真正的不道德行为，否则难以理解为什么会有人违反道德。人们知道有些事情不能够做到因此不去做，但是人们可以在知道什么事情不应该去做的时候非要去做。当代社会道德理论研究的重点并不主要是分析为什么有道德知识的人不一定有道德，也不是为了人们能够做道德的事情而给他传授道德知识，而是在假定人们拥有道德知识的情况下怎样使人们不去违反道德，这个问题在道德形而上学框架内是无法解决的。人们通常认为有道德知识就应该有道德行为，并同时指出现实生活中两者之间存在的悖论关系，但人们大概没有注意道德知识和道德行为分属于不同的领域，两者之间并不存在逻辑上的必然关联。

无论是言行一致，还是道德知识与道德行为的关系，都还存在着致命性的难解之谜。比如，对于那些言行一致的行为究竟是出于严格的义务论，还是出于对声誉风险的担忧，在很多情况下无从进行任何形式的检验和确认。如果一个人声称他对别人的积极援助是出于康德的绝对命令，你可以表示怀疑但没有足够的理由进行驳斥，除非你找到他的行为与利益动机之间的客观证实。因此，一个人做道德的事情是出于严格的义务论还是出于某种利益得失的考虑，这只能依靠行为主体的自我确证。因而，某种行为是否出于义务的要求在存在论意义上是他人不能过问的，这就使严格的义务论具有道德形而上学的本质。虽然人们没有理由否认道德行为出于义务，但同样没有理由相信道德行为一定出于义务。

判断行为是否出于义务是超感性领域中的问题。西方形而上学传统严格区分了感性世界和超感性世界，认为事物的本质性、现实性和真理性归属于超感性世界，而不在感性世界。从柏拉图到黑格尔，从意见世界与理念世界的划分到绝对精神、思辨神学，都认为事物的真理在超感性世界而不在感性世界。这种划分也隐约地体现在道德哲学方面，例如行为义务论、神命论的道德理论、直觉主义良心论等等，这些理论追求道德的抽象性和普遍性，把道德的依据限定在人的精神领域或者宗教意识层面，在超感性的意义上来维护道德真理的权威性。例如，神命论的道德理论认为道德是一种超自然的来源，道德意义上的正确性取决于对宗教的虔诚，人们的道德行为遵循上帝的命令，道德动机的源头是宗教理念。

但问题显然不是这么简单，超感性意义上的道德理论使思维进一步复杂化。如果说道德动机来自于超感性世界，对事物的道德判断依赖于思辨形而上学，那我们就有不遵守现有的法律和风俗习惯的理由。道德显然不同于法律，甚至不同于社会流行中的风俗习惯，如果现实的法律和风俗习惯是感性世界的产物，那么超感性世界的道德理念就与现存的法律或者风俗习惯的合法性解释相去甚远。因此，道德作为排他性的个体自我感受，自然成为道德先验主义原则的建构基础。在历史上，我们从中国传统典籍和西方伦理思想中都可以找到关于道德概念的形而上学的理解。如《周礼·地官》注："德行，内外之称，在心为德，施之为行。"黑格尔在《法哲学原理》中区分了道德和伦理，虽然黑格尔关于伦理的论述具有实体观念的特征，但他对道德的理解是孤立的，他对道德价值的说明依然具有近代西方理性思辨的浓厚色彩，在这一点上比起康德的伦理学有过之而无不及。黑格尔说，"人在自身中的这种信念是无法突破的，任何暴力都不能左右它，因此道德的意志是他人所不能过问的。人的价值应按他的内部行为予以评估，所以道德的观点就是自为地存在的自由。"① 同样，严格的义务论与直觉主义的良心论的存在理由也是先验的和超感性的，义务与良心属于超感性世界，从义务和良心出发可以解释感性世界中的行为，

---

① ［德］黑格尔：《法哲学原理》，范扬、张企泰译，商务印书馆 1961 年版，第 111 页。

但从感性世界的行为去追溯超感性世界中的行为的本质，是难以理解的。因此，人们有理由去怀疑道德价值的超感性存在。这一问题反映在哲学史上，就是近代哲学的身心二元论所确立的典型的领域分界问题。20 世纪以来，语言哲学试图瓦解古典的形而上学体系，但显然仅仅是研究方法的转换，它能做到的无非是希望人们关注新的哲学语境，从而使思维方式从形而上学的桎梏中解脱出来。

道德哲学上的超感性领域和感性领域的区分，在理论上是基于道德价值的概念形成的。关于道德价值的研究是伦理学的重要主题，学者们提出的看法和观点也让人眼花缭乱，使人无所适从，甚至从任何一个对道德价值的解释出发都可以说出一套自圆其说的道理来。在伦理学史上，道德价值成为人们关注的概念，在很大程度上来自于康德义务论和功利主义之间的论争。道德价值这一概念在现实生活中指向行为的价值判断，通常体现了感性世界的常识性问题，但在道德哲学层面成为区分各种道德理论孰优孰劣的标志性概念。某一行为是否具有道德价值，严格的义务论与后果主义伦理学的判断标准是不同的。例如，道德行为是出于善良意志、良心还是出于外在的利益，是判断行为道德价值的不同向度。由于形而上学领域的道德意识是主体思维，因而善良意志在道德价值判断上具有天然的优势，道德的圣洁是一个只有在先验世界才能被衡量的问题。与义务论不同，功利主义是一种后果主义，人们的行为是否具有道德价值，取决于行为是否带来幸福或效用，作为个人层面的利己主义也是如此。幸福和效用是社会行为的产物，这种行为的价值可以令人赞赏，产生良好的效果，但它的价值属性是非道德的。康德伦理学则将道德行为的价值附着在严格的义务论上，严格的义务论的一个重要特点是指行为出于义务而非合乎义务。在严格的义务论上，道德规范与道德价值直接相关，行为符合道德规范就是具有道德价值的行为。在义务论看来，道德价值依附于行为自身，体现了行为主体对道德规范的敬重以及行为主体作为道德价值的唯一意识来源。在道德形而上学的框架内，道德价值表达的是行为本身的固有属性，反映了道德主义的特征。

在康德看来，善良意志本身就有完整的道德价值，这种价值与可能产生的结果没有关系。比如救落水的人没有成功，但听从道德召唤，体现了道德上好的意图。善良意志的价值是绝对的和无条件的，但其他的美德例如勇敢的价值就是相对的，是有条件的。勇敢是否有价值，取决于勇敢是否出于善良意志。善良意志表达的是向善的动机，良知、良心表达的是善的信念。当一个人对别人说某些事是应该做的时候，这里的"应该"显然是义务论的应该。但具有善良意志并不等于善良意志真实地体现出来。如果说未能成功救人，那么按照功利主义原则的要求，这一行为就没有道德价值，这样的结论确实有些武断，因为救人的行为本身具有社会价值，就像战役中并非每一名士兵都能击杀敌人，但不能说没有击杀敌人的士兵参加作战是没有价值的。不过，如果说善良意志可以为非道德的行为失误进行"好心办坏事"的辩护，这通常是一个让人感到无法接受的观点。当康德把责任的概念抽象化和普遍化的时候，就可以把责任本身与效用的概念区分开来。事实上，在生活实践中我们很难推断一个人在何种程度上对于自己的善良意志具有高度的确信，以至于我们不能轻信那些在道德上信誓旦旦的人。

康德的义务论是从行为的道德正确性方面区别于功利主义，行为本身即使不考虑后果也不影响行为本身的道德属性。从另一方面看，对不考虑后果如何的行为的理论考察，实际上是说这种行为是概念意义上的"行为"，仅仅关注"行为"本身。恰恰在这里康德并没有追究行为实施者的意图，因为行为者的意图与行为本身的道德正确性没有相关性。例如诚实行为体现了道德上的正确性，但行为人的意图并非总能在行为后果上被人接受。康德强调善良意志，但善良意志关注的是道德价值的自足性，而勇敢、仁慈等美德的价值是以善良意志为依据的。行为在道德上是否具有合法性，取决于行为本身固有的性征，或者是由与它相关的某个规则来确定的。由于严格的义务论所关注的问题仅仅是作为概念的行为在道德上正确的问题，那么内在的道德何以正确，是严格的义务论面临的主要困难。

按照严格的义务论，说真话无论产生什么后果在道德上都是正确的。需要注意的是，我们认为康德不可能固执到不考虑行为的任何后果，这种矛盾仅仅是严格的义务论自身不可避免的矛盾。康德为什么不说无论产生什么后果勇敢的行为都是正确的？因为在康德看来，勇敢是有条件的、相对的，只有从善良意志出发的勇敢才是有道德价值的。勇敢是一种美德，而说真话是一种行为，行为直接与善良意志的道德感召力相关，勇敢是介于善良意志和行为之间的德性。当然，我们生活中会遇到这样的情况，例

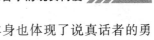

如说真话要承受一定的风险压力，因此说真话本身也体现了说真话者的勇气。因此，只有行为与德性发生关系的时候，行为才能与善良意志实现关联。

其次，即便康德说"任何情况下都不能说谎"，那么这个命题仅仅是在严格的义务论的原则上成立。在康德的伦理学中，道德观念是可以独立存在的，不涉及具体的人类生活环境。因为康德确实对"说真话"的判断是在道德领域中生成的，道德价值仅仅是在道德领域中存在的价值。因此，在道德上正确并不能涵盖正确的一切适用语境，并不意味着康德认为说真话无论在任何情况下产生任何后果都是正确的。康德并不排斥经验，因而无论产生什么后果都要说真话可能在道德判断之外是错误的，因为我们不是生活在道德真空的人。在任何情况下都要说真话，只能在纯粹的道德观念上而言是正确的，如果道德的作用是为人类创造幸福的生活，那么说真话有时候会损害他人和社会的利益。因此，行为不仅仅是道德上是否正确，而且在利害关系判断上要正确，这也就表明行为的善恶和是非是相互区分的两个问题。因此，感性世界的行为判断要优先于超感性世界的判断。此外，无论产生什么后果说真话都是道德上正确的，这样的判断并没有产生任何实际的意义。无论产生什么后果说真话都是道德上正确的，仅仅是就"说真话"这种行为规范而言的，当一个人说真话的时候，"说真话"本身是道德上正确的。在康德的伦理学看来，说真话就是客观的道德事实和道德真理，并没有关切说真话的人，仅仅是对"说真话"的道德判断，而不是对"说真话的人"的判断。后者来自于美德伦理学的理由，而且涉及事实与价值的关系问题。例如，摩尔认为不可能仅仅从事实性的东西把与价值有关的东西推导出来，否则就会导致自然主义的谬误。

对于行为的道德价值，如果人们认为感性世界无法给出令人信服的理由，就只能交付于哲学的先验论。道德形而上学执意要维护道德的纯洁，这确实是一个令人崇敬的神圣主题，尽管它可能引起人们的嘲讽。不过，我们还是要分析一下这样做是否可能使问题复杂化。尤其是对于道德价值问题，严格的义务论或者直觉主义的良心论当然可以自命不凡地做出先验性的论证。知识是在科学上确定生活事实，精神是在道德上衡量事实的价值。思辨唯心主义的道德和直觉主义良心论如果决意相信行为选择出于良知，那么良知就是无限的自我确信，这显然是不可逆转的思维。正如黑格尔所说，"真实的良心是希求自在自为地善的东西的心境，所以它具有固定的原则，而这些原则对它说来是自为的客观规定和义务。跟它的这种内容即真理有别，良心只不过是意志活动的形式方面，意志作为这种意志，并无任何特殊内容。但是这些原则和义务的客观体系，以及主观认识和这一体系的结合，只有在以后伦理观点上才会出现。这里在道德这一形式观点上，良心没有这种客观内容，所以它是自为的、无限的、形式的自我确信，正因为如此，它同时又是这种主体的自我确信。"① 显然，善良意志、良知等概念在人们的印象中高度抽象和思辨。决意相信某种事物属于精神需要或精神追求，对道德主义的信仰尤为如此。

第二节　善良意志何以确证

从古至今，人类一直生活在各种反复无常的自然灾害、国与国之间相互倾轧、人与人之间彼此持续冲突的不确定的状态之中。对世界未知之谜的探索，是存在论的生活要求而不仅仅是求知的欲望。对外部世界的认知，反映为建立于人类个体的生存与外部世界可能的纷扰之间的关系的认识。对自然界的认识和对人的认识的一个重要差别是，后者是人对人的认识，这种认识活动的领域类似于"围城"，需要人类自己认识自己，因而人类对人本身的认识活动具有反思性的特点。同时，对人类社会产生之后作为人化自然的物质世界的认识，本质上也是对人的思想和行为的认识，所以对物的认识与对人的认识在本质上是一致的。总而言之，在对物的认识的基础上，产生了对人类世界的认识；对人类世界的认识，具体而言是对人的认识以及对社会关系的认识。在这一认识过程中，对人的道德以及人与人道德关系的认识，成为人们判断行为价值的基本依据。

对于人的行为，在何种意义上是正确的或者是错误的？例如我们能否干涉一个人自制枪支弹药的自由？一个人在自己的土地上种植罂粟是正确的还是错误的？如果在纯粹的知识论上对行为本身加以分析，一个人自制枪支弹药的行为事实反映了他对枪支弹药的认知水平及其熟练的制造技

---

① ［德］黑格尔：《法哲学原理》，范扬、张企泰译，商务印书馆1961年版，第139页。

术，这仅仅表明这个人是一位枪支爱好者。如果不能从这些事实直接推导出自制枪支弹药会发生伤害他人的后果，如果不能从种植罂粟推导出贩卖毒品，你就没有足够的理由确认这种行为在道德上是错误的。支持超感性道德理论的人认为，功利主义对于行为的评价，是从行为的可能性后果出发，即某种行为可能导致的善或恶的后果，但这种分析具有或然性的特点。动机论的分析强调了如下的理由，如果人们执意相信一个人制造枪支弹药的初衷仅仅是一种喜好或者是为了防范可能的侵害，这显然要比后果主义的或然性分析更加有说服力。至少可以假设，如果一个人制造枪支弹药但还没有实施社会危害行为，那么他就有权利让质疑者回答"你如何认定我制造枪支弹药就一定会导致社会危害"这样的问题，那么争论就无法进行下去。因为如此一来就陷入了超感性思维的怪圈。如果枪弹制造者自称其行为绝不会引起社会危害，也就是说即便有许多制造枪弹的人做出了对社会危害的行为，别人也没有理由质疑他制造枪弹就一定会导致社会危害。动机论的支持者因此认为，我们必须放弃后果主义的立场，只能从制造者的动机加以分析他的行为在道德上是否是正确的。因而，"自我信念"在逻辑上是成立的，同时也表明事实本身引起的价值判断在内在意识领域无从争辩。因此，当一个人说他的行为一定出于善良意志或直觉主义的良心，而不是出于利益等感性因素的时候，你确实没有办法要求他呈现真实的思想。问题只要限于超感性的领域，就只能是终结性的。然而我们发现，一旦行为动机被规定为超感性的，就会带来很大的问题。

如果从善良意志的自我确信出发来考察某些危险行为在道德上是否正确，显然是一个危险的假设。比如，一个持枪的人信誓旦旦地对你说绝不会伤害你，一个深夜手持盗窃工具的人声称绝不会偷盗，那么我们如果按照先验主义逻辑，整个社会就会陷入难以预料的危机。经验论的解决是这样的，在社会历史上曾经出现过不计其数的用枪指人的行为，而且很多情况下都造成了人身伤害，所以用枪瞄准人的行为是不能被允许的。事实上，法律既是对已经发生的危害的经验的认识，也是对未来发生危害的可能性预测，例如禁止私藏枪支弹药，因为自制或私藏枪支弹药会危及社会公共安全和他人生命安全，种植罂粟极有可能导致毒品泛滥，私藏管制刀具可能引起安全事件。法律的逻辑不受超感性的支配，法律规定显然是事实与价值之间存在经验性的关联。如果我们抛开经验事实，有什么理由认为自制枪支就一定会造成社会危害呢？两者之间真的存在必然性的逻辑关系吗？我们可以假设，任何东西都可以伤人，区别在于伤人的工具的杀伤力和杀伤效率有所不同，比如一把雨伞和一把匕首的杀伤力在物理学意义不同，劣质饮料和毒药在化学意义上对人身体的伤害程度不同。这是法律所注重的伤害程度的不同，因而对社会危害的程度有很大差别。法律的逻辑起点是道德，但法律所关注的问题是经验事实，法律分析与道德分析在逻辑推理上具有本质性的区别。法律判断必须依靠具体的行为事实，道德判断则因为理论倾向不同显得比较复杂，例如规范伦理学的道德评价标准是根据行为是否出于规则或义务，而美德伦理学的道德评价需要深入个体的意识领域，考察个体是否具有卓越的道德品质。道德评价不仅关注人的行为，而且还关注行为的意识。

如果说出于善良意志的道德行为才具有道德价值，那么必须能够确定一个人在整个生命过程中对先验性意念的执着。我们会经常看到如下现象，例如一个人长期的兢兢业业但未能避免最后的堕落。当然，可以贯穿生命过程的道德价值在逻辑上是存在的，尽管我们还需要附加一定的条件，例如人类个体首先是一个理性的存在者，我们不能将幼儿阶段或者生命中诸种可能产生非理性的不确定因素也划入道德价值判断的生命过程中。不过，逻辑上可以确证的东西在现实中存在辩护的风险，这是人们怀疑道德价值的表象因素。

此外，超感性道德理论需要解释以下问题，例如我们如何确定某种道德行为必然出于善良意志或良心？我们有没有某种手段来检测该种行为是否一定出于善良意志？直觉主义者并不去追究直觉判断的基础，因为他们本来就认为道德判断终止于我们的直觉，从而认为道德规范不具有绝对的包容性。虽然道德规则具有客观的有效性，但具体情形中任何道德规则都不是决定性的。例如诚实、勇敢、宽容等等并不是在任何情况下都是唯一的选择，我们有必要欺骗作恶多端的人，或者对于行凶者而言最好的性格是怯懦而不是勇敢。如果道德规范不是绝对的，那么就要相信直觉，但问题是直觉的依据显然不像道德规范的认识那样直白。严格的义务论和后果主义之间最大的问题恐怕在于，从经验论出发无法否定先验论，从先验论中无法排斥经验论。如果我们不能确定道德价值的客观性，就不能不面对道德价值的怀疑论问题。如果我们说道德价值是一个问题，就是承认道德价值必须引起人们的追问和反思，从而我们需要承认必须去认识道德价值，遗憾的是道德价值的理论争议势必难以解决。善良意志是对道德正确性的认识和判断的依据，但这一概念不可避免地导致了理论困惑。把善良意志作为行为的依据，导致每个人都可以随意地认为自己的行为出于善良意志。如果每个人都从自己的善良意志出发进行判断，就无法继续争辩了，因为一旦追溯到终结性的问题，也就无法继续分析了。由于每个人都有理由从良知出发确认行为的价值，那么良知是天赋的道德意念，行为义务论最终导致了道德相对主义。孟子说："人之所不学而能者，其良能也；所不虑而知者，其良知也。"（《孟子·尽心上》）我们都渴望良知的存在，但是"良知"所造成的困惑要比良知带来的感动更让人心神不宁。在很多情况下，品格优秀的人也难免遭受质疑，他们对于社会的信任度不够牢固，他们在一些本不该发生诚信质疑的地方仍面临着自证清白的压力。

在康德看来，不是出于善良意志的行为就不能是道德上正确的行为。然而，行为是感性世界中的客观现象，我们从现象层面不能确定行为是否出于人的善良意志。当然，如果我们不采取心理利己主义的观点，那么就没有绝对的理由认为该行为出于利益的考虑。在现实生活中，我们还是把那些直观的、显而易见的行为例如救人于危难之间、秉公执法、诚实守信等等看作道德行为。如果我们试图严格地依照善良意志的道德逻辑来检验道德生活，那么最后的结果就是怀疑一切拒绝一切，社会生活就不可持续，人与人之间就丧失了基本的信任。

问题的关键还在于，怀疑对方的行为是否出于善良意志，会让人感到这是对他的人格和名誉的质疑。例如，认为某一官员勤政为民是为了职务晋升，或者认为某人的慈善行为是想通过积累社会声誉而谋利。因为这种怀疑没有可靠的依据，而且事实上也缺乏铁定的证据，因为能否确认善良意志只能属于行为者的自我意识，这种意识具有绝对的排他性。显然，围绕道德价值问题的争议，善良意志的支持者很难解释先验理念与经验现象之间的强烈反差。按照维特根斯坦的认识逻辑，我们可以认为根本不存在什么是道德价值的问题，这或许是一个简明的选择。

第三节 对良心的考察

一个人是否有道德良心不仅是道德心理学问题，也是心灵哲学问题。严格地讲，良心在一般意义上是一个需要扪心自问的问题，它的真实结构和内容很难从现实意义上完整驾驭。尽管如此，许多哲学家和心理学家对良心问题的研究始终乐此不疲，在他们看来，良心是一个有必要追究的问题。良心与金山、飞马，都不是物理世界的现象，都是心理活动的产物，它们不同于那些只能存在于语言世界的那些东西例如"没有厚度的书""没有温度的水"等等。不过，良心缺乏外在的参照表象，而心理世界是以物理世界为基础建构的，金山、飞马就是以物理世界中的山、马为参照的心理现象，但物理世界中不存在良心的可参照物，即便认为良心是属于"心"的，但"心"仍然是难以认识的概念。那么，对于金山、飞马这些事物如何把握呢？按照蒯因的理解，飞马必定存在，因为如果飞马不存在的话，那么我们使用这个词时就并没有谈到任何东西，因此，即使说飞马不存在，那也是没有意义的。[①] 我们可以按照蒯因的理解方式来把握良心这一概念，看看这种解释是否有效。蒯因认为飞马存在的理由在于语义学的意义，但良心的存在并不是这样。无论我们是否承认飞马、金山的存在，就像电影里面的恐怖镜头一样，它们对我们的生活没有影响，而良心则与我们的生活价值有关，因而良心是现实道德生活中关注度很高的问题。人类通过良心与社会沟通，是依靠主体来确认的，飞马则仅仅是一个虚构意义上的艺术化的东西。因此，说良心必定存在，与"如果良心不存在的话我们在使用这个词的时候并没有谈到任何东西"的逻辑是不同的，良心是否存在不是一个在语言表述上是否有意义的问题，而是一个道德上是否有价值的问题。

直觉主义良心论试图通过直接的内省和知觉，从而做出道德正确性的判断，判断的依据就是良知。"行为是否出于良心"的前提是行为能否出于良心，严格的义务论和直觉主义都认为存在出于良心的行为。如果我们

---

① ［美］威拉德·蒯因：《从逻辑的观点看》，江天骥等译，上海译文出版社1987年版，第2页。

认为世界上有出于良心的行为，那么出于良心的行为就是一个主观判断。但是，直觉主义的良心论还面临着语义学的质疑。比如，我们可以说张三做的事情是假意的善行。如果你认为张三做的事情是"假意的善行"，那么善行是客观行为，假意是说话者对善行这种客观性行为的心理判断，是对做善事的人的心理意向的主观判断。按照客观语义学的理解，"假意的善行"是可以直观的物理现象，如果我们看到了善行，那就肯定是道德行为，而不能说不是道德行为。同样，按照语义学的理解，也不存在出于良心的行为。尽管语义学忽略了说话者的主观心理状态，但关于主观心理状态的判断确实是一个形而上学的问题。当然，我们有足够的理由希望任何人的行为都是出于良知。但是我们不能确定或者不能完全相信存在出于良心的行为。如果我们假设任何行为都是出于良心的话，对社会道德生活究竟会产生什么样的影响？或许，如果我们假设没有任何行为是出于良心的，我们就可以为此做好尽可能充分的准备。

与康德的善良意志一样，良心只是在意识内部有效，在生活实践的道德评价中不具有确定性。在超感性世界，良心是抽象的和普遍的，具有黑格尔自我意识的绝对性，是思辨形而上学意义上道德真理的安放之处。良心在思辨的形而上学意义上显然不能等同于道德信念，因为信念不像思辨哲学的真理那样是无条件的，信念总是具有主观色彩，它不要求每个人都有同样的信念，但良心反映了道德的普遍性和先验性的不证自明。韦伯的意图伦理就是这种先验论道德的注脚。韦伯认为，一个人的责任只限于他的行动的内在正当性，比如行动者不关心结果如何而是关注内心的真诚，例如爱国并不要求为国家做出贡献而是要有爱国的真诚。真诚就是责任的体现，但真诚本身如何检验，是和良心一样无法证明的问题。可见，他们都把这些难以认识的概念的解释权赋予某种神秘力量，视其为不可认知的彼岸伦理。某种道德行为是否出于良心，这是道德的此岸性和道德的彼岸性之间的冲突。

与严格的义务论和直觉主义的良心论相反，心理利己主义否认良心的存在。即便是行为可以说明良心，但不能确定行为出于良心，如果我们是在康德伦理学意义上理解良心的话。比如心理利己主义会认为任何行为都不可能与自我利益无关，因而良心不能成为行为的理由。在康德和直觉主义者看来，只有出于义务或良知才是道德价值的基础，出于自我利益的行为，即使对利益的考虑不是当下的也不具有任何道德价值。心理利己主义认为一个人做一辈子好事也是出于私利，比如他会考虑为他的子孙后代的生活提供某种道德声誉的影响力。在道德哲学体系中，心理利己主义虽然是一种极端的伦理学理论，但它的致命之处在于让人们无法客观地反驳。康德也反对直觉主义的良知论，他说："不错，具有一种正直的（或者像近来人们所称的那样：平凡的）良知确是一个伟大的天赋。不过，这种良知是必须用事实，通过深思熟虑、合乎理性的思想和言论去表现的，而不是在说不出什么道理以自圆其说时用来向祈求神谕那样去求救的。等到考察研究和科学都无能为力时（而不是在这以前）去向良知求救，这是新时代的巧妙发明之一。"① 可见，康德批评以道德意识代替知识论的观点，把良心看作言语狡辩的绝对素材。思辨的道德和良心的价值问题，总是可以引起道德误判的先验条件。这就说明，如果有人认为某种道德行为一定出于良心和道德义务，是既不能证伪也不能证实的问题。所谓良心的不确定性，恰恰意味着良心作为行为的原因（初始性因素）是无法确定的。无论良心是先验的还是从经验生活日渐积聚而成的，问题只在于外在行为是否出于良心仍然是个怀疑论问题。良心所带来的争议，与良心是思辨的概念还是良心是从经验中产生的这两种不同的理解没有关系。即使良心不是道德形而上学的概念，而是来自感性经验的内化，也无法说明行为是否一定出于良心，因为经验所涉及的感性要素非常复杂。

良心的确证应在伦理现实中加以验证，这是良心的确证问题。例如，黑格尔是在伦理中来把握良心的确定性问题。黑格尔说："良心表示着主观自我意识绝对有权知道在自身中和根据它自身什么是权利和义务，并且除了它这样地认识到是善的以外，对其余一切概不承认，同时它肯定，它这样地认识和希求的东西才真正是权利和义务。良心作为主观认识跟自在自为地存在的东西的统一，是一种神物，谁侵犯它就是亵渎。但是，特定个人的良心是否符合良心的这一理念，或良心所认为或称不善的东西是否确实是善的，只有根据它所企求实现的那善的东西的内容来认识。"② 由

---

① ［德］康德：《未来形而上学导论》，李秋零译，中国人民大学出版社 2013 年版，第8页。

② ［德］黑格尔：《法哲学原理》，范扬、张企泰译，商务印书馆 1961 年版，第 140 页。

于道德是主观内在的，因而需要在客观现实中来验证。这通常是我们说一个人有没有道德的依据。黑格尔是在客观精神和主观精神统一的基础上来谈论良心确证性问题，但客观精神的本质也是思辨逻辑的，与我们的客观生活世界不同。黑格尔的良心概念是客观精神，在思辨的意义上等同于神命论的道德理论。黑格尔把良心视为一种神物般的理念，区分了个人的良心和理念的良心，这一点和康德有所区别。康德是把出于义务看作人的理性要求，是自我意识。黑格尔虽然也认为良心是无限的自我确信，同时又认为良心需要现实检验。但是他关于良心的确证性检验是在思维领域中展开的，无法说明现实生活中的某种行为一定出自良心，因为行为的理由是多元化的，比如利益或者恐惧等等。无论如何，决意相信良心和决意否认良心都很难使人信服。

康德的自主性概念也具有像良知一样可能滑向道德相对主义的风险。康德的自主性是指，在建立道德要求和认识道德要求时，我们并不需要任何外在的权威，不管那个权威是上帝还是某个世俗的权威，尤其是我们并不需要任何权威来告诉我们"我们应该做什么"，因为道德要求就是我们按照自己的理性对自己提出和施加的要求。① 自主性不仅表达了自主的权利，也同时体现了对道德要求的认识，但并不能证明所认定的道德要求是正确的。当然，如果你一定要从自主性出发认定自己的行为是道德上正确的，这与直觉主义的良心论所引起的道德相对主义就没有什么区别。

康德的自主性不同于"你可以不赞同我的观点，但你绝不能剥夺我发表观点的权利"，后者并不必然表达自我确信，观点可能是他人的观点，也可能是不成熟的观点，表达的仅仅是自由表达的权利。康德的自主性表达了我应该做什么只能由自己裁决，不需要任何权威告诉我们应该做什么；自主性意味着我觉得我应该怎么做，而且我确信我这样做是道德上正确的行为。因此，自主性这一概念表达了自我确信，自认为出于自我理性的行为选择符合道德要求。自主性所表达的是对道德要求的自我确认，反映了行为在道德上的正确性具有排他性的特征，道德正确取决于自我理性，总之遵循一种逻辑上的自我证成。但问题在于，基于自我确信的逻辑

① 徐向东：《自我、他人与道德——道德哲学研究》上册，商务印书馆 2007 年版，第373页。

证成与道德原则的普遍要求是矛盾的。自主性的道德正确性，当然不能否认这种自我确认的道德要求与现实生活经验缺乏关联，但自主性确实要面对普遍意义上道德正确性如何可能的质问。在经验世界，自主性并不意味着该行为的道德正确性可以毫无例外地获得社会认可，它不会对来自社会认可意义上的道德辩护产生意识的约束，这是自主性与直觉主义的良知论共同面临的挑战。巴特勒指出："良知能够引导我们发现什么样的行为是对的，什么样的行为是错的，因此，为了认识到正确的和错误的东西，我们并不需要一般的规则——我们能够做出道德判断，是因为我们已经具有一种特殊的道德知觉，而不是因为我们已经把握到某些一般的、抽象的道德规则。"①

此外，我们还需要对自主性的道德选择提出知识论的质疑。一个人应该如何进行行为选择，或者理性对自己提出的要求能否不受知识的限制？然而自主性仅仅表达了道德的正确性来自于自己的理性。建立在对自然的认识基础上，假如我们可以准确判定某地区地震的时间和强度，我们就必须做好紧急疏散震区人员的工作。假如不能准确判断，我们就应当做好防震工作，做到有备无患。对于理性的道德要求而言，人们的行为选择确实受到知识的限制。因为道德就是按照自己的理性对自己提出的要求。

第四节　道德的确定性问题

在道德主义的形而上学框架内来解释道德价值并试图融入现实生活，为极端的道德主观主义提供了免于质疑的自由。道德价值尽管是重要的伦理学概念，但如果不能在感性世界中予以清晰的说明，对于解决道德问题很难形成真实效力，并且加剧了社会道德生活的复杂化。因此，如果理论必须具有现实的力度，那么在社会秩序的层面上，关于是否存在道德价值的争议就不再成为最紧要的问题。因为某种道德行为是否出于良心的命令，或者某种行为在何种意义上才具有道德价值，都是可以怀疑的。因而，不是道德价值不容探讨，而是我们应当在感性世界中来把握事实与价

---

① 参见 Joseph Bulter, Six Sermons Preached upon Public Occasions, in Joseph Bulter, *The Works of Bishop Bulter* (ed. J. H. Bernard, London : Macmillan, 1990), Vol. 1.

值的问题，只有真实的、可感知的道德价值才能对社会成员的道德生活产生感召力，才能激发社会共识与人际和谐。道德价值要从人类生活中找到基础，只要我们确信存在着客观的道德，就必须使道德价值转化为实际的社会激励。

与超感性世界中的道德主义不同，道德问题意识致力于回应现实中的复杂局面，它提供给我们有价值的东西不仅是理论认识问题，而主要是道德问题的解决模式。超感性道德认为道德的确定性在于脱离现实的超感性领域，但道德问题的解决，需要实现道德的确定性。道德主义专注于私人领域，例如善良意志、直觉主义的良知论、孟子人性论等等。这种理论强调个体意识内部的道德是道德理论的内在超越，因为道德就是人的属性，每个人都应当把道德修养作为自我实现的主题。超感性道德也希望解决问题，但善良意志、良心等因素正因为极度崇高，因而为道德标榜与伪善创造了主观条件。超感性道德并非真正远离现实的道德生活，它应当成为每个人心向往之的原则和目标，但超感性道德的确引起了道德思维与道德实践的断裂，这是超感性道德无法避免的后果。

针对道德问题意识的预设前景是良好的道德风尚和完美的社会秩序。社会秩序的表象看起来是一个简单而真实的问题，它直观地体现了人的行为在社会意义上的正确性。行为表象属于经验科学的陈述和陈述系统，而在道德价值层面考察行为是否出于良心则是形而上学的命题，或者是那些也属于纯粹逻辑的命题。伦理学中的行为及其结果，其特征在于它的经验观察基础，而良心的形而上学的特征在于其思辨方法。道德规范并不能直接触动人的心灵，而是规范人的行为。传统道德哲学的重点是劝善，道德修养的基地是"心"，也就是善以心论，而现代道德哲学的任务是对防恶治恶的研究，制度性的道德规范或法律规范是对恶行的防范和惩治，所谓"论迹不论心"，关注的是恶的行为而不是恶意，这是应对人与人之间侵犯问题的基本理论前提。

简而言之，我们应当使道德哲学理论来一场真正的思维变革，尽管我们不可能越出超感性世界的道德主义边界，但应当在感性世界中感受实际生成的道德价值，并面对复杂的道德问题提出有效的解决方案。在体验道德问题带给我们的困惑之前，有必要认识道德问题的现实基础，这一问题我们从两种道德的确定性问题出发加以分析。

　　超感性世界把善良意志、良心视为道德的确定性基础，而感性世界的道德确定性要求在生活实践中发现"什么样的道德"。在形而上学划定的超感性世界和感性世界的两极结构中，超感性的东西可以解释感性的东西，例如借助理念就可以认识感性世界中的一切，这就是以"一"分析"多"。由于超感性世界的道德是绝对性的真理，例如康德的绝对自主性等概念，是自由主义的道德根源，成为绝对人权、绝对权利的理论基础，从而使自我成为政治生活的正义标准。但道德主义的逻辑是理想性的，不能代替现实中的道德问题，道德问题一定是特定的政治经济文化中的问题，这是道德确定性的基本条件。基于道德主义，任何自主性的要求都应合理化，任何制度、法律、文化都理应受到人类天然的质疑。道德主义也试图寻求社会共识的绝对基础，但超感性的意识如天赋人权和绝对理念是绝对真理，而现实政治制度永远是不完美的，以至于人们不得不承认"民主仅仅是最不坏的方式"。政治的合法性永远是人类社会发展中的相对认可，人们总是在解决问题中逐渐靠拢最优的政治方案。现实社会中的理想主义者一方面想基于道德主义的最优模式变革政治制度，一方面又无力解决现实中存在的问题，这是完美主义者的内在矛盾。于是，将一切问题政治化显然成为一种思想惰性，道德问题的存在本身是无秩序的，再将道德问题政治化则是无秩序的叠加，况且现存的任何政治制度都不可能实现道德问题的彻底解决。

　　在感性世界中，对道德的理解来自生活经验，而在超感性世界中认识道德，是从善良意志、良心来定义道德的。例如，康德认为离开善良意志就不能正确地说明什么是道德，直觉主义的良知论认为道德的正确性来自个体内在的自省和对良知的直观。由此可知，严格的义务论对于道德的定义是先天规定的，而且道德的定义说明了道德与善良意志或道德与良心之间的同义性，同义性就是被定义词"道德"和"善良意志"或"良心"等概念之间共同的特征。如果把道德定义为"善良意志""良心"，那么"道德就是善良意志或良心"这个句子根据道德的定义就可以还原为一个同一律的逻辑真理。但问题在于，道德的定义能否说明被定义词和定义词之间的同义性？蒯因认为，"定义并不是字典编纂者，哲学家，语言学家们先天规定的，而是从经验中来的。同义性关系是先已存在的经验事实，是定义的前提，定义只是对观察到的同义性的报道，当然不能作为同义性的根据。"① 按照蒯因的理解，道德的定义不是哲学家先天规定的，而是从经验中来的。比如，我们可以认为道德是生活世界中的道德规范，道德规范的形成机制则是经验性的，它通过个体的道德实践最终内化为良知。如果把道德定义为善良意志或良心，是因为在人们一般的用法中已经含有道德与善良意志或道德与良心这两组词语形式之间的同义性关系。此处，同义性关系是先已存在的事实，是定义的前提。道德的定义只是对道德与善良意志或道德与良心之间的同义性的说明，不能作为同义性的根据。假如从道德的定义来说明道德和善良意志或道德与良心之间的同义性，就会陷入循环论证。

在超感性道德面对现实社会问题感到困惑的地方，就要立足于道德的感性直观，感性直观是以道德问题研究为认同基础。分析行为事实的道德依据以及建立道德的经验基础，需要首先确立道德理论研究的基本共识。

（1）首先是对一些基本价值概念的认识。

作为社会道德研究的思想前提，自由、平等、公正等概念有其应用的前提和界限。如果因为这些概念来源于西方文化，就必须采用西方的解释来观察中国社会问题，就只能是一种外部反思。在吴晓明看来，马克思的批判方法要求深入"现实"中去，不仅要反对非历史的观点，而且要反对主观思想。主观思想突出地表现为"外部反思"：它知道一般原则，但从来不深入到现实内容中去。② 吴晓明指出，伦理学中有一种公平叫"形式的公平"，但这一问题恰恰说明了澄清前提、划定界限的重要意义。例如"切蛋糕"这种形式的公平必须是在"利己主义个人"和"原子个人"的前提下才能建立起来。只有具备这两个前提时，才能建立起这种公平。然而，在中国就难以设想这种公平能理所当然地建立起来。因为在中国，利己主义的人，也许在某种程度上是成立的，但原子个人却还未曾真正产生出来——西方的原子式个人是伴随着一千多年的基督教教化而确立的，而不存在原子个人却是理解中国社会的真正钥匙。③ 可见西方文化中的"公平"在世界范围内不具有普遍意义，比如中国家庭的血缘关系

---

① ［美］威拉德·蒯因：《从逻辑的观点看》，江天骥等译，上海译文出版社1987年版，第18页。

② 吴晓明：《守护思想，引领时代》，《人民日报》2013年11月15日第7版。

③ 吴晓明：《什么是开启我们时代思想的当务之急》，《文汇报》2014年2月16日第6版。

和伦理情感下的分配正义就与此不同。由此可以看出，如果我们在"普世"的意义上理解公平，就只能是抽象的公平而不是与解决中国社会道德问题相适应的公平，这种公平显然是立足于道德主义的理解。道德主义追求绝对的道德真理，具有天然的普适性，但对于现实道德问题于事无补。为了避免陷入道德主义的形而上学境遇，分析和解决道德问题必须考虑其应用范围和解释空间。这就需要确立价值概念分析的默认点，限定问题的认识领域和解决方式。确认默认点是感性世界道德的基本原则，它必须具有社会特征和国家特征，而不是笼统地遵循"普世"原则。

在当代中国社会，尤其是在熟人社会和陌生人社会并存、"关系"思维根深蒂固的前提下，对正义、公平、自由等概念的分析必须全面而慎重。这就需要认识道德所要求的自由、平等、公正等在实践中具有特定的社会基础。除了确认作为经济基础的经济制度之外，文化心理层面的熟人情结与市场经济结构中的陌生人现象长期共存，使自由、平等、公正、法治等价值观在融入社会生活的过程中变得十分复杂。解决社会中复杂的道德问题，必须在基本价值共识下进行探讨。道德问题只有在特定的政治经济文化中被认识和理解才能形成真正的问题意识。意识形态是一个社会最核心的政治资源，对于提升民族的凝聚力和向心力，推进社会的稳定和发展具有重要的价值意义。在国家层面把政治制度和意识形态、在社会层面把社会成员的文化心理作为研究社会道德的默认点，决定了道德问题的认识范围和解释空间。

（2）在本书中，我们集中探讨的道德问题是利益侵犯以及对利益侵犯的防范，在此基础上致力于个体美德的分析。

在我看来，中国社会道德的首要问题是如何分析和解决那些击穿底线道德的行为，主要是指那些违犯法律或者虽然没有违犯法律但事实上存在的人与人之间的权益侵犯行为。超感性道德和道德感性直观的区别表明，认识和解决当代中国社会存在的道德问题，必须注重从制度、防范控制方面对不道德行为的限制策略进行研究，而不能简单地诉诸个体的道德良心。或者说，道德理论的研究重心是如何防范和遏制不道德的现象，同时我们有必要通过震撼个体心灵的道德宣传来劝止意识内部的恶意。感性世界的道德建设，并非完全拒斥良心的作用，但我们必须认识到严重的道德问题集中体现了良心与利益的紧张。实现利益需求的基本原则是分配正义，这是国家道德的使命，国家必须在社会利益分配方面承担道德风险。分配正义是民主决策的产物，严重的道德问题以及违法行为表明行为者对国家分配正义的蔑视，是对国家道德的侵犯。国家功利主义认为人类的幸福或者行为的效用是检验道德正确性的标准，这是在感性世界中来认识道德。

从各国的历史发展来看，如果社会犯罪率极低，就已经是文明程度很高的国家了。法律旨在维护社会的基本秩序，满足民众的安全需要。道德在本质上是理想性的，体现了整个社会生活的最佳状态。当然，道德完美的社会难以想象，道德发展不仅与人类认识世界的程度有关，也对人类个体的道德意识提出无限要求。因此，道德建设的实际目标并不是个体道德的高度自觉，而是使人们充分感受社会正义的制度约束，形成足够的道德压力，赋予个体道德风险意识，使道德成为人们敬畏法律的内在力量，使法治意识成为重要的道德属性。在现实要求方面，当代中国社会的道德治理，至关紧要的任务是助力于推进法治国家的建设，降低社会的犯罪率。

作为法律的根基，对道德的理解应当符合伦理自然主义的原则。伦理自然主义表明价值陈述可以按照事实陈述来定义和说明。功利主义是典型的自然主义伦理学，这是法律效力的哲学基础。法律逻辑符合伦理自然主义的基本原则，因而法律的宗旨是维护社会生活的确定性。例如法律不允许自制枪支弹药，是因为在制造枪弹和使用枪弹危害社会之间具有事实与价值的关联。按照事实无法推出价值的逻辑，假如我们不能从私自制造枪支弹药推导出这种行为的社会危害性，那么就不能认为私自制造枪支弹药是错的。因而，道德主义者认为禁止自制枪支弹药的规定是错的。但是，如果我们要求生活安全具有确定性，就必须认为自制枪弹在社会安全方面具有很大的不确定性，因而尽可能消除自制枪支弹药所带来的社会恐慌就具有合理性。例如，制造枪弹的人无法保证枪弹落入他人之手。在这些问题上，不能否认道德与人性和人类的生活条件具有某些本质的联系。我们称为道德的那种东西肯定在我们的第一本性以及人类的生活条件中有其基础，即使如何说明这个可能性存在一定的困难。在法律上可以采用伦理自然主义，尽管伦理自然主义在道德哲学中存在争议，但这种争议并不表明对现实问题的极度关切。生活的基本要求在于维护人类社会生活的确定性，法律和道德都旨在把人类生活的不确定性降到最低。

（3）政治体制和意识形态是认识和解决道德问题的默认点。

西方形而上学传统认为，真理在超感性世界而不是感性世界。从柏拉图的理念论到黑格尔的思辨神学，都认为事物的本质、真理在精神领域而不在客观现实领域。例如什么是"好制度"？"好制度"就是善的制度，是符合善的理念的制度，类似于个体之善就是善的理念的分有。按照形而上学的这一原则，好的政治制度以及法律制度都是理念的制度，现实制度只是"好制度"这一理念的分有。那么，在思辨的形而上学的框架内，现存世界的一切制度都不能是绝对的"好制度"。如果某个国家把本国的政治制度标榜为世界上最好的制度，这不仅违背了真理的超感性本质，也是基于道德主义的自我标榜。另外，道德主义者会以完美制度的理念要求来质疑任何现存的制度，把绝对自主性为标准的道德原则看作衡量一切政治制度和法律制度合法性的根源。问题在于，道德主义者并不能提出现实中完美的制度方案，这是其理论的内在矛盾，最后的结果只能是陷入为了质疑而质疑的困境。

与政治、法律、经济等制度形态的概念相比，"好"或者"善"是评价性的概念，而不是一个实体性的概念。在抽象的意义上，善的定义是终极性的，例如摩尔认为"善"不能被定义。因而，当我们说某一事物符合道德的时候，不存在其他任何概念对道德进行限制性评价。但我们知道，感性领域的道德是一个极其复杂的概念，例如我们可以提出某种事物是否在道德上是正确的这样一个问题。就某种政治制度、法律制度或经济制度而言，假如它们在道德上是正确的，那么你必须说出你的理由，而这一问题在超感性世界中是不需要理由的。例如，道德上的自主性原则认为个体的道德判断具有任何权威不可过问的绝对性。

道德主义理论推崇道德在评价一切事物中至高无上的地位，把道德看作人的主观权威的和首要的意识或精神。道德主义在社会领域中的体现，就是提倡道德至上，把道德上是否正确作为评价一切制度、观念、行为的根本性、终极性、排他性的标准。这样，就把道德完全神秘化，成为否定客观社会基础的主观精神。道德主义在实践中具有苛刻的攻击性，在道德主义者看来，任何现实的制度和理念都存在不合理性，道德主义者的兴趣在于抓住其某一弱点进行挑剔，因此在实践中很容易导致从制度的比较中否定制度的合法性，他们不是从制度与社会的关联出发，而是竭力否定制度本身。例如，某种制度是否合理，不是看该制度在现实中能够促进社会发展，而是追求制度理念在道德上的绝对完美。持有道德主义观念的人，总是竭力预设一种完美的理想状态。但道德主义注定是理想性的，世界历史还没有出现过完美的制度。当然没有完美的制度并非否认道德主义，但道德主义对道德的理解无疑是极端的。在道德主义的理念支配下，人本主义、唯心主义者喜好某种预设或先验的东西，比如绝对理想或绝对真理，但现实中世界是发展的、可变的。道德主义可以抛开历史发展，抛开经济状况来认识和解释一切，陷入思辨的唯心主义。

在道德主义的渲染下，超感性世界的道德显现出神秘主义的色彩。①强调基于理性的行为自主性，导致了人与人之间在道德感悟上的分歧。②极力强调道德价值，追求内在的价值。道德主义在这个意义上十分靠近自由主义，站在道德高地上对现实社会施加道德压力。同时，我们发现正是在这个问题上的进一步追究产生了分歧。例如，有人认为某种制度是好的，是因为该制度通过强力威慑形成对社会的深度控制，即使它难免会使个别人的利益受损；有人则认为无论出于什么理由，政治制度、法律制度等都必须尊重个体的意愿，比如个体对私有财产的处置权具有完全的自主性。两种观念的分歧，就在于是否应当把道德理解为对弱者的倾斜。那么，仅仅把道德做这样的理解是否反映了道德的完整含义？这确实是道德评价所固有的分歧。

但我们同样有理由认为，制度的存在只有在现实性上才有意义，并且无论是政治、法律还是经济等制度在实际运行中只能允许唯一的道德解释。这首先是承认任何制度都必须考虑其道德价值，但同时注意不能陷入道德主义的怪圈，否则连制度本身是否能够存在都是问题。或者说，关于制度的方案是一回事，而制度的运行是另一回事。这样，现实中的政治、法律、经济等制度的道德辩护理由在宏观上具有唯一性和确定性。比如，政府的行为不可能既是义务论同时也是功利主义的，法律制度也是如此。为制度进行辩护的道德理由并非唯一的，因而产生何者是道德上正确的争论，而且也不存在绝对意义上的共识或思想统一。但制度不能因为道德争议悬而不决，否则人类就会回到自然状态，这种结果即便是极端的自由主义者也不能接受。

　　总之，在国家制度和制度的道德理由之间，绝对意义上的"好制度"符合形而上学但远离现实生活。现实中的制度不可能完美无缺，否则就无法解释为什么还存在人类生活的苦恼。道德主义的出发点是解除一切人类的苦恼，但这只能是宗教性的幻觉。在现实生活领域，任何观念的东西都不可能承担实际的道德责任，思辨的形而上学把主体视为自我意识，但自我意识是孤立的、无对象性的、绝对的自我，因而道德主义的责任感是理想化的，它试图寻求观念的绝对性，但它在现实生活中缺乏实际的道德风险意识。在观念不能解决争议的地方，国家必须成为最终的独立裁决者，这是国家理应承担道德风险和道德责任的前提。国家制度是国家道德责任的实际承担者，它不可能绝对的"好"，但具有实际的确定性。这种确定性赋予了社会成员平等的安全感，它的道德理由尽管不能实现社会的全覆盖，但在实践中具有普遍的平等性。因而，现存的国家制度是社会生活的基本保障，人们只有首先从国家制度中获取安全感和正义的预期，才有可能不偏不倚地接受各种观念、价值要素的道德理由。在人类社会发展的具体进程中，道德理由的确定性来自于国家制度的确定性以及制度理念，是判断道德上的正确性的实践基础。

　　研究国家和社会的道德问题，要把国家的政治制度、法律制度、经济制度等确定性存在作为默认点。确立默认点是感性世界的要求，目的是为解决实际存在的道德问题提供可靠的前提。确立默认点绝非以制度上正确取代道德上正确，比如我们确实需要面对"道德是否要求我们遵守现实的政治和法律"这样的问题。这一问题并非不重要，否则我们很难摆脱阶级观点引起的质疑，例如对于世界各地反政府武装及其支持者来说，这样的反诘具有天然的正义性。但在思辨的形而上学框架内，对这一问题的回答很容易陷入道德主义的困境。然而，最需要指出的是，这个问题仅仅关注现实的政治和法律的合法性，并不关注"在现实的政治和法律"的条件下如何解决社会中困扰我们的道德和法律问题。如果在致力于解决现实社会道德问题之前纠缠于反思政治和法律是否符合道德正确性的问题，甚至是认为只有彻底变革政治制度和法律制度才能解决道德问题，这只能是前提与结论的循环，因为任何现实的政治和法律条件下都存在道德问题，否则就不需要政治和法律的不断革新。因此，确认国家制度、政治制度是解决道德问题的默认点，在此基础上才能理解为什么要确立制度自信，这是一种对制度的自我认可。对制度的自信与对宗教的信仰不同，对宗教的信仰是一种决然的相信，它在超感性层面不具有任何后果主义的效果分析。制度自信是感性世界的要求，有助于我们认识和解决国家和社会的重大问题，从道德主义出发质疑一切制度的合理性就只有抽象的道德自信而没有制度自信。

因而，把国家制度看作道德讨论的默认点，并非是在实证主义的层面上不承认制度的道德前提，也不是强调道德的政治化、法律化。而是说，我们首先要承认现实的政治和法律是某种事实状态，政治制度和法律制度具有稳定性，在这一点上政治和法律不能因为来自道德的质疑而无所适从。例如，基于政治制度的质疑，我们就无法理解什么是爱国主义。离开了政治制度，爱国主义就只能是抽象的道德主义，抛开政权来认识国家只能是虚无主义。政治制度的确定性也是我们理解自由、平等、公正、法治等价值观的前提，无论什么样的价值观都要依托实体性的制度，否则就会在社会生活实践中导向道德主义的抽象境遇。社会道德治理是国家治理的一个环节，国家治理的宏大布局要对社会道德治理的方方面面形成整体驾驭，体现为国家基本制度对社会道德的确定性导向。

（4）低水平的市场经济与法治意识的缺乏。

认识当代中国社会道德问题，要立足于不成熟的市场经济现状以及全社会法治意识相对薄弱的实情，这是以问题为导向的道德哲学研究的默认点。正如前文所述，对于当代道德领域的问题，我们需要澄清前提，划定界限。为现代道德生活划定理论的界限，其中一个最重要的判断就是当代中国道德哲学的研究不是以成熟的市场经济为前提的，成熟的市场经济理论即市场在资源配置中起决定性作用的形态在我国还没有实现。因此，经典市场经济理论是把握一般性的社会道德问题前提，但还不是当代中国社会道德问题理论背景和研究前提，从成熟的市场经济中只能做出主观的推理，而主观臆造的道德哲学一旦深入社会领域就会显得捉襟见肘。

经济基础和道德状况之间具有实际的关联，一般应从两个方面来分析。其一是社会成员的收入水平与道德状况的关系。比如哄抢高速公路上货车物品，反映了周边村民与其他社会成员之间不同的经济基础。其二是市场经济体制与道德状况的关系。从成熟的市场经济理论出发，实际上是以西方道德体系作为外部反思的思想方法背景，而不是以现代中国的道德体系作为思想方法背景。我们之前关于道德理论的研究误区，就在于以经典的市场经济理论为研究背景，寻求与中国社会道德问题的对应原则。我们以往的道德研究是以成熟的市场经济为参照的，实际上是以西方发达国家市场经济理论来分析中国社会的道德问题。然而，我们现在面对的是低水平的市场经济，市场还没有在资源配置中起决定作用，与市场经济相匹配的法治社会还没有建立起来，推行与成熟的市场经济理论相匹配的道德原则显然是上层建筑与经济基础之间的背反。以成熟的市场经济为参照的道德问题研究，是目标性的考察，这种研究规划作为道德发展的前景设想是必要的。但这种研究方式对当前处于低水平的市场经济条件下的中国社会而言，并没有切中道德问题的要害。成熟的市场经济在根本上是法治经济，但正如党的十八届四中全会决议指出，"部分社会成员尊法信法守法用法、依法维权意识不强，一些国家工作人员特别是领导干部依法办事观念不强"。① 法治意识不强是新中国成立以来社会领域中的重大问题，这一问题在改革开放和社会主义市场经济建设过程中越发明显。中国社会在历史上传承了各种美德和优良传统，但长期缺乏法治信仰，这成为制约当代中国市场经济发展以及社会道德发展的主要问题之一。

第五节　利益格局下的道德前景

现代社会正在经历一个道德理论不断深化、道德教育备受重视但道德沉沦时有发生的时代。在社会转型时期，部分社会成员的精神需求乃至心灵信仰层面存在一定程度的集体迷思，道德问题在世俗化潮流下乱象丛生。从道德哲学理论与社会道德实践的关系来看，无论我们对义务论、功利主义、契约论等伦理学理论的研究多么深入，但都不能否认道德问题与利益诉求之间的普遍联系。

在整个社会的利益格局中全面检视道德问题，确认物质利益享受与人类道德生活的密切关系，与基于利益要求的理性人假设是不同的两个问题。在社会保障健全的国家，社会成员的生存已然没有忧虑。因而严格地

---

① 《中国共产党十八届中央委员会第四次全体会议决议》，《人民日报》2014 年 10 月 23 日第 1 版。

讲，为了基本的生存而违反道德的情况，一般来说在现代国家以及重视民生的国家并不存在。如果一个国家的社会成员仅仅为了谋求基本的生存权而去偷盗、抢劫，这更多地体现了国家力量的没落。例如，在人类历史上物质生产极度落后、物质产品极度匮乏的时期，社会中普遍存在抢夺、偷盗他人食品甚至人吃人的行为，一些人甚至为了填饱肚子不惜故意犯罪以便在监狱中获取食物，等等。当一个人连生存都无法保障的时候，就谈不上个体的道德问题。在生存都成为奢望的情况下去谈论人性是善还是恶都是无稽之谈，这些事实所反映的是生存问题而不是道德问题。可见，只有当人类解决了基本的生存问题，开始追求物质利益享受和提高生活质量，希望有更美味的食品和更舒适的住宅以及更多的财富的时候，原本应当通过劳动实现生存愿望就可能转变为通过侵犯他人权益来满足私欲。也就是说，只有解决了基本的生存问题，才会产生一些为了追求私欲的超越性而反道德的意识和行为，个体的不道德行为才真正产生。在现代生活中，基于名利之争中产生了与利益相关的道德问题，例如贪污腐败猖獗、一些社会成员思想道德滑坡等等，体现了个体品质的衰败，个人主义越来越成为道德的负资产。这就说明，什么是道德问题、什么是非道德问题，首先必须存在道德评价的真实基础。生存问题是国家的道德责任，只有当基本的生存问题得到解决以后，对不道德行为的认定才具有现实的社会基础。基于此种条件，国家对不道德的个体并不承担任何的道义责任。

因此，人类在自我实现的过程中，并非是为了基本的生存而是为了物质利益的享受，人类才必须尽一切努力在有限的资源空间中展开名利之争。其中，有的人是通过侵犯他人和社会的方式来谋取利益，这是不义之财；更多的人则是依靠诚实劳动获得合法收入，这是取之有道。这体现了道德与利益之间的二律背反：从理论上说，德福一致是人类实现自我的完美过程和结果；但从现实生活观察，往往是不道德的行为才能获得更大的收益，两个看似相反的命题都可以得到证明。由此可见，恪守道德并非是人们获得生存的唯一前提，违反道德的行为也可以谋取利益，而且可以牟取那些严格遵守道德的行为所不能实现的暴利。正如在现实生活中，一部分人的物质财富是通过各种非法途径或者不道德的行为获得的，除了媒体披露的之外可能还有许多不为人所知的此类事实。如果物质享受在人的幸福总量中超越道德精神需求，那么人们就有理由把利益凌驾于道德之上，最起码会把利益看得比道德更重要。但是，人们之所以选择道德，在于人具有不同于动物的社会属性，人们不仅追求物质享受，还要赢得社会尊重，不想在社会生活中成为众矢之的，那么就必须克制自己，不能随心所欲地违反道德。为了谋取私利，一些人在违反道德的时候寻求"智力"的支持，这就是我们经常感受到伪善现象。所以，就人类的行为选择而言，道德难以成为唯一的行动原则，道德行为在很多情况下往往成为生活的装饰。

如果我们将道德与人类追求物质利益的享受联系在一起，就要认定后者必须是人类的主要目标之一。很显然，只有在这一问题上，才能认为利益和道德的关系是一个伦理学的基本问题，才能谈论合法收入还是不义之财。这种区分表明了一个人是否能够按照道德的要求做事。人们只有先获得生存的条件才能追求精神的东西，天下没有免费的午餐，即便对于至善的人来说，为了生存也必须获取必要的生活资料。因而，圣人的道德情怀也不能是脱离生活实践的，在生活中也必须符合"君子爱财取之有道"的法则。当然，圣人不同于普通人的地方在于，圣人可以把道德看得高于一切，在道德和利益之间，首先用道德来衡量一切，把道德当作时刻坚守的信念和人生的信仰，做到"从心所欲不逾矩"。(《论语·为政》)

由此可见，道德至少是以两种方式存在的，其一是作为精神的、内在的品质或修养，其二是作为人类谋取各种名利的手段或方式的道德，例如我们为了获取财富、名誉、地位，就必须做到诚实、友善。如此，道德就成为生活中的智慧。道德这两种存在方式不是分离的，人们之所以相信作为精神的、内在的道德，有必要依靠作为手段的道德长期积淀的力量。尽管我们在情感上不愿意把道德工具化，但我们必须承认，一个人在实际生活中如果能够始终按照道德的要求去追求名利，这已经是令人敬佩的行为了。至于需要进一步分析道德本身的复杂性，则是与伦理关系有关的问题。

在实际生活中，我们需要着力解决的问题之一就是如何使人放弃以违反道德的方式追求名利的行为。一个人是否遵循道德原则，完全出于意志自由，因而才能承担道德责任。所以，只有人们认识到遵守道德比违反道德更有优势，更符合自身利益，才能自觉地遵守道德。如果不能找到足以说服他人遵守道德的理由，就很难解决道德的确定性问题。同时，社会伦理关系的多样化也决定了支持道德理由的复杂性，例如，有些人在熟人交往中会友善行事，但与陌生人交往就会不讲诚信和言行粗暴。因此，如果要说服一个人在任何情况下都要友善，就必须考虑到实际的伦理关系特征。以此看来，现代道德问题研究的一个十分重要的方面，就是如何说服他人不违反道德，这就要求道德理论必须成为解决具体道德问题的实际策略，必须具有真实有效的行为引导功能。宏大的伦理学理论比如功利主义、义务论等等，在现实社会中随时体现，但理论的影响力并不是精准而有效的。这是因为，无论是功利主义还是义务论，其定义所表达的道德正确性只能在抽象的意义上完全有效，一旦进入社会历史领域，就会产生"什么样的功利主义"或者"什么样的义务论"这样的问题。这就说明，一种道德理论能否获得有效解释，取决于这种理论所具有的利益倾向，而作为道德与利益的关系理论分析，则在很大程度上受到政治制度、意识形态以及社会交往方式、文化传统的影响。理论本身在应对社会现象时并非能分解为具体的精准判断，在每一件具体的事情上都试图用宏大的理论干预也未必是准确的。

研究现实社会的道德理论，最终要以道德哲学为依托，但道德哲学的现实性和力量表现在它是否有能力以及在多大程度上干预和改变这个世界的实际进程。我们不可助长这样一种倾向，用所谓纯学术的道德哲学来贬低和否定现实中发生并在社会中运用和发展的道德哲学，在道德哲学的研究中一味地追求语言的个性化和思维的特异性，这无异于要道德哲学变成完全脱离实际而仅供少数哲学精英在书斋里做学院式探讨的纯学术偶像。在目前风靡一时的道德哲学研究中，联系国内实际发展来阐发道德哲学的基本理论和方法的努力日见其少（例如，社会主义核心价值观是所有哲学社会科学的价值归依，由于人文社会科学的研究对象的规定，政治学、法学、哲学等都应当体现社会主义核心价值观），标新立异地追踪某些国外学派来创立理论体系的兴趣则与日俱增。随之而来的，是道德哲学研究中的思辨化、烦琐化和隐喻化。唯一感兴趣的是把现实的道德问题蒸发为逻辑的、直觉的、思辨的、抽象的哲学体系，人为地塞进道德哲学的解释框架中去。道德哲学作为一定历史时代的现实关系和特定存在状况在意识形态上的反射和回声，必定这样那样地传递时代的信息，因此只有运用正确的观点和方法来把握当代社会的深层矛盾和发展趋势，为国家治理能力和治理体系的现代化服务。

从道德哲学的语言历史演进来看，概念体系在一定形式上是固化的，例如善、恶、义务、权利、责任、幸福、价值等等，我们还不能断言哲学概念在未来什么时候不复存在，就像恩格斯在《反杜林论》中提到的"盗窃"这个概念的最后消逝一样。同时，与这些形式上固化概念伴随的是概念含义的不断变化，尤其是现实世界的人所关注的问题，不断更新着对这些概念的思考。如果哲学仅仅停留在爱智慧这样一个始终追寻确定性而又不得的状态中，恐怕并非哲学的本意。哲学对于智慧的关注不能仅仅是情感性的，还要追求智慧、凝聚智慧和应用智慧。为了体现哲学的功能，必须关注事实本身的哲学向度，必须要使哲学清晰起来。所谓让哲学清晰起来，就是现实世界的问题越来越引起人类普遍的思考，因为哲学与生活的关系始终是一个不断发展变化的问题。只有现实问题才能使人获得清晰可靠的感受，清晰的问题并不是一定可以彻底解决但是可以充分认识的问题。道德哲学研究的当代使命，不能再局限于哲学的意义上对概念的反复论证，而是要从纷繁芜杂的文化语境中找到某种可以为道德确定性提供研究平台，并对复杂的社会道德问题进行深入分析。

在道德理论的架构中，道德理论的说服力是整个理论竞争力的核心指标。在生活实践中，道德理论不仅要提供道德行为选择的理由，也要提供放弃不道德行为的理由。这两种理由在本质上是同一的，做好事的理由和不做坏事的理由具有同质性。如果能说服一个人做好事，也就意味着不去做坏事；但说服一个人不去做坏事，并不意味着这个人一定会做好事。这样，一个人在社会上的行为表现就分为由低到高的三种层次，做坏事、道德冷漠和做好事。近些年来，我们非常关注道德冷漠的现象，认为这是社会转型过程中的一个重要的道德问题，但还不是最严重的问题，最需要解决的是如何说服人们不去做坏事。这虽然是道德领域中的最低要求，但的确是最符合人们期待的要求。如果一个社会中不再有食品安全问题、盗窃、抢劫、欺骗、凌辱、暴力侵犯等行为，就已经是近乎完美的社会。一个人可以不需要别人的关心，但绝不可以被别人伤害。这是道德问题中的木桶原理。

从根本上讲，问题导向式的研究当然需要纯粹哲学的参与，因为哲学的方案总是要关注人的思想本身，所以在解决问题方面同时追求本源的答案，但治本的要求始终是理想性的。当代中国社会已经发生了深刻的变化，但经典的道德哲学理论缺乏现实依据的价值悬设。在道德理论研究中，有必要从中国的实践和问题出发进行思考和研究，而不能简单地用西方的理论和学术话语体系来解读中国的实践。在现代社会转型中，道德哲学越来越呈现出一个各种对立观点并存的思想领域，而这种事实恰恰反映了人类生活的复杂性。我们今天所需要的道德理论，既不同于传统的伦理学，也不同于西方伦理学，而是要致力于认识和解决与当代中国发展问题相伴随的一些紧迫的道德问题。对于当代中国而言，分析社会道德问题的前提是政治制度、政治文化和复杂的社会实情，解决这些问题的现实基础是全面深化改革，而解决道德思维难题、形成社会道德共识的理论高点是社会主义核心价值观。

第二章　国家道德问题

　　由于特定历史条件下道德意义上的急功近利与发展策略层面上难以避免的失误，使得当代需要检视和反思的问题集中显现出来。如今，当我们已经在如何发展的制度层面确立自信之后，道德显然应当成为整个国家和社会的内在动力。但贫富差距和不公平问题的存在说明国家治理与分配正义的道德要求还有很大差距，生态环境问题反映了国民经济发展过程中忽视了环境伦理的要求，也反映了地方执政者单纯谋求经济政绩的利益导向问题。尽管存在难以想象的阻力，但当前全局性的深化改革必须强力推进，唯有如此才能解决大量沉积并日趋尖锐化的社会矛盾，维护公平正义，净化政治生态，建设社会主义生态文明，实现国家治理能力和治理体系的现代化。

第一节　国家道德概要

一　国家道德的概念内涵

　　无论如何认识国家的概念，都不能忽视国家的道德属性，国家道德是国家意识结构中的重要因素。一种历史遗留的观点认为，作为阶级矛盾产物的国家是与道德无关的，因为国家的首要属性是暴力机构。既然暴力是国家存在的基石，那么暴力之下的国家行为必然具有非道德的特质。但这一观点忽视了以下问题，国家的暴力机构的特质并不意味着与道德原则完全绝缘，在一个阶级已经取得统治地位的情况下，国家尽管仍然需要以暴力机器作为最根本的存在形式，但权力的合法性和价值基础依赖关键性的软实力因素，其中就包括道德的辩护。国家无论是阶级斗争不可调和的产物，还是起源于维护社会安全的契约论规定，国家都必须首先是正义的力量。黑格尔是在客观精神的意义上认识国家的，从而赋予国家绝对的、无可溯源的道德力量和道德责任。他说："自在自为的国家就是伦理性的整体，是自由的现实化；而自由之成为现实乃是理性的绝对目的。国家是在地上的精神，这种精神在世界上有意识地使自身成为实在。"① 黑格尔的法哲学一向被人诟病为保守主义，这与他所处的历史时代和政治状况有关，尤其是国家主义哲学要求人的思考必须符合整体原则。如果从更加宏观的理论范围来分析，就会发现在事实与价值之间，黑格尔法哲学并不具有刻意渲染政治正确性的价值愿望，而是从伦理概念的本质意义出发的，这不是简单的一种依附于政治正确性的价值判断能够完全解释的问题。按照黑格尔的理解，作为伦理实体的国家在本质上反映了制度正义。

在此意义上，国家道德就是指国家对社会成员利益需求的道德情感，国家机构、国家制度以及国家行为必须有助于实现社会成员的自我实现，这是国家的道德责任。国家道德体现了国家的抽象精神，是国家与社会相连接的精神纽带，同时国家拥有对社会行为进行干预的权能。社会行为的道德衡量方式是社会评价，社会认可是行为的善的属性的最可靠的价值判断标准，例如社会核心价值观就必须具有普遍公认的判断和价值裁决的效能。但社会认可中的民主机制需要国家力量的维护，否则就可能丧失黑格尔所说的"自由的现实化"。也可以说，对社会认可本身也需要另外一种力量参与其中，这就是国家道德和国家正义。行为的道德价值是否反映良心，这一点无法确定，但国家层面的道德与正义必须对整个社会的公平正义负责，这是国家道德的基本指向。从这一方面讲，国家道德必须体现严格的义务论。对于那些不对他人和社会产生危害的行为，行为者的自主权属于道德评价范畴，对他人和社会造成严重伤害，国家必须成为最终的裁决者，因而裁决者的唯一性决定了裁决者的道德高地。一个国家只能有一个合法的政府，国家权力及其依据的价值标准绝不能市场化，所以政府行为在道德要求上必须具有公信力。国家道德体现的是国家对社会的道德姿态、道德情感和道德责任，政府承担责任的整体信用很高，但这并不意味着各级政府部门的行为在道德上与社会的期待实现无缝对接，因此民众对政府行为的抱怨，实际上是对具体部门的质疑，例如对个别国家公职人员

① ［德］黑格尔：《法哲学原理》，范扬、张企泰译，商务印书馆 1961 年版，第 258 页。

的能力与责任感的谴责。换句话说，是对执行层面谴责而不是对决策层的抱怨。

在国家理念上，国家道德具有至上性，国家概念不同于个体良心这个概念的重大区别是，国家是实体性的存在，个体良心是精神性的存在，国家道德可以是一种抽象的精神，但这不影响国家道德的现实使命。这一点黑格尔解释得十分透彻："一个民族的国家制度必须体现这一民族对自己权利和地位的感情，否则国家制度只能在外部存在着，而没有任何意义和价值。"① 苏格拉底虽然认为雅典城邦判处他死刑是不正义的，但他依然维护了法律的尊严，这在黑格尔看来是苏格拉底秉持的国家原则。

国家制度的产生依靠民主机制，民主化程序虽然并不反映知识论上的真理性，但在道德正义上实现了迄今为止最佳的辩护效果。只要不承认制度的真理性来自于上帝等神秘的力量，也不承认制度的真理性来自于权威者的意见，那么就必须承认民主化程序的必要性。因此，民主化机制所建立的国家制度一旦成为现实，就应当在社会层面具有广泛的道德权威。国家制度可以通过改革不断优化，改革的依据仍然是社会成员利益的最大化及其政治表现形式的民主化。另外，我们不可能首先在思维领域确立一个具有绝对真理性和完美道德的国家制度方案，否则就陷入形而上学的泥潭。这就是说，道德评价可以在逻辑上先于制度理念和制度形式，但它在实践中不可能超越现实政治制度和社会基本制度，道德意见只能是对实存制度的分析结果，否则就永远不能确立现实的制度。按照抽象的思维当然可以认为存在最佳制度，但绝对性的道德意见是抽象的产物。如果无可挑剔的制度一旦存在，那么就意味着人类已经掌握了真理，这样道德就成为多余的因素。道德的存在是因为人类无法掌握一切真理，所以道德尽可能行使错误纠正机制的作用。道德能够对现代制度进行评价，是因为人类只能无限接近但不能实现最佳制度。

另外，国家道德具体化为制度正义以及履行国家行为的公职人员的道德责任。国家道德既是一个抽象的概念也是一个具体的概念。在抽象的意义上，国家力量为社会成员自我实现以及社会发展提供安全和秩序的前提

---

① ［德］黑格尔：《法哲学原理》，范扬、张企泰译，商务印书馆 1961 年版，第 291—292 页。

以及普遍的社会保障。在这里，我们仅仅提到单纯的国家力量，而没有说明国家力量的具体构成，也没有说明国家道德的具体实践。因而抽象意义上的国家道德是绝对的、完美的理念，尽管这样一个说明充满形而上学的色彩，但国家道德的神圣性不容置疑。因为国家既然存在，就有理由赋予国家道德的神圣性。这一判断与真理论、认识论上的思辨形而上学、思辨神学是根本不同的。

在国家权力深度控制社会的国家，全社会对国家道德的要求很高，社会的信心长期以来突出集体性。国家道德的神圣性并非是价值悬设，国家的存在意味着形成社会秩序以及为社会安全负责，这是社会成员的最低要求。在具体的意义上分析，国家道德的定在才是真正的问题，因为国家力量、国家道德的现实化需要通过国家公职人员的行为建构，国家道德的实现必须在现实中分解为各级公职人员的职责。因此，社会对国家的道德要求具体化为社会成员对国家公职人员的道德重托。

但国家道德与国家公职人员的道德之间并非天然的吻合。国家公职人员首先是现实的个人，他们与广大社会成员一样处于国家名利杠杆的作用范围以内，面临短期行为的利益诱惑与道德要求的激烈博弈。另外，国家公职人员是国家道德与社会需求的中介性力量，承担着国家道德的重托与社会责任的压力。例如，在股市暴跌的情况下，股民认为政府应承担救市的责任，这是社会要求和国家道德的对冲。同时，股民又认为证监会的救市行为没有效果，甚至质疑证监会的道德责任。

从这个方面讲，国家公职人员应当自觉意识到职业特有的道德压力。当然，国家治理的复杂性加剧了国家公职人员通过行为来传递道德信号的不确定性，反映了国家道德的神圣性与国家公职人员道德的世俗性之间的内在紧张。国家治理的效果可以成为国家功利主义的评价主题，但是实际治理中包括知识、策略、智慧、机会、能力等多重因素的组合，如果把这些复杂因素中出现的瑕疵或者失误一概贴上道德标签也并非是理性的判断。但有一点是肯定的，就是无论国家采取什么样的政治体制，国家公职人员的道德水准应当高于一般社会成员，这是国家道德的现实化和全社会的普遍期待。这里，我们通过社会主义道德体系的核心——"为人民服务"来分析一下当代国家公职人员的道德问题。

国家公职人员是严格意义上的"为人民服务"的唯一主体，这首先是由国家的职能决定的。从国家职能来看，军队担负国家对外职能，致力于维护国家统一和领土完整，维护民族尊严，使人民拥有免于遭受战乱的自由。就对内职能而言，按照国家维护社会安全的程度划分，警察、法院、监狱等暴力机关担负最高级别的安全职责，致力于维护基本社会秩序。其次，安全检察、质量监督、物价部门、城市管理部门等等承担与社会成员生产、消费、衣食住行等有关的行业管理职能。此外，还有多种国家部门分工组织，在此不做赘述。

国家力量之所以能完全承担最重要的社会服务职能，核心在于国家是垄断性的、广泛控制性的权力机构。因此，在严格的意义上，国家机关以及国家公职人员作为"为人民服务"的唯一主体，恰恰在于国家权力机构的权能是垄断性的，本身具有服务的唯一性、非市场性、无选择性的特点。例如，工商部门是颁发营业执照的唯一机构，是商户能够拥有经营资格的唯一决定者；公安户政部门是办理居民身份证的唯一机构，国家不允许存在与之竞争的办理部门，也就是不能允许办理身份证的市场化行为，无论这些部门所办理的身份证质量多么好、科技含量多高，收费多么合理，都是不允许的。所以，垄断性权力机构服务社会必须具有强烈的责任感，因为它是服务社会的唯一主体，是社会成员行政诉求的垄断性组织。

与垄断性权力机构不同，市场化行为主体的道德责任往往来自于利益机制的驱动。市场化行为是可选择性的，例如，我们可以自由选择不同的超市购物，可以选择不同的交通工具，等等。市场经济的重要特征是等价交换，交换的本质不是服务而是商品价值。尽管商家都提出一流服务的承诺，但应该懂得其所承诺的并非是慷慨而是消费的真实性。市场化主体无论是购买还是销售，完全是基于自愿，例如我们在酒店、饭店、游乐场所接收的所谓"服务"，是通过消费实现的，而且商业经营已经与市场竞争相联系。因此，市场化的商业行为与计划经济时期普遍存在的商业垄断有显著的不同。我们知道过去北京王府井百货大楼有个全国知名的售货员叫张秉贵，他是国家级劳动模范，是为人民服务的楷模。张秉贵获此殊荣在本质上是计划经济体制的产物，在于他有强烈的道德信念，而不是因为他高超售货技能所带来的营业收入。在今天的市场化时代，我们已经很难相信再会出现第二个张秉贵，因为名利杠杆已经导致计划经济时代的"服务"在当代逐渐褪色。在市场经济时代，公平交易是最符合人性的行为，具有现代性的道德价值。让别人为你牺牲，或是你为别人牺牲，都不符合严格的道德要求。这种观点看起来很偏激，但确实与现代社会的普遍观念相一致。

"为人民服务"作为社会主义道德体系的核心，它的运行主体是国家公职人员。对国家而言，"为人民服务"不是政府与社会之间的交易。国家公职人员既是国家权力的行使者，也是防止社会发生解体风险的主体责任者。从这个意义上说，不可市场化的权力主体既然来自于人民，就理应成为绝对性的为人民服务的主体。在我国，"为人民服务"不仅是道德理念，还是一个传统的政治术语。随着经济基础的多元化，"为人民服务"也受到大量新话语和新概念的冲刷，它所处的舆论环境已经大为不同。但"为人民服务"要发挥应有的社会作用，大概需要国家力量体系性的全面支持。中国的经济制度正在发生深刻变化，但"为人民服务"的话语在道德体系中依然有其不可撼动的正面意义。同时，"为人民服务"不能被理解为政府对社会的恩赐，它必须成为国家道德在社会领域的具体展开。

在现实中，一部分国家公职人员"为人民服务"的真实性正在受到质疑，它的有效性在今天还是通过对官僚主义、奢靡、腐败等不道德行为的惩罚来实现的。国家公职人员应当从"为人民服务"的绝对意义上体现道德的社会示范功能。孔子敏锐地觉察到国家领导者对社会道德的引导和示范作用，他说："君子之德风，小人之德草，草上之风必偃。"（《论语·颜渊》）国家公职人员如果生活腐化堕落，不但会带坏整个社会风气，也会严重损害政府在民众中的威信。

二　国家对社会的道德承诺

国家力量对于社会应当承担道德风险。社会成员的信心来自国家，政府所承担的道德风险巩固了社会的信心，这主要是在经济金融领域。在这里，国家的具体定位是中央政府，中央政府是国家道德的实际负责者。这种分析是基于中央政府与地方政府的差别。在中国经济运行方面，对宏观经济、通货膨胀、经济下行压力等实际负责的政府实际上是指中央政府，地方政府对这个问题很难承担与中央政府同等的责任。此外，我们还应注意到，在社会层面上社会舆论和思潮能够成为话语权的载体，但在国家层面无法呈现出相应的效力。如果一个国家行为例如法律判决以舆论作为标准和原则，就会妨碍是非曲直的事实判断。

在国家治理体系结构中，解决那些具有复杂价值取向的社会问题非常关键。社会问题最终是利益分配问题，因而建立大家都能接受的分配制度是有效的办法，例如罗尔斯的正义理论就致力于解决这个问题。社会成员能够适应某种制度，取决于他们的思维方式，比如法治观念能否确立，传统陈旧的思维观念能否被彻底涤荡。由于每个人都是从自己的利益出发，所以新的观念能否深入人心，就得看这种观念是否符合社会成员的根本利益。在国家力量的结构配置中，制度的最大优势是最大限度地实现利益分配的正义，因而制度改革必然会引起两方面的改变，其一是新的制度会使一少部分人的既得利益难以为继，其二是使绝大部分社会成员获得公正对待。现代社会之前的传统思维在利益分配方面的最大问题就是利益的不确定性，而现代国家观念都具有不偏不倚的特征，这主要集中于社会的公平正义。

国家道德的本质要求是在国家治理中以法治创建社会的公平正义。中国传统法律的根本目的是控制社会以及维护统治集团的利益，不对统治者的权力实施限制，现代法律不仅对危害国家安全、社会秩序、个人权益的行为进行制裁，对经济活动、一些职业群体的权利和义务进行规定，也包括对统治集团的约束，使政府权力不能超出法定范围。需要注意的是，对权力的限制是防止权力滥用，并非是使权力使用者在任何情况下处处掣肘。由于法律和制度对权力的限制不可能实现精准定位，权力清单也不能穷尽一切权力的范围，在权力的使用上始终存在难以预料的模糊地带，因此权力使用不仅是法律问题，也要求权力使用者重视道德判断在行使权力中的基本价值取向作用。由于国家公共权力行为涉及社会公共利益，因此国家公职人员的行为具有道德属性，并在政府行为的领域内体现了国家道德。另外，国家公职人员也是社会关系的组成部分，凡是社会关系结构中的人都必然要与人交往，面临为什么要遵守道德规范以及防止他人侵犯的问题。

国家道德的社会实践方式是法治，法治原则反映了国家治理的道德义务。例如，如果我们认为依法治国是国家治理的最高原则，那么其他原则就不能和法律原则相抵触。比如，对所有的企业，无论是公有制企业还是民营企业，无论是在国民经济中居主导地位的大型企业还是中小型企业，依法治理企业排污体现了法律的平等。不论什么样的企业，都必须依法生产，不能因为某个企业关系到国家经济命脉、哪个企业的经营状况决定了当地政府的政绩，哪个企业关系到民生与社会稳定，就允许这些企业违法经营，在依法治理层面上网开一面，从而使法律监督和法律制裁形同虚设。如果我们不能把法律作为最优先的裁决原则，或者在依法治理中施行选择性惩罚，就会使法律丧失权威，依法治国就难以推进。因此，依法治国的道德意义，不仅是因为依照法律的参照标准的鲜明性极大地提高了国家治理的效率，而且还体现了最重要的价值观——平等和公正。

在法治还没有成为社会共识的情况下，依法治国尽管是最优先的国家治理原则，但并不能体现国家道德的全部内容，依法治国的社会基础对其强力推行产生不容忽视的影响。依法治理生态环境与维护民生和社会稳定都是社会的根本利益，道德问题的难点就在于善与善之间的两难抉择。国家一方面要依法治理破坏生态环境的企业行为，另一方面要安抚那些因为企业被停产整顿、生活受到影响的企业职工。这两方面都是国家的道德责任。国家道德责任区别于个体道德责任，在于国家道德的普遍化。对于个体而言，一个人生活富裕以后，可以对贫困群体适当地进行社会资助，这既体现了自身的社会价值，也彰显了社会正能量。但这个人不能对其他富裕的人进行道德绑架，不能要求其他人都这样做。但对于国家而言，国家力量必须致力于全体社会成员的福利，例如贫困的人可以要求政府民政部门实施生活援助，如果一个经济高速发展的国家，竟然有大量无法满足基本生活需求的人得不到援助，这是国家道德的滞后，而不是民间社会慈善机构的基本责任。

国家实施社会管理的强度以及对社会思潮、社会成员的控制力度与社会成员对国家的利益要求成正比。相反，社会成员对国家义务和国家风险难以承担实际责任。例如，无论是国家经济运行良好还是经济下行压力加大，民众对政府的福利要求不会改变，他们把社会福利视为政府的天然义务。社会成员对国民经济的推动是在国家货币政策和财政政策的杠杆作用下实现的，民众选择消费、投资还是储蓄，与国家政策的导向作用相关。例如，国家鼓励居民消费从而扩大内需，但居民是否消费完全是个人的自由，只有在民众认为消费符合自己的利益时才会选择。那么社会民众在什么情况下具有消费的客观动力呢？这就需要国家货币政策的导向作用，比如降低存款利率。国家力量既然能够左右社会成员的行为选择，那么国家政策必须符合正义的要求，或者至少可以体现历史的善意。

在大政府、低水平的市场经济以及不成熟的法治社会等复杂条件下，国家道德几乎是全面覆盖的，尽管国家道德义务很难像国家权力那样开列明细的清单。在国家对社会实施全面控制的同时，还要对社会福利倾注无限责任。中国民众有一种对强势政府的天然依赖，对国家具有的社会福利责任具有无限的期待。在复杂的国情面前，国家对社会一定程度的控制与国家对社会福利的无限责任是统一的，民众接受国家的社会管理与民众对国家的利益索求是一致的。例如，在意识形态领域进行适度管控，防止激进的社会思潮对改革的制度设计、理论模式进行干扰，有助于落实国家的道德责任和社会稳定。一个国家是否需要强势政府的管控，与本国存在的矛盾和问题有关，同样强势政府的权威不仅是政治的，而且主要是道德性的。一个国家采取什么样的基本政治制度、经济制度，奉行什么样的意识形态理论以及国家发展的前景展望，显示了国家政治集团对社会的道德责任，汇集了执政集团的道德愿望。

事实上，现代中国的国家道德与民众对国家的责任并不对等，社会民众缺乏对国家的实际责任，而且此种责任即使存在也并不必然来自道义的说教。一方面，国家利益与民族情感具有一致性。以充满激情的宣泄方式表达民族情感，即使是随波逐流，在政治价值上非常必要，向外界释放国民与国家利益相一致的信号。但在另一方面，国家单方面负有推动国内经济发展、维护社会稳定的责任。在当代中国，现代意义上的社会自治没有形成，改革与发展的动力来自政府的主导而不是社会的内部，特别是部分民众很难切身体验到国家承受的内政外交、经济民生的巨大压力。即便是在市场经济规则和法律观念有所提升的情况下，社会成员显然并没有准备好面对自己所应承担的责任，他们习惯于把本应属于自己的责任和利益亏损让国家来埋单，更不用说放弃社会福利最大化的期望。民众对国家道德的期望值从未降低，缺乏契约精神、市场精神的民众，往往会把理应由自己承担的责任推给国家。在这种情况下，基本的生存权可以成为与国家制度讨价还价的筹码，例如违反城市管理制度的个体商户的经营行为。还比如一部分人认为股市风险应当由国家来承担，而忘记了投资股票的行为原本是权利与责任相统一的行为，应当遵循市场经济的责任自负的原则。再如，明知购买小产权房、参与民间融资等存在很大风险，但在权益受损时不选择依法维权而是直接求助于政府，导致国家管理的成本不断上升。在市场经济水平低下的社会里，民众对体制外的融资行为结果缺乏应有的担当，假如融资公司用借老百姓的钱合法经营但最后形成亏损，那么老百姓应当自行承担损失，因为你融资的时候就应当接受风险与收益并存的原则。但由于人们缺乏市场精神和契约精神，在无法找回自己损失的时候就会把责任推向国家。在这种情况下，社会与国家的关系不是平等的，民众有要求国家积极援助的权利，就应当有敬重法治的意识观念，民众的基本道德必须包括尊重和服从国家政治秩序。雅斯贝尔斯说："对于个人来说，精神的状况即是要求他使自己适应权力的现实，因为他只是由于这种权力的存在才生存的。而且，在某种意义上，这个权力也是他自己的权利。国家如果只是暴力的盲目运用，就不成其为国家。它之成为国家，只是由于种种精神行为的成功作用，这些精神行为由于自己的自由而知道自己是同现存的现实相联系的。"①

从中国社会对国家道德的无限需求来讲，民众既然有超越法律和契约以及市场精神的要求，民众既然不愿意承担应有的市场风险，希望将风险转嫁给国家，希望国家政治集团接受社会的利益风险委托，那么民众必须具有国家意识和国家精神，这是与国家道德对等的爱国情感。黑格尔把爱国情感表达为政治情绪，认为爱国心体现了国家政治制度的必然要求，黑格尔说："政治情绪从国家机体各个不同的方面取得自己特定的内容。这一机体就是理念向它的各种差别的客观现实性发展的结果。由此可见，这些被划分的不同方面就是各种不同的权力及其职能和活动领域，通过它们，普遍物不断地（因为这些差别是概念的本性规定的）、合乎必然性地创造着自己，又因为这一普遍物也是自己的创造活动的前提，所以也就保存着自己。这种机体就是政治制度。"② 在黑格尔看来，政治制度是国家理念的客观现实，政治情绪凝结在国家政治制度及其活动领域之中。由于政治制度是国家最核心的基本制度，是人类出于维护共同体的安全和利

---

① ［德］雅斯贝尔斯：《时代的精神状况》，王德峰译，上海译文出版社1997年版，第80页。

② ［德］黑格尔：《法哲学原理》，范扬、张企泰译，商务印书馆1961年版，第268页。

益，维持一定的公共秩序和分配方式的目的，因而民众对政治制度的推崇和信赖是爱国情感的最根本的因素。政治情绪反映了民众对国家政治制度的信任，这是爱国情感的基本指向。正如黑格尔指出："政治情绪，即爱国心本身，作为从真理中获得的信念（纯粹主观信念不是从真理中产生出来的，它仅仅是意见）和已经成为习惯的意向，只是国家中的各种现存制度的结果，因为在国家中实际上存在着合理性，它在根据这些制度所进行的活动中表现出来。——这种政治情绪一般说来就是一种信任（它能转化为或多或少地发展了的见解），是这样一种意识：我的实体性的和特殊的利益包含和保存在把我当作单个的人来对待的他物（这里就是国家）的利益和目的中，因此这个他物对我来说就根本不是他物。"① 黑格尔关于"国家中实际上存在着合理性"正是国家的道德精神，而国家道德的现实性来自于国家制度的实践活动，这是政治情绪也就是爱国情感的发源地。黑格尔认为："单个人的自我意识由于它具有政治情绪而在国家中，即在它自己的实质中，在它自己活动的目的和成果中，获得了自己的实体性的自由。"② 从黑格尔对爱国情感与政治制度的关系阐述中，我们可以鲜明地觉察到制度自信的重要依据，那就是制度自信不仅是国家意愿，也必须是社会层面的自觉意识。

三　国家道德与社会公正

按照罗尔斯的制度设计，公平正义符合每个人最基本的利益。在无知之幕的掩盖下，如果每个人都不知道自己的社会地位、智力水平、经济状况等情况，那么人们就不能保证自己在未来的竞争中一定占有优势。这样，为了避免自然条件的差异和偶然的社会条件的影响以及可能遭遇的不公正的对待，原初状态中的每个人都会选择保守型的利益分配方案。

公平正义虽然是可普遍化的社会制度安排方案，但并不意味着可以成为所有社会成员的唯一选择。人们质疑罗尔斯正义论的其中一个理由，就是认为不是每个人都会选择最保守的方案，总会有一些甘愿冒险的人，情

---

① ［德］黑格尔：《法哲学原理》，范扬、张企泰译，商务印书馆1961年版，第266—267页。

② 同上书，第253页。

愿接受惨痛的结果也要孤注一掷，否则这个世界上就不存在赌徒。尼采甚至把这种冒险视为强者应有的自然优势，他把正义理论附着在强者和弱者的对比中，认为正义是弱者的选择，因为强者可以超越利益均势下的正义规则，在强者的眼中本来就不存在什么是正义的问题。

然而，无论是罗尔斯的契约正义理论还是尼采对正义的藐视，都忽略了一个至关重要的问题。罗尔斯的正义论是在无知之幕的假设下，通过每一个原子式的个人博弈而达成的共识，尽管罗尔斯的正义理论专注于制度正义，但并没有在理论前提上考虑国家的道德本质，也就是说制度正义不仅是社会的选择或者社会个体之间的博弈的结果，也是国家控制社会的最佳方案以及国家力量推进社会发展的道德使命。在博弈论的逻辑思路上，国家是社会公平正义的保障，公平正义与国家仅仅是目的与手段的关系。在此之外，我们还应考虑国家自身的愿望。事实上，国家一旦产生，必然会对全社会进行干预，对社会的发展进行整体性的规划。在此意义上，国家并不仅应被理解为社会的产物，也要同时被理解为对应于并超越社会的一种强势的力量。因此，既然国家的存在是事实，那么国家就要通过制度正义来谋求社会的发展和进步。可见，尼采的权力意志理论不仅关闭了社会公平正义的通道，也显露了摒弃国家道德的偏激。国家道德的立足点与社会个体的道德心理不同，前者的意愿是社会整体利益，它必须首先通过制度的力量大体确定利益均势，然后在此基础上考虑自由与平等的协调。如果社会心理一旦呈现出离散情结，就会以强弱之别作为社会利益的分配标准，其结果对社会和国家都是灾难性的。

如何评价中国社会的分配正义是一个复杂的问题，比如如何确定这种评价的坐标和参数就很不简单，这与西方国家相比增加了许多由经济状况、文化心理等因素产生的各种变数。现代中国进入了社会转型期，公平正义已经是中国社会的整体愿望，目前中国面临的所有问题都与公平正义有关。熟人社会情结与陌生人社会交往理念并存，低水平的市场经济与法治意识薄弱相互交织，使得中国社会对公平正义的渴望比历史上任何时期都要强烈，同时人们对公平正义缺失的感受正在深刻影响着每个人的道德心理。正如阿玛蒂亚·森指出的那样，人们对现实中的不正义的共识要远远大于在哲学意义上关于什么是公正的共识。

公平正义不仅是伦理学研究的重大主题，也是现实生活中人所共知的常识。在现实的人际交往中，讲道德和不讲道德都可以获得利益，再加之人生短暂而欲望无限，有的人虽然认识到讲道德可以获得长期的利益，不讲道德可能血本无归的道理，但如果违反道德可以牟取暴利同时又不为人所知，那么不道德的行为就是最佳的选择。这种利益和道德的简单博弈，绝不是什么高深莫测的理论，而是现实中极其普遍的情形。然而，如果无视或纵容以不道德方式牟利，社会就面临解体的危险，这一结局是无论讲道德的人还是不讲道德的人都不愿意接受的。这就像利己主义者为了避免社会骚乱影响自己的生活，那么他也必须在发生自然灾难的时候援助那些无家可归的穷人一样。为了化解社会解体的风险，国家必须承担道德责任，国家道德的使命就在于从制度上建立利益与道德之间相互掣肘的合理效应，使道德与利益之间相互协调。公平正义是普遍性的价值，就是说对任何人而言，公平正义符合每个人的利益，虽然不可能增加一切人的福利，但至少不会使任何人的利益受到不公正的损害。这种情况下国家道德必须保持高度的定力，这就是国家肩负着社会成员对未来生活确定性的道德责任。具体来讲，就是国家必须在营造和强化社会公平正义方面深化整个社会的信心。这是国家道德的基本层面。国家道德是国家重要职能的价值展示，而作为国家根本属性的暴力机构是维护国家职能的必要保障。没有国家机器和暴力机关作为保障，国家的道德力量就无从谈起；而不具有道德责任的国家，国家机器和暴力机关就缺乏深厚的社会基础。在用于凝聚人类社会不断革故鼎新的力量结构中，物质财富和以物质享受为目的的生活只能是其中的浅层因素，而包括物质文化和经济文化在内的社会意识尤其是作为现代文明主要因素的自由、平等、法治、公正以及在此基础上逐渐确立起来的相应的制度和规则，才是整个发展力量中的核心要素。在人类的基本需求得以实现以后，对公正的需要总是超过对财富的追求，否则我们很难理解人们为了名誉、名声锱铢必较。正如布莱恩·巴里所说："对规则的服从产生了一个稳定期望的基础，只有在这样一个基础上，人们才能对行动的后果作出有意义的判断。"① 可以想象，假如人类对未来和价值都不知道，既没有关于未来的信念也没有关于价值的信念，那么生活就会混乱乃至寸步难行。在知识的前景中如果不能确定未来的生活世

---

① Brian Barry, *Justice as Impartiality*, New York: Oxford University Press, 1995, p. 220.

界，那么人类的命运只能在价值、意识、精神等领域中被理解和把握。在人类命运的现实关照中，公平正义始终是最基本的生活价值。人类对未来的不确定性，并非是对疾病、自然灾害等不可抗拒的力量的担忧，而是对社会生活中能否实现社会正义的焦虑。国家道德以及作为国家道德的保障体系赋予人类对未来的确定性，集中体现在社会价值领域。

国家道德所维护的社会利益绝非是经济方面的短线利益，中国社会对公平正义的期盼远远高于经济、生态等具体的生活要求。在经济上不会出现购买几十年甚至百年后中国经济的特殊期指，但这对于公平正义是可以预期的。无论面临什么样的经济压力，能够刺激整个社会信心的最后依托还是公平正义的社会环境。社会经济发展放缓甚至停滞的原因不仅是创新力不足，公平竞争的环境不断恶化也是导致经济活力下降的根本原因。这就是为什么宁愿在一定程度上影响经济发展，也要毫不犹豫地进行高压反腐的原因。近几年的高压反腐的确对经济发展构成了一定的影响，例如集团消费大幅降低，地方政府的融资需求出现萎缩，地方政府行为发生变化，出现消极怠工、懒政怠政等情况，"明哲保身"的现象比较多。但不能因为经济下行压力大就减弱反腐的力度。因为物质财富的享受不足以成为社会成员爱国情感的基本动力，爱国情感的本质是政治情绪，而政治情绪的主题是政治制度以及以公平正义为价值目标的制度正义。在中国古代社会，"仓廪实则知礼节"关注的并非是道德上的小的行为，而是关系社会稳定的大行为，是说老百姓享受着公正的物质分配就不会犯上作乱，而不是简单地被理解为物质财富营造社会道德氛围。"仓廪实"不仅是物质财富的殷实，而且大致体现了物质财富分配上的公平正义。

人类对公平正义具有天然的向往，但分散的社会道德心理很难聚合全社会的正义共识，唯有国家有能力为社会成员对公平正义的追求提供确定性的保障，国家道德对社会信心的扶持与民众政治情绪具有高度的一致性。国家道德的确定性就在于社会的公平正义，包括两个方面的理解。其一，公平正义是社会的理想，但社会本身不具有这种价值的自我聚合能力。公平正义是明确的价值目标，能得到社会广泛认同，公平正义是建设性理念，能解决实质性问题又避免社会动荡，避免社会的分歧和分裂，正义的思想启蒙和解放要靠国家力量来推进。其二，国家作为维系社会公正的垄断性力量，它对社会的有效管控是以公平正义为原则和目的。社会经济发展程度、经济战略以及全社会的认知水平，与社会成员对公平正义的向往是一致的。一个国家无论贫富强弱，都不能有道德赤字。国家和社会发展战略以及具体实践策略不可能在知识论上是完美的，但不能有道德瑕疵。中国传统社会就有"不患寡而患不均"的公平观，民众在经济下滑、财富缩水的困境中可以有难同当，但不能容忍腐败和丧失良知。

国家道德之于社会公平正义的确定性意义在于：人们对付出与回报的对等性具有来自国家道德力量的信心，这是整个社会发展的动力体系中非常重要的内容。在这个问题上，有必要多做一些解释。我们可以想象一个人兢兢业业的工作是为了幸福的生活，因此，他必须确定他可以获得应有的收入，否则就没有必要工作。那么，只要认真工作就一定有收入吗？如果他的上司拒绝支付工资，甚至采取暴力强制的手段对他进行奴役，显然这是极不公正的。为了获得应有的收入，他可以与对方发生武力冲突，如果能击败对方，就会成为暂时的胜利者。但在这种情况下，他依然不能保障自己的安全，因为他随时需要应对各种报复。这就是我们熟悉的丛林法则。一个人无论多么强悍，也不能保障自己的绝对安全，他随时面临着暗杀与偷袭。为了有效应对人类个体对生活不确定的危机，必须有一种超越个人的力量可以将各种不确定性限制在最小的范围内，或者把不确定性降至最低。这个力量就是国家。黑格尔说："人都具有这种信念：国家必须维持下去，只有在国家中特殊利益才能成立。但是习惯使我们见不到我们整个实存所依赖的东西。当有人夜里在街上安全地行走时，他不会想到可能变成别的样子，因为安全的习惯已经成为第二本性，人们却不反思，这正是特殊制度的作用。"① 国家机器如警察、军队以及相应的政治制度、经济制度、法律、社会保障制度等等为国家道德力量提供了基本保障。例如，警察维护社会治安，直至在必要时启用国家军事力量来镇压庞大的黑恶势力集团。尽管法律不能完全消除各种犯罪，但极大地提高了人的生命安全和财产安全的概率。国家力量的功能在于降低国家发展在技术层面的不确定性的可能性，但并不能保证这种功能的绝对完美，因为技术层面的绝对真理是无限的企及。但国家力量有足够的能力消除社会公正的不确定

---

① ［德］黑格尔：《法哲学原理》，范扬、张企泰译，商务印书馆 1961 年版，第 267—268 页。

性，这是国家道德的基本任务。

因此，我们很容易想象以下的情形。人们之所以敢把毕生的收入存入银行，并不是银行可以提供绝对的安全保障，是因为我们出于对国家的信任；人们之所以见义勇为，不仅来自于社会道德的冲动，还因为这种行为能够获得国家认可；人们之所以安分守己地工作，是因为他们相信国家赋予未来生活的信心；人们有理由相信自己合法收入不会被剥夺，有理由认为自己的合法权益不会受到侵犯等等，都是因为国家具有维护社会公平正义的道德使命。正是由于从上至下的各种监管、制裁等国家力量以各种制度控制的手段、方式在社会层面的具体展现，并以此彰显了无限的道德责任，因而我们并没有因为偶然的事件对生活充满恐惧，例如我们没有必要随时担心自来水是否被严重污染甚至被投毒；人们并没有因为存在航空事故而拒绝乘坐飞机旅行；我们的城市并没有因为曾经的恐怖袭击而万人空巷，等等。

罗尔斯说："一个国家，如果想要取得其政治合法性，就必须致力于维护和保证基本的人权，并以社会稳定和社会发展的考虑为基础，把正义的原则确立为社会机构的首要美德。"[1] 这就表明，国家道德责任的确定性在于为社会成员设计制度正义，让每一个人都有正义预期，这是社会总体平稳进步的保障。国家道德在现实中的具体展开是国家治理的责任意识。国家治理通常首先指国家的最高权威通过行政、立法和司法机关以及国家和地方之间的分权，从而对社会实施控制和管理的过程。国家治理首要的和最基本的目的是维护政治秩序，以及保障政府能够持续地对社会价值进行权威性的分配。[2] 从这些概括中可以看出，国家治理简单地说就是国家如何利用公共资源、行政组织、规范制度来管理社会，协调政府、市场和社会三者的关系，保障政治、经济和文化的总体战略得以实现，从而维护一种稳定的社会秩序。国家对内的基本职能是维护社会的秩序，这是每个人实现自我的可靠预期。假如对抢劫、盗窃的行为不加以惩罚，对社会成员的合法收入不加以保护，对非法收入不加以没收，假如对社会财富的分配不能体现社会成员的贡献，那么社会成员就会对未来生活失去可靠

---

① John Rawls, *A Theory of Justice*, Cambridge, MA: Harvard University Press, 1971, p.3.

② 徐湘林：《转型危机与国家治理：中国的经验》，《经济社会体制比较》2010 年第 5 期。

的预期。因此，维护社会秩序，建立正义的财富分配制度，国家力量为社会成员的未来提供了公平正义的预期，在道德意义上赋予社会生活的确定性，解除人类对未来的焦虑。雅斯贝尔斯认为，"国家的具体内容是为人自由实现其多种多样的职业理想提供机会。这些理想在人始终是机器中的单纯功能的情况下不可能实现。国家赖以工作的实体是由人组成的，这些人通过教育已获得参与到自己的历史传统中去的力量。国家具有两个方面，一方面，它维护群众秩序，因为这个秩序只有凭借国家才能继续存在；另一方面，它同时能够提供对群众秩序的防御。"①

当然，国家所维系的社会公平只是社会的基本利益，国家道德的现实性并不意味着生活没有忧虑，人们还要追求更完美的生活，还需要心灵世界的完善，也许还需要解决人生哲学所面临的困惑。国家道德力量对这些更高的生活要求乃至哲学难题几乎无能为力。况且，国家对社会公平正义的要求也难以完整对应，否则社会中就不存在犯罪。国家通过法律来代替丛林法则，法律的作用是对社会安全实行基本控制，它能使敬畏和遵守法律的社会成员总量占据很大比例，但不能阻止少部分人的冒险。另外，国家道德力量的有效性最终要依赖国家公职人员的权力运用，这本身也存在不确定性。但无论如何，国家为社会的公平正义提供了任何其他力量都不可替代的保障机制，这为人类更高的追求奠定了基础，为社会的发展提供了内在的动力。

第二节　名利杠杆与国家责任

国家富强和社会发展需要正确的价值目标、科学的施政，更需要每一位社会成员艰辛的实践。社会成员推动国家和社会发展的动力是一个本源性的因素，物质财富与荣誉是个体动力系统中最重要的组成部分。这一判断，并非是基于人性论的视角去观察人类历史的发展趋势。马克思在批判国民经济学理论时指出，"贪欲以及贪欲者之间的战争即竞争，是国民经

---

① ［德］雅斯贝尔斯：《时代的精神状况》，王德峰译，上海译文出版社 1997 年版，第 79 页。

济学家所推动的仅有的车轮。"① 在马克思看来，国民经济学理论仅仅从人性贪欲的角度去理解社会发展的动力，而没有看到社会历史发展中的客观的必然的力量。对于社会个体而言，物质财富与荣誉是整个社会物质生产动力结构在微观层面的具体因素，个体通过对物质财富和荣誉的追求形成社会发展的合力，这与国民经济学理论所说的贪欲以及贪欲者之间的竞争是截然不同的问题。在现实意义上，社会发展的整体规划虽然千头万绪，但本质上是国家通过名利杠杆撬动社会经济发展，同时按照公平正义的原则实现社会竞争的可控状态。

一　名利杠杆的价值功能

名利之争在一般意义上很难被理解为一个"正能量"概念，因为社会生活中的争夺名利总是与不择手段联系在一起。但人们忘记了，国家与社会的发展进步正是靠每一位社会成员通过现实生活中的名利之争来推动的。国家与社会的发展，在本质上是人的发展，马克思称之为人的自由全面的发展，这是社会发展的目的也是动力，尽管这种竞争不是直接建立在利他主义道德的基础之上。而且，真正对社会发展起牵引作用的那些名利的东西在客观上并不是社会自发的产物，而是国家行政力量所设定并依赖于名利竞争机制来推行的，例如体制内的行政级别、专业技术职称、军衔、社会各个行业领域中的职务等级、各种荣誉称号以及与此相匹配的利益分配等等，成为社会成员自我实现所依赖的真实基础。

所谓名利杠杆，就是国家政治集团通过行政力量在国家体制内以及整个社会范围根据分配正义的原则设立职位等级、职称等级和各种国家认可的荣誉奖励，通过人们彼此之间展开名利之争，并依此进行与名誉、地位、贡献相符合的收入分配。国家通过名利杠杆激发社会成员自我实现的强烈意识，促进国家和社会发展，实现了国家富强和社会福利的双重目的。正如黑格尔指出："个人意志的规定通过国家达到了客观定在，而且通过国家初次达到它的真理和现实化。国家是达到特殊目的和福利的唯一条件。"②

---

① ［德］马克思：《1844 年经济学哲学手稿》，人民出版社 2000 年版，第 50—51 页。
② ［德］黑格尔：《法哲学原理》，范扬、张企泰译，商务印书馆 1961 年版，第 263 页。

　　名利杠杆的本质是基于个体需求欲望以及国家行使分配权力，旨在刺激国家公职人员和社会成员谋求自我实现的内在动力，激发整个社会的活力，最终实现国家强盛和社会繁荣发展。名利之争是实现社会发展的重要机制，假如人们都选择"淡泊名利"，整个社会就停滞不前。因此，国家必然要设计制度来诱导每个人追求名利，这是任何国家实现社会发展进步的必要举措。在黑格尔看来，国家是社会成员自我实现的客观力量，他指出："国家的目的就是普遍的利益本身，而这种普遍利益又包含着特殊的利益，它是特殊利益的实体，这一情况是（1）国家的抽象的现实性或国家的实体性。但是它是（2）国家的必然性，因为它在概念中把自己分为国家活动领域的各种差别。这些差别由于这一实体性也就形成了现实的巩固的规定——各种权力。（3）但是这种实体性就是精神，就是受过教养并且正在认识自身和希求自身的精神。"①

　　名利杠杆反映了人类个体自身的需要，符合深层意义的存在论要求，并通过国家制度设计在社会中发挥广泛的利益导向作用。如果国家行政力量不去设计针对社会成员自我实现的利益竞争机制，那么社会的发展就无法从社会个体的实际利益中获得真实的动力。另外，以国家力量撬动名利杠杆促进社会成员彼此竞争并推动社会发展进步，也是国家道德力量和道德责任的体现，反映了人类社会的发展规律，名利杠杆是所有国家共同的行为，与国家政治体制、政党体制和意识形态没有关系。国家设立各种不同形式的等级制度、名誉、声誉、地位、荣耀以及国家法律对非正当竞争的制裁等构成了名利杠杆的主要内容。

　　从概念规定来看，名利杠杆发挥作用需要如下基本前提，其一是人们对名利的追求。这个问题不需要复杂的解释，追求名利是人的自然需求和社会需求的统一，反映了人的自然属性和社会属性。事实上，我们就生活在一个竞争无处不在的世界中。农民之间竞争土地的单位产量、公务员为职位展开竞争，专业技术人员在职称晋升中比拼，公司职员竞争工作绩效等等。正如密尔指出，这种竞争是为了公共利益，而为了公共利益的竞争即使牺牲失败者的利益也是正当的。其二是国家具有对财富和荣誉的分配权力。这是对个体追求名利的认同和激励的基本保障。此外，还应有第三

————————
① ［德］黑格尔：《法哲学原理》，范扬、张企泰译，商务印书馆1961年版，第269页。

个前提，就是国家力量必须确认人们正当的名利，这种来自国家制度的确定是社会所认同的最高权威。例如，科研工作人员竞争研究员、副研究员等专业技术职称，国家相关管理部门就要按照公正原则行使认可权力，即便这种竞争的结果来自于专业内部的评选，也需要国家权力部门的确认，例如国家各级人事部门通过文件的批示公开确认。

当然名利杠杆的作用机制并不限于国家体制内部，而是社会性的。例如民营单位为了激励员工的工作热情，名利杠杆也是基本的撬动力量，体现了个体与组织在利益追求上的同步性。当然，国家体制内外的名利杠杆的作用结果都来自于国家力量的维护，正当名利都具有免于侵犯的自由。在名利杠杆的作用效果上，政府行为和非政府行为的区别在于，后者主要是从经济上考虑，比如企业对员工的奖励是为了企业的经营收入；政府行为的激励除了经济的考虑，还有社会效益的考虑。

尤其是当政治力量在社会生活中居于主导地位，并且这种主导性力量具有历史传统延续的国家，国家名利杠杆对社会发展的推动力更为明显。国家是对社会成员之贡献认定的最高级别的裁决者，国家认可具有最高的权威性。国家公信力越高，社会成员对国家认同中的权威感就越强烈，国家认可比之社会认可而言的影响力更加广泛和深刻。比如，国家政治集团所认定的先进人物在社会中就具有重要的影响力。当然，需要在国家层面认可的人物，必须对国家有极大的贡献，例如那些具有突出贡献的科学家等等。此外，市场行为也需要国家力量的确认来实现利益的最大化，这种情况主要存在于不成熟的市场经济发展阶段。在不成熟的市场经济条件下，许多企业非常重视政府认定在产品宣传和市场营销中的作用，例如标明某产品是某政府指定产品，例如"本加油站为某政府指定加油站"等等，这种现象在我国各地非常普遍。由于政府行为在社会中的导向作用非常显著，因而在企业竞争中扮演着权威性的角色。

与名利之争相区别的，是在道德意义上"不计名利"的原则。事实上，一个人只要进入社会并承担起社会责任，已经不能置身于名利之外了。就像那些准备买房的人，都想在房价低廉的时候购买，但当人们进入房地产市场之后，本身已经助长了房价的上涨。在现实意义上，我们不仅不能"不计名利"，甚至连"淡泊名利"也成为一种奢望。从道德上讲，"淡泊名利"意味着人们要在名利面前适可而止。不过，"淡泊名利"也极易成为不作为和不思进取的一种光鲜的理由。如果我们每个人在生活中都不计名利，社会发展就只能是一句空话。当荣誉、职位、财富、利益成为国家推进社会发展的基本策略的时候，名利之争就是不可避免的。因而，基于社会发展的要求，人们不可能放弃名利之争，甚至也不能陷入"淡泊名利"的误区，而是要立足于公正的原则正确地看待名利。过去我们总是把名利之争视同贬义，只不过把名利仅仅限于个人利益上来理解，没有把名利之争看作实现公共利益的动力机制，没有在国家意识层面把名利之争与社会发展联系在一起认识，所以名利观念在道德上显得十分被动，个人主义成为道德的负资产，因而为了名利之争而遵守道德就不具有应当如何的内在价值，这种论调为义务论在现实生活中的伦理实践提供了别样的参数。

此外，名利之争引起了人们对哲学问题的思考。具体而言，不仅是政治哲学上的公平正义，还有人们对人生哲学的思考。正是由于名利之争，使人们选择了复杂的生活，产生了乐观与悲观、入世与出世、积极进取与看淡人生、我平庸我快乐、看破红尘等等各种人生态度以及宗教情结。伴随着名利之争，才真正使人们体验到什么是快乐、幸福，什么是苦恼、颓废。事实上，这些因名利引起的困惑确实是对人生哲学的反思，同时也是对人生哲学的不完整的理解。人始终是国家这一伦理实体中的人，关系到人的生存与自我实现的不仅是人生哲学还有国家哲学。人之所以产生名利之争的意识观念，在客观上产生于国家运用名利杠杆撬动社会发展，因而人的道德责任与国家道德是一致的，只要国家一天不停止发展，名利杠杆就会持续地撬动社会成员的利益之争，国家就有维护社会公平正义的道德责任。正如卢梭指出："把权利所允许的东西与利益所规定的东西结合在一起，以便使正义与功利不致有所分歧。"① 因此，名利之争与倡导奉献并不矛盾。只有符合公平正义的名利之争和名利占有成为社会普遍共识，才能使奉献真正成为可能。依靠不道德、不合法手段占有财富的人，其外在的"无私奉献"只能是披着慈善外衣的伪善，而不公正竞争中的失利者显然在心理上很难接受道德说教。因而，自由、平等、公正、法治等作为核心价值观绝不能顾此失彼，名利之争是自由价值观的具体展示，平

---

① Jean - Jacque Rousseau：*Basic Political Writings*，p. 141.

等、公正、法治是自由的边界。

二　名利根源与国家控制

人们只有先拥有平等的生存权，才能对道德意识问题形成基本的主张。在原初的自然状态中，人们对生存的认识还没有与道德产生事实上的关联，一个人只有先生存才能思考道德。在古代社会，为了基本的生存而发生的人与人之间的侵犯并不必然反映社会成员的道德水平，而是说明了国家道义的丧失。比如，在历史上民不聊生的时期，普遍存在抢夺食物、盗窃食物甚至人吃人的现象，反映了国家道德力量的颓废。在这种情况下，人们连基本的生存都无从谈起，他们相互竞争的目的甚至局限于看谁能够多活片刻，整个社会没有正常状态下的名利之争，也不存在与名利之争有关的道德问题。

因而，真正的道德问题（此处的道德问题主要是指人与人之间的利益侵犯，并不是指意识领域中的道德）是从满足了人们最基本的生存需求、国家具有社会财富分配的必要性时才产生的。只有在基本生存实现以后，只有在人们竞逐非必需的物质财富和名誉地位的时候才产生真正的与利益相关的道德问题。名利之争建立在基本的生存权基础之上，这是人类历史发展的必然，与名利之争同时存在的利益侵犯也是不可避免的社会现实。从广义上讲，名利之争不仅是指人们通过合法的手段进行名正言顺的竞争，也包括一些心怀恶意的人采取违背道德甚至违法犯罪的行为进行争名夺利。社会中存在的不道德、不法的现象，很大程度上是由追逐名利引起的，因此如何引导名利之争是一个重要的问题。

就名利之争所导致的诸多问题而言，其根源在于社会成员对未来生活中不确定性因素的担忧以及由此产生的对短期利益的急切心态。由于人的生命是有限的，所以名利之争始终贯穿着生命的有限性和欲望无限的矛盾。因此，一些人总是考虑如何使"幸福来得太突然"的问题，进而考虑一劳永逸的冒险战略。这样，短期行为意识势必改变追求名利的正常手段，做坏事、不讲诚信、欺骗、背信弃义等等接踵而来，成为引发人际侵犯的主要原因。人们首先关注的是如何更快地获得利益需求，因而道德似乎很尴尬，在利益攸关的时刻，道德总是看起来很苍白。人类社会历史发展在大多数时间内并没有虔诚地考虑如何增进道德的社会功能，无论伦理学家怎样费尽心思地劝说人们不要看重眼前利益，但现实生活具有与道德不同的逻辑。

短期利益和长期利益的博弈可以说是人类生活中最普遍也最为纠结的问题，有没有后顾之忧对人们的行为方式的选择非常关键。而在实际生活中，短期利益以及短期行为具有特定的必然性。由于自我实现中的名利因素来自于社会成员的竞争，竞争的一个重要特征就是时效性。如果人们都把物质财富的追求以及幸福感推向遥远的未来，那么现时的竞争也就失去了意义。理想性的目标通常是长期的，例如人们对共产主义社会的向往。但理想毕竟是精神性的东西，是人类的生活信念但不反映生活的现实追求。尽管短期行为引起了社会道德问题，但导致人类对短期利益执迷的原因并不能归咎于人类本身。人们之所以执迷于短期利益，并非是对道德的决然无视，问题在于人们对自己的未来生活充满不确定性。时至今日，社会犯罪行为使人们仍然不能确信自己的生命安全的绝对性，不能确定自己的财产是否不受侵犯以及在生活中能够得到公正的对待。总而言之，人们对幸福追求中的不确定性颇为忧虑，并因此激发了急功近利的心态和行为。

与义务论伦理学相比，功利主义原则也曾在短期效应和长期效应上发生过争执，人们在某些时候选择"从长计议"的处理方式往往是现实中的无奈。功利主义最初的时候是短视的，企图直接计算最后的利益得失，但并不是所有结果都能确切地呈现出来。单向度的功利主义思维就是要尽快看到效果，否则不需要以破坏环境为代价来实现经济的迅猛发展，因为一个人在做一件事的时候必须想到这件事与生命时限的内在矛盾。作为有限生命的人类个体，对利益获取的时限具有天然的优先性欲望。所以富人的生活总是提前享受穷人正在追求的东西。人们总是谋求有生之年的幸福，没有信仰的人认为那种把来生幸福寄托于信仰之上的思维是不可理解的。或许，宗教的本质在于说服人们放弃短期利益，信仰的力量致力于解决人们对于短期利益的焦虑。宗教规劝人们对生命的超越，试图在人类现实生存的不确定状态下赋予人们静态的终极关怀。如果每一个人都对于不可确定的危机念兹在兹，那么人们就普遍把短期利益看得非常务实和非常重要，因而宁愿铤而走险，也不想循规蹈矩。在某种程度上，放眼未来的说辞已经成为掩饰内心空虚的最体面的表达，人们很难有特别的耐心，如何谋取短期利益以及谋取利益的效率成为人们生活中优先思考的问题。

探寻人类社会名利之争的根源,有助于我们进一步思考国家对于名利杠杆的应用调节中的道德义务。国家运用名利杠杆撬动社会发展并促使社会成员追求自我实现,同时国家必须将社会名利之争限制在公平正义的原则框架之内,这不仅是国家的道德义务,也是国家存在的理由。国家力量对于社会名利之争的有效引导,要从赋予社会发展的确定性出发对名利之争中出现的危机加以控制。这就要求政府在运用名利杠杆推动社会发展过程中既要体现权威性,又必须具有可靠的公信力。在利益分配方面,国家认定具有比社会认定更大的有效性,但这种有效性不仅来自于国家政治力量,更重要的是国家力量的道义与责任,这成为国家权力与社会权利一致性的正义基础。可见,国家力量通过名利杠杆推动社会发展,一个重要前提是国家必须拥有正义,国家力量同时必须成为道德力量,这是国家对社会利益进行分配的前提。黑格尔说:"个人的自信构成国家的现实性,个人目的与普遍目的这两方面的同一则构成国家的稳定性。人们常说,国家的目的在谋公民的幸福。这当然是正确的。如果一切对他们说来不妙,他们的主观目的得不到满足,又如果他们看不到国家本身是这种满足的中介,那末国家就会站不住脚的。"[①] 可见,国家认同的权威性在于国家政治的公信力得到社会认可,否则就容易产生权威的合法性危机。例如,在历史上社会制度变革的特定历史时期,封建专制国家并不认同自由、民主、法治,但这些价值观念获得社会的广泛认同,成为推动历史进步的动力。从一个国家的历史发展来看,对某事物的国家认可和社会认可之间存在张力,两者的完全统一是理想性的。但消除这种张力应当是技术性的,而不是单纯的围绕价值转换来展开。

国家力量主导的名利之争是促进社会发展和个体自我实现的巨大杠杆,但它并不完全是由人的自私本性产生的一种自然动力。赵汀阳认为现代的最大错误大概是自私的合法化,这一观点或许只是心理层面的。自私在道德上确实是社会价值的负资产,但自私的合法化在社会发展上有其被认同的理由。由于名利之争是以制度化的形式在全社会发生作用,如果缺乏普遍认同的法治思维,那么名利之争就失去伦理基础和道德价值。通过

---

① ［德］黑格尔:《法哲学原理》,范扬、张企泰译,商务印书馆1961年版,第266页。

国家力量实现社会公平正义难以一蹴而就，因而为名利之争创造了无节制发展的空间，容易导致人们的普遍贪婪，直至威胁到人与自然的关系以及社会安定。但名利之争并不一定是贪婪，贪婪注定是人的自然属性压制社会属性的后果，例如公地悲剧等等。名利之争的道德边界是社会公正，名利之争是在社会公正的前提下承认自私的合法性。这样，个人利益与公共利益的冲突应当被限制在集体理性的范围内，从而使有效解决名利之争中的利益冲突成为基本的社会共识。

第三节　国家功利主义

　　维护社会公平正义是国家道德的基本内容，目的是在难以预测的社会发展中把人类个体对未来的不确定性降至最低，从而使人们在名利之争中增强道德定力。国家运用名利杠杆促进社会成员之间的物质财富与名誉地位的竞争，不仅要维护社会成员自由竞争的权利，还要通过对社会的控制实现自由竞争的公平正义。国家维护社会公平正义不仅是社会发展的价值目标，也是巩固国家利益的根本途径。公平正义是社会发展的基本规则，但社会力量无法保障公平正义。由于名利之争和人们对短期利益的青睐，公正的规则随时面临倾轧。为了社会不至于解体，必须通过来自国家的强制性力量将利益冲突控制在合理的区间，从而维护社会秩序，为人类生活提供稳定的社会基础。

一　国家功利主义的内涵

　　国家运用名利杠杆激励社会成员并从整体上促进社会发展，在道德哲学层面上体现为以"善"为价值取向的国家功利主义。亚里士多德在《政治学》中指出："如果一切共同体都旨在追求某种善，那么，国家，作为所有共同体中最崇高，并且包含了一切其他共同体的政治共同体，在最大的程度上也就目的在于追求至善。"[①] 正如前文所言，公平正义原则下的名利之争是国家对社会发展具有道德意义的设计。同时，国家运用名

---

① Aristotle, *Politics*, *in Aristotle*：*on Man in the Universe and other Works*, New York：Walter J. Black，1943，p. 249.

利杠杆促进社会发展是广大社会成员的现实要求。社会中每一个体的荣誉与利益是国家促进社会发展的动力因素，是为了促进整个社会公共利益的实现。在此情况下，基于个体荣誉和利益的正当竞争是必不可少的。当然，不仅是那些以不道德、不法的手段进行恶意竞争抑或直接采取利益侵犯的行为，即便是遵循公平正义原则的名利之争，在机会均等的条件下也不可避免地导致一部分人在竞争中成为优胜者，而另一部分人成为失败者。现代社会的市场经济原则赋予每个人利益竞争的自由，按照亚当·斯密的经济学逻辑，就是通过让别人获取利益从而使自己获取利益。每个人既是生产者又是消费者，作为消费者，无论是精神消费还是物质消费，追求的都是物美价廉。例如，消费者如果要选择当地声誉最好的酒店就餐，那么许多酒店经营者之间就形成了彼此竞争的态势，竞争的结果就是一部分酒店受到肯定乃至推崇，而另一部分酒店则无人问津。这些酒店的经营者作为消费者要在市场上购买生活用品，也会以物美价廉为选购标准，那么生产单位之间就会相互竞争，竞争的结果是一些企业利润增长，而另一部分企业面临倒闭。那么，对于受到追捧的创作者或生产企业，对于失落的创作者和濒临困境的生产企业来说，是不是损害了对方的利益呢？结果看起来确实是这样，但问题的本质是前者并没有侵犯后者追求利益的权利，而是导致了后者失利的结果。

毫无疑问，市场经济条件下的有序竞争，对于行业创新和社会需求都是必要的。密尔对此进行了详细阐述，他说："个人在追求一个合法目标时，必不可免地因而也就合法地要引起他人的痛苦或损失，或者截去他人有理由希望得到的好处。这种个人之间的利益冲突，往往发生于坏的社会制度，只要那制度存在一天就一天无法避免；但还有一些则是在不论什么制度之下也不可避免的。譬如说，谁在一个人浮于事的职业上或在一次大家竞试的考选中取得了成功，谁在竞取一个共同要求的对象中超越他人而得中选，他就不免从他人的损失中，从他人的白费努力和失望中，收获到利益。但是大家普遍都承认，为着人类的普遍利益，还以听任人们就以这种结果去追求他们的目标而不加以阻止为较好。换句话说，社会对于那些失望的竞争者，并不承认他们在法律方面或道德方面享有免除这类痛苦的权利；社会也不感到有使命要予以干涉，只有在成功者使用了不能为普遍利益所容许的方法如欺诈、背信和强力等方法的时候才是例外。因此，个人的行动只要不涉及自身以外什么人的利害，个人就不必向社会负责交代。他人若为自己的好处而认为有必要时，可以对他忠告、指教、劝说以至远而避之，这些就是社会要对他的行为表示不喜或非难时所仅能采取的正当步骤。关于对他人利益有害的行动，个人则应当负责交代，并且还应当承受或是社会的或是法律的惩罚，假如社会的意见认为需要用这种或那种惩罚来保护它自己的话。"① 可以说，密尔对社会公平竞争持肯定态度，即便这种竞争会使竞争的失利者心灰意冷，因为公平的竞争是社会的利益所在。相反，假如依靠权力垄断市场，就有可能形成产品的价高质劣。公平环境下自由竞争的结果是合理的、可接受的优胜劣汰，没有优胜劣汰就没有创新和社会的发展，结果就是停滞不前的平均主义。

密尔的观点表明，国家运用名利杠杆推动社会发展的同时，可以允许牺牲一部分人的利益以获得最大的社会福利。在商业竞争、仕途升迁、专业技术职称评审以及其他各种逐利行为中，只有依照公平的原则实现优胜劣汰，才能使真正具有竞争力的组织或个人脱颖而出。因此，国家功利主义在现实意义上绝不能与平均主义相提并论，国家功利主义的目的是促进社会整体利益，体现了国家与社会发展的价值目标，但它不可能在名利杠杆的驱动下在利益分配的微观领域中面面俱到。

另外，国家功利主义在道德哲学上不是与国家义务、国家道义相对立的功利主义。国家道义必须在国家与社会的发展中尤其是社会成员名利之争的过程中体现公平正义。没有国家对社会公平正义的道德责任，国家功利主义就失去了道义支持，国家对社会的福利责任就不可持续，就会极大地减弱社会成员对正当利益追求的信心。由于国家利益和社会利益的一致性，国家作为道德主体可以缓解义务论与功利主义之间的紧张。社会发展和民众福利对于国家而言，既是功利性的，也是国家的道德责任。不过，对国家而言，如果要在义务论的要求上说明一个行动何以独立于它所产生的任何效益而具有内在的道德正确性，确实是义务论本身的难题，这也确实容易把对国家道德的认识引向神秘主义。

国家功利主义与实践合理性的直观理解密切相关。后果主义符合对道德功能最直观的认识，国家道德的根本目的就是使国强民富和社会繁荣。

---

① ［英］约翰·密尔：《论自由》，许宝骙译，商务印书馆 1996 年版，第 112 页。

不过，功利主义如果在现实中被歪曲，那么就很可能成为一种假的或者冠冕堂皇的功利主义，即以虚假的公共利益来颐指气使，从而在社会生活中与真实的公益价值取向背道而驰。因而，作为国家功利主义，必然是包含公平正义的功利主义，就是将利益总量与分配正义相统一的功利主义。如此，国家功利主义才是国家道德的根本属性，它强调的是人的幸福而不是纯粹的物质利益。

功利主义作为国家行为的选择理由在很多情况下是完全适用的，但作为个人行为的准则不具有道德合法性。个人的自由的确神圣而不可侵犯，但这只体现在人际伦理关系之中，而不是体现在社会制度的层面。在日常人际相处的时候，个体不能以个人或社会整体利益之名，采取侵犯他人正当权利的行为，不论这种行为是否真的能有助于实现社会福利。

与国家功利主义不同，我们不能把功利主义原则作为个体行为的道德准则来推广。由于人们在现实生活中对功利主义的理解显示出太多的随意性，从而在很大程度上扩大了功利主义的适用范围。功利主义对于政府而言，用最大多数人的最大利益衡量公共政策是否符合道德标准，但社会个体不能对功利主义采取实用主义的理解方式。例如，规范伦理学在本质上具有实现公共利益的理论价值取向，道德规范的直接表达虽然是以个体为主词，但其所规范的行为具有社会价值。如果基于狭隘的美德伦理学的立场，就会认为规范伦理学陷入了道德与利益的纠缠，抹杀了"应当如何"所具有的道德价值。事实上，作为普遍法则的道德规范，其理论价值指向是社会利益而不仅仅是对每一社会个体的道德约束，在社会意义上规范伦理学恰恰具有明确的功利主义特征。

在此，我们还有必要讨论一下义务论与功利主义的分歧。当我们面对义务论和功利主义之间无休止的理论论争时，发现引起这种争辩的原因恰恰是某些行为事先违背了严格的义务论。按照义务论原则，我们应该严格服从道德规则或者严格履行我们认识到的义务或责任，不管那样做是否能够产生好的结果。如此一来，义务论和功利主义确立存在难以调和的矛盾。例如，我们要么选择诚实并接受一切可能的损失甚至灾难的后果，要么选择说谎从而获得最大化的利益。

因此，这两种道德哲学理论的对立，既有知识论局限意义上的必然性，也有义务论事先没有得到彻底贯彻的原因。比如，医生在某种情况下要对病人的病情保密，以免增加患者的心理压力而不利于治疗。如果人们可以攻克任何疑难杂症，也就不存在这个问题上的义务论和功利主义的分歧。事实上，许多义务论和功利主义的对立，恰恰是因为人们事先违反了严格的义务论。如果药店老板遵循"无论在任何情况下都要履行救人的义务"，那么就不会发生科尔伯格所说的海因茨偷药事件，当然也就不会发生有关偷药事件的激烈争论；如果人们在现实中毫无例外地遵循"绝不伤害他人"的义务论原则，就不会发生警方是否要对恐怖分子采取严刑逼供来获得爆炸装置密码的争议；假如希特勒不发动侵略战争，就不会出现德国士兵是否应对战争行为负责的讨论，等等。再比如经典的电车难题，电车之所以失去刹车功能，无非是两种原因，属于知识论上的是我们现有的科学知识还不能保证任何机械装置始终处于完美状态，属于义务论上的问题就是电车的刹车装置被人为破坏。

可见，义务论和功利主义的分歧，是由于人们无法避免知识论上的错误或者人们事先就违反了严格的义务论的缘故。因为绝对真理在认识论领域是不可企及的，那么我们可以认为，知识论上的局限应当能被作为对失误进行辩护的理由，但同时我们有必要把严格的义务论视为最基本的实践原则。

二 国家功利主义的价值功能

国家运用名利杠杆激励社会成员的自我实现以及促进社会发展，并依靠法治将名利之争导向公平正义的轨道，从而维护社会秩序和繁荣，这是国家道德的基本指向，也反映了国家功利主义在社会领域的价值功能。

其一，在道德哲学层面上，国家功利主义致力于推进以公平正义为基本价值内涵的社会之"善"。公平正义是整个社会的底线原则，失去公平正义会使整个社会面临解体的风险。名利杠杆对社会发展的决定性影响，要求公平正义成为社会道德的核心内容。社会发展是社会利益的聚合效应，社会利益不是抽象的概念，而是每一名社会成员个人利益的汇集。同时，社会发展和社会成员的自我实现必须在国家力量致力于公平正义的目标进程中才能是平稳和有序的。在人们的实际生活中，名利之争的出发点是利己主义，但在客观上实现了人尽其才，从而推动了社会发展和国家繁荣。按照历史唯物主义原理，社会物质生产和精神生产是人类历史的必然走向。承认社会发展的必要性，就不能否认名利杠杆的巨大推动作用，这是社会道德原则建构的真实基础。由此出发，公平正义成为社会的基本道德原则。社会不能缺少仁爱和无私奉献，否则社会就成为人际的荒漠；但社会更不能缺少公平正义，否则社会就会停滞不前甚至毁灭文明成果返回最初的自然状态。只要国家名利杠杆撬动社会的作用机制一天不停止，公平正义就始终是社会基本的道德底线。

其二，国家政治价值观是国家功利主义展示其道义功能的政治基础，国家利益是国家功利主义的实体性因素。国家政治价值观是对国家基本制度的道德辩护，反映了国家力量最基本的道德属性，尤其对于超大型的复杂社会而言，社会成员对政治价值观的认同程度决定了全社会对公平正义的期待指数。在国家意识形态领域，主要是通过政治价值观来主导社会道德的基本走向，在建构社会价值观中具有引领和整合作用，激发社会成员以政治制度自信、国家发展战略自信以及对国家与社会利益一致性高度认同为基础的爱国主义精神。

鉴于外部环境中国际正义因素的影响，国内社会的公平正义对于非主权国家而言只能是一种奢望。因而国家力量必须在世界格局中捍卫国家利益，国家利益对于国际世界的政治价值分歧而言具有绝对的至上性。国家利益的实体内容是国家政治安全、军事安全、经济安全以及以这些因素为支撑的民族利益和社会利益。政治价值观的根本依据是国家利益，其解释权充满国家力量的浓厚色彩。国家利益的绝对性和至上性，不可避免地体现了政治价值观在国别意义上的道德相对主义特征。在伦理学理论中，道德相对主义的理论依据是人类社会存在不同的文化和传统，因而不存在普遍的道德真理。但在国家利益上，道德相对主义或许可以成为国与国之间利益纷争的价值理由，相区别的国家利益与道德相对主义的内在分歧具有一致性。因而，我们看到对道德相对主义的反驳是社会层面的，而不能是国家层面的。在国家利益问题上，对本国政治价值观的辩护体现了源自各国历史文化与实际国情为基础的道德相对主义的理论特征。

其三，基于国家功利主义的道德价值取向，国家政治价值观也会在道德体系中发挥导向作用，对国内社会道德体系建构融入体制性的影响，并通过社会道德要求有效地塑造个体的行为模式。由于文化与政治之间命运攸关的原因，社会道德体系在完整意义上与政治、经济、法律制度等具有共同的属性。道德体系的存在，为民族文化发展奠定了价值基础，最重要的作用乃是通过文化权威来促进社会共识。由于道德不能远离政治，道德原则尽管具有一定的独立性，但道德体系的独立不等于道德体系是封闭的，世界范围内软实力的竞争需要具有民族性的道德体系来占据世界价值平台的制高点。道德体系作为民族文化的重要方面，本质上体现了社会成员对本国道德文化的自信。从更大范围来讲，制度自信和文化自信的重要性在于从世界范围内扑朔迷离的价值观中认识到自我的独特优势，反映了以道德价值观为支撑的国家功利主义特征。一个国家的政治伦理和社会道德中的本质因素，在根本上取决于政治价值观对现有政治制度的支撑。

这样，当我们把国家利益与社会利益相结合的国家功利主义视为具有普遍意义的道德准则时，那么社会道德体系以及相应的道德准则、道德要求、道德策略等等就可以取得国家功利主义的理由。社会道德体系本质上是国家道德原则在社会层面的具体展开，承担着国家政治价值观的社会功能和教化功能。在国家利益、社会利益与社会道德体系、道德原则之间，后者的合理性在于客观上反映前者的要求。例如，某种道德规范在某一历史时期不利于国家利益和社会利益，那么就被排斥在社会道德体系之外，如果在另一历史时期有助于推动国家利益和社会利益，那么就具有道德上的正确性。比如历史上的"三纲五常""三从四德"以及这些道德规范是否具有正义性取决于在何种意义上有利于国家利益。此外，基于真实的社会道德状况，许多人认为要区分道德的广泛性和先进性。从道德的客观表现上看，社会成员的道德水平参差不齐是基本事实，但不能对社会成员的道德要求作出具体的区别，例如我们在道德规范的制定上因人而异，要求一部分人的行为必须符合哪些道德要求，而对另一部分人进行区别对待。因此，道德的先进性和广泛性的划分只能是宏观策略，而不能在社会道德实践中成为可操作性的具体要求，它只能是一种权宜之计，而不能成为社会道德的永恒原则。同时需要指出的是，这种区分在道德实践中不可避免地成为一些人不讲道德的理由。

其四，国家功利主义的重要性还在于依靠国家力量维护公共利益。公共利益是社会发展和个体自我实现的基础。国家对道德个体的褒奖，并不意味着国家权力对某一具体人物的推崇，而是以此进一步巩固和拓展公共利益的广度，例如以榜样示范作用使更多的人遵守社会公德和社会秩序。

国家权力对道德的干预，只能是基于公共利益的理由，而不能提倡每个人牺牲自己的幸福，例如国家不能要求一个正常的人与残疾人、精神病患者结婚，以牺牲自己的幸福来实现对弱者的关爱。国家有必要提倡见义勇为，因为见义勇为在事实上针对的是对个体利益的维护，但在社会意义上是有利于公共利益的行为，因为见义勇为一旦在现实生活中普遍化，会震慑犯罪行为，这是以社会力量来推进整个社会的法治建设。

　　基于国家功利主义的社会公共利益取向，必然要求发挥国家政治力量对于建构社会公平正义的重要作用。由于爱国情感体现为公众的政治情绪，所以政治力量应当承担起比社会力量更重要的责任。国家政治力量在社会的控制力度方面保持相对的强势，有助于保持国家道德的定力。例如，社会力量和资本力量可以通过慈善行为解决贫困，由于缺乏强制性和持续的自觉意识，并不足以解决整个社会贫富差距的问题。而且，社会力量如果不能被有效地价值引导，就难以形成社会共识，例如欧洲社会对福利扩大化的要求及其生活惰性已经构成了对政治力量的冲击。国家政治力量既要保持经济发展又要专注社会保障的道德责任。资本力量虽然可以在社会压力下起到扶危济困的作用，但同时难以遏制其天然逐利的倾向。社会公平正义的力量要借助于强势的制度基础，这只有在国家政治力量的作用下才能实现。正是在这一问题上，集中体现了政治哲学的研究路向。长期以来，国内的一些政治哲学研究遵循西方的解释话语，忽略了政治哲学的国家属性，本质上偏离了国家道德范畴。

　　国家政治力量维护社会公共利益，要尽可能覆盖一切社会弱势群体，这与诺齐克"最小国家"的价值指向是不同的。按照诺齐克的"最小国家"理论，每个人都奉行利己主义，可以最大限度地追求自己的利益，个体自由以不侵犯他人合法权益为限。国家的职能只应该局限于保护个人免于遭受暴力侵犯、偷盗、弄虚作假的行为。显然，"最小国家"的道德责任是最低限度的，它不能为社会成员的自我实现尤其是在个体的积极自由领域提供完整的方案。由于影响一个人自我实现的因素不仅有来自他人乃至公共权力的侵犯，还包括不可预料的疾病、失业以及当自己衰老之后如何获得健康保障等等，因而每个人对幸福的追求离开国家力量的支持是难以想象的。

第三章　社会道德问题(上)

当代中国社会道德的发展态势衍生于 21 世纪以来巨大的社会变革，中国社会正在从熟人社会向陌生人社会过渡，传统道德文化尤其是儒家文化中所涉及的道德关系以及道德要求在当代社会面临着诸多挑战。在现阶段，广大社会成员最为迫切的道德预期是竭力消除那些有预谋的侵犯他人的行为，例如侮辱、欺诈、蒙骗、落井下石、栽赃陷害等等极不人道的伎俩。此外，陌生人社会中的戾气激增状况，这一问题一般不是蓄意侵犯，而是在一些突发性、偶发性的冲突事件中缺乏冷静和友善，反映了部分社会成员对于熟人和陌生人奉行双重标准。社会在发展过程中出现的道德问题，一部分依靠国家力量来治理，一部分应当依靠社会力量。与国家道德相比，社会道德的复杂性在体系结构、文化影响、历史传统、表现形式以及治理难度等方面尤为明显。

第一节　作为道德本体的社会

一般来说，当国家力量在客观上对社会控制的必要性不断减弱，社会道德的自治程度不断提升，社会道德状况也就越好。反过来，社会自治效果越是无法适应社会道德的变化，明知故犯的行为越多，国家力量介入社会就越发显得必要。根本上，这体现了法律和道德之间此消彼长的规律，法律在社会中的作用越来越明显，社会道德力量则日渐式微。尤其在社会转型时期，许多原先属于道德作用范围的问题正在需要国家力量接盘。国家力量在构筑社会公平正义之外，还要对属于人们一般道德素质的社会问题实施制度性的规范，例如运用惩罚来管制公共场所的不道德行为，对社会道德的制度性建构正在成为社会发展的趋向。公共场所吸烟在过去很多年是习以为常的事情，当它成为一种习惯性的行为方式之后，道德规范就很难产生制约力量，而现在实施的公共场所禁烟的规定具有有效的控制作用。与此同时，国家力量对社会的深度介入，进一步增加社会管理的成本，也降低了道德在社会生活中的影响力。因此，社会治理的前景有待于发生这样的转化，制度性力量所形成的道德行为效果在形成社会普遍覆盖之后，应当逐渐还原为本来意义上的道德习惯，之后在全社会形成自觉的道德意识，进而使制度性力量逐渐退居幕后。事实上，国家力量绝不可能也没有必要在社会生活的微观领域面面俱到。

国家道德是中央政府对社会利益的理性自觉，它的具体展现主要集中于国家公职人员对社会发展和社会成员利益所承担的道德责任。国家道德在本质上是政治权力的合理运用，在理论上存在国家对于社会利益的责任范围，大致上分为积极义务和消极义务，例如诺齐克的"最小国家"就体现为奉行消极义务的国家道德责任。从两者的比较中可以看出社会道德的复杂性，道德风险在于国家力量能否满足社会的广泛要求。如果社会对政府行为的效果十分挑剔，那么国家政府就面临着巨大的道德压力。尤其在体制因素成为人们认识问题的基本参照的国家，社会成员对政府的期望是全方位的，不仅是社会福利以及人身和财产安全方面，解决社会道德问题似乎也成为政府的职责。另外，这种观念也反映了一部分人正在陷入某种认识误区，他们喜欢把社会问题的原因归结为体制因素，比如把道德衰败归结为思想教育的僵化，把社会诚信问题笼统地归咎于政府公信力的下降。客观地讲，思想教育的方法确实需要进一步改进和完善，政府的公信力也必须进一步增强，但这并不能成为社会道德问题的决定性因素。从客观上讲，社会发展与社会问题是同步的，社会道德问题在很大程度上反映了这一规律。

在国家道德层面上，国家力量致力于追求社会和谐与进步，但难以在解决复杂社会问题上实现精准对应，这是世界上任何一个国家都面临的困境。政治体制问题、发展模式等知识论范畴并非是社会道德问题的全部责任因素。比如，政府实施城镇化战略，大量农村人口涌入城市，整个社会正处于从熟人社会向陌生人社会转型的过程中。如果把社会转型中产生的道德问题归于国家城镇化战略就有因噎废食之嫌。国家在社会中实行市场经济制度，积极为人们实现自我的自由创设条件，激发全社会创业热情，这是国家对增进社会福利的制度安排和道德责任。至于在国家和社会发展过程中出现的制假售假、食品安全等问题是个别人贪欲膨胀的产物。国家必须承担实现全社会公平正义的责任，但很难做到让每一个社会成员都成为有道德的人，就像国家力量能够做到震慑犯罪和惩罚犯罪，但不能完全防止犯罪。国家可以对少数做出巨大贡献的社会成员进行道德嘉奖，意图在于对社会道德施加影响，但不足以使每个人都成为道德楷模。因此，理想化的社会道德归根到底需要社会成员的道德自觉。

由此可见，国家道德与社会道德在基本特征、表现形式、主要内容、研究方法以及治理方式上存在很大的差别。国家道德的本质是国家权力的合理应用，不论国家采取什么样的政治体制，国家道德的一个基本方面就是通过国家力量来建构社会的公平正义，从而增进社会福利和社会成员的自我实现。在不同的国家，国家道德的差异一般体现为国家力量的作用范围，例如存在大政府、小政府的区分，但这种区分也意味着国家道德责任的范围，反映了国家力量结构中的技术性问题。国家道德的现实主体是国家公职人员，他们不仅要遵循与一般社会成员同样的道德原则和道德规范，而且要遵循特定的职业道德，国家公职人员以外的社会成员在职业上不对国家道德承担责任。

与国家道德不同，社会道德所涉及的因素非常复杂。例如，历史上不同的社会形态；社会制度的差异以及由此决定的不同社会的价值观念；传统文化心理以及不同民族的风俗习惯；复杂的社会思潮；法治观念在社会中的影响力；社会经济发展状况；社会阶层的流动；市场经济体制在社会中的成熟程度；社会成员的职业、文化程度等等，这些因素交织在一起，使得社会成员的基本道德观念既有共同的社会基础，也体现为具体道德意识的差异。从社会与道德的关系上看，这些对社会道德产生重要影响的因素，表明现阶段道德问题的解决应当从社会关系特征分析入手来塑造社会成员的道德精神。

在直接的意义上，国家力量在对社会秩序的建构中势必融入政治集团的基本观念，反映了国家意识形态对社会道德体系的干预。但由于社会个体的道德意识的分散性，个体行为与社会道德的柔性要求并不能完整地匹配。实际上，能够对个体道德施加影响的主要因素不仅是政治集团的道德愿望，由于道德体系的现实逻辑起点是社会本身，社会作为人类精神的本体对个体意识也是一种无形的力量。博格森把社会看作教育的基础性力量，他说："我们的父母和老师似乎是根据代表权而采取行动的。我们并未充分认识到这一点，但我们却隐隐地感到，在我们父母和老师的身后有一巨大而模糊的东西，正是这种东西通过他们而对我们施加压力。后面我们将指出这种东西就是社会。"① 博格森进一步指出："为个人指定其日常生活程序的是社会。没有对规则和义务的服从，就不可能享受家庭生活，不可能从事某项职业，不可能参与日常生活的无数操心，不可能到商店买东西，不可能外出闲逛，甚至不可能待在家里。每一时刻我们都要做出选择，并自然地决定那与规则相一致的事情。"② 涂尔干则指出："在个人以外，只存在一种精神实体，一种经验上可观察到的、能够把我们的意志与之联结起来的道德存在：这就是社会。除了社会之外，不会再有任何能够为道德行为提供目的的东西。"③

国家力量对内的基本功能是维护社会秩序，它对社会个体的约束主要是通过惩罚和威慑，它决意建构整个社会的公平正义，但不可能在社会成员个体道德的具体塑造上做到事无巨细。与国家力量的强力导向不同，能够伴随人类个体道德精神成长的是每个人的社会发展过程，"它意味着个体在群体内的相互作用，意味着群体的优先存在。"④ 社会历史构成了个人存在和发展的前提与基础，规定了个体的存在方式和现实本质。个人总是处于一定的社会关系的个人，"不管个人在主观上怎样超脱各种关系，他在社会意义上总是这些关系的产物"。⑤

在社会与个体的关系上，我们需要特别注意以上阐述所体现的社会是道德的本体这一判断对个体道德研究的方法论意义。个体是社会的一员，从基本的生存到最后的自我实现，都与其他个体或社会组织形成直接或间接的关系。每个人在行为选择之前都要考虑他人的在场，逐渐形

---

① 万俊人：《20世界西方伦理学经典》第2卷，中国人民大学出版社2005年版，第110—111页。

② 同上书，第114页。

③ ［法］涂尔干：《涂尔干文集》第3卷《道德教育》，陈光金、沈杰、朱谐汉译，上海人民出版社2001年版，第66页。

④ ［美］乔治·H.米德：《心灵、自我与社会》，赵月瑟译，上海译文出版社1992年版，第145—146页。

⑤ ［德］马克思：《马克思恩格斯全集》第23卷，人民出版社1972年版，第12页。

成了基本的交往规则和道德规范。随着生产力和生产关系的辩证运动，这些规则和规范在历史演变过程中从简单到烦琐，在一代代人之间承前启后并且不断演化，形成相对固化的社会道德观念，从而使每个人都深切感受到社会力量的无形约束。赵汀阳认为，无论与他人共处是多么麻烦困扰甚至危险的事情，生活只能在与他人积极交往中创造和展开，只有积极的共在才能肯定存在。人的存在必然蕴含着人的相互依存，没有任何个体能够超越相互依存而具有存在意义，没有任何个体能够超越依存而被理解。存在论意义上每个人都是对称互动关系中的行为者，没有什么存在是对象，知识论之所以需要主体是因为一切事物都被对象化而成为知识的对象，在存在论上，行为主体对其他存在没有任何立法性，主体性只能为现象立法而不能为存在立法，人只是万物的知识尺度而不是万物的存在尺度。① 这就表明，人的存在是社会性的，人的思想、欲望、价值、行为只有在生活的存在论意义上才能被理解和认同。人格独立之所以有意义，在于人格的本质是社会性的，个体的尊严不能脱离社会而独自存在。

社会是道德的本体，在实际生活中具体化为社会伦理关系作为自我道德的本体这样一种认识。正如杨国荣指出，"展开于生活世界、公共领域、制度结构等等层面的社会伦理关系，似乎具有某种本体论的意义。此所谓本体论意义，主要是就它对道德的本源性而言。伦理关系如果进一步追溯，当然还可以深入到经济结构、生产方式等等领域，但相对于道德的义务'应当'，它又呈现出某种自在的形态；无论是日常的存在，还是制度化的存在，作为实然或已然，都具有超越个体选择的一面：家庭中的定位（父子、兄弟等）、公共领域中的共在、制度结构中的关系等等，往往是在未经个体选择的前提下被给予的，它们在实然、自我规定等意义上，可以看作是一种社会本体。正是这种社会本体，构成了伦理义务的根据。与此相联系，以伦理关系规定道德义务，同时也意味着赋予道德以本体论的根据。"②

---

① 赵汀阳：《第一哲学的支点》，生活·读书·新知三联书店 2013 年版，第 105 页。
② 杨国荣：《伦理与存在》，上海人民出版社 2002 年版，第 94 页。

第二节　伦理关系与道德确定性

社会对个体的道德塑造，理想目标是使个体形成优良的道德观念。但个体意识状态与道德表现并非一致，也就是说一个人的行为不一定是其内心的真实反映。例如，中国古代有些人基于社会压力不得不在行为上符合"父为子纲"的道德要求，但在道德观念上未必绝对认同。在现代社会，部分社会成员的许多行为方式除了要遵循正义原则，还要体现人与人之间心照不宣的社会交往规则甚至是潜规则，这往往成为谋求特殊利益的机会主义路径。一般来讲，我们在生活中需要讲什么样的道德，取决于社会成员对道德选择的基本共识，而基本共识有深厚的社会基础，这就是社会关系中对道德选择起决定作用的伦理关系。构成社会特征的各种复杂因素汇集在道德问题上，就表现为伦理关系与道德之间的关联。

一　伦理关系的研究价值

社会伦理关系对一个人的行为选择至关重要，但它的影响力与人类个体的道德心理并不完全对应。在超大型的复杂社会里，社会伦理关系在一定时期具有稳定的特征，但社会思潮的复杂性以及社会成员奉行的价值取向不同，人们的道德观念和道德判断就产生分歧。因此，为了避免观念差异和复杂的自我意识导致的困惑，道德问题研究的重点应是行为而不是观念，这是社会伦理关系理论作为社会道德问题分析切入点的现实要求。

因此，我们有必要将道德理论的研究任务转向对道德的确定性的分析。道德的确定性，首先体现为道德价值的显性化。道德价值的显性化无意在理论上削弱善良意志的意识功能，而是寻求道德价值的确定性。善良意志的价值在于为诸多德性进行了前提界定。例如，如果没有善良意志，那么勇敢、冷静、忠诚、敬业等美德就会表现为歹徒的勇敢、冷静，表现为恐怖分子对恐怖组织的忠诚，对恐怖活动的敬业。当然，被误用的善良意志和伪善具有严格区别，前者的行为是明显的不道德的行为，而伪善是行为体现出的道德伪装，但实际上导致不道德的后果。两者都导致不道德的后果，前者是一开始就展示出来的，后者则是在整个过程中被掩饰的。从后果主义出发，道德价值不在于道德宣扬而是行为实效性。评价道德上正确与否的标准是社会利益，这是指道德评价标准的确定性，意图是化解义务论和功利主义之间存在的纷扰。我们不能否认严格的义务论所坚持的道德的崇高性，但它所带来的争议和困惑确实难以避免。严格的义务论在现实中助长了这样的倾向，由于道德被赋予纯粹的主观性，道德标榜的现象十分严重。占据道德制高点来教训别人是非常傲慢的行为，流氓无赖最喜欢以正义的名义逞凶施暴。非正义的行为往往以正义的名义去做，这在历史上屡见不鲜，如侵华日军在刻意制造卢沟桥事件、虹桥机场事件之前，总要编造一个"正义"的借口。

当我们把后果主义作为道德评价的基本原则时，关注的是行为是否对他人和社会具有积极意义。后果主义理论并不计较行为是出于善良意志或严格的义务论，还是出于个体的心理利己主义。后果主义的最大优势是简单直观，避免了道德心理意识带来的争议，相对而言容易形成社会共识，体现了道德价值判断的效率和实践意义。如此我们没有必要考虑复杂的心灵问题所带来的哲学困惑，例如，对于某一行为，如果我们根据行为后果来判断，就不需要在行为是否出于善良意志、是否是伪善等问题上进行不必要的纠缠。把后果主义作为判断道德正确的原则，可以直观地体现行为的道德价值，体现道德的确定性，避免道德判断上无谓的争议。

义务论和后果主义的区别不仅是道德评价上的分歧，在对道德的理解上也有所不同。严格的义务论是具有典型的形而上学特征的纯粹性道德哲学，后果主义则是与政治、经济、文化相关，它不仅赋予道德评价直观的特点，也有助于我们理解道德的本质。后果主义与其说是关注道德，毋宁说是关注"什么样的道德"，而"什么样的道德"总是与生活利益和生活意义难以切割的。

利益需求与道德意识是我们在日常生活中的普遍感受，前者关系到我们的生活基础与生活质量，后者是说我们不仅要衣食无忧，还要使生活本身拥有正义与和谐，归根到底是要做一个有道德的人。做一个有道德的人，不仅是生活的需要也是生活的目的。那么，什么是有道德的人呢？在古代社会，遵守"三从四德"的女子是有道德的人，而具有独立人格的女性在现代社会中才拥有道德身份。在不同的国家以及同一国家所处的不同的历史时期，都可以按照相应的标准划分讲道德和不讲道德的人。这里有一个明显的问题，如果不考虑"讲什么样的道德"，那么道德就是一个与历史条件、风俗习惯、文化差异乃至政治正义等因素无关的抽象概念，道德本身的合法性的来源就只能理解为所谓的良心、善良意志、道德责任、抽象义务等等单纯的概念体系，道德真理最终就成为一个思辨哲学的问题。这一点黑格尔讲得很深刻，他说，"当我们谈到良心的时候，由于它是抽象的内心的东西这种形式，很容易被设想为已经是自在自为地真实的东西了。但是作为真实的东西，良心是希求自在自为的善和义务这种自我规定。这里，我们仅仅谈到抽象的善而已，良心还不具有这种客观内容，它只是无限的自我确信。"①

超感性世界中的善是绝对的善，这是两千多年西方思辨形而上学在道德领域中的抽象展示。义务论伦理学更加突出道德的自我意识问题，把道德当作是一种排他性的自我感受。但这种研究关注的是道德概念本身，它把"什么是道德的"理解为"道德是什么"，回避了道德判断的现实基础，以道德的形式代替道德的内容，以对道德的抽象性理解代替对复杂道德生活的认识。

因而，在道德问题上必须始终关切具体的行为事实，最需要关注的是什么样的行为是道德的和什么样的行为是不道德的问题。如果连这个基本判断都无法厘定清楚，生活就会变得无序和纷乱，以至于我们很难确认什么行为在道德上是正确的还是错误的，从而导致社会紧张与不安。由于人总是生活在现实的社会中，每个民族都有自己的文化心理，所以道德感受有显著的区别。我们所感觉的道德观念总是打上了时代烙印。

善良意志的不确定性可能导致道德的合法性流失。现在我们要破除这种思辨的善，不再去追究善良意志，而是考察道德的现实运动和现实矛盾。由于生活世界发生了巨大变化以及社会历史发展过程中伦理关系的嬗变，许多历史上曾经存在的道德上正确的东西在现代都需要重新反思。人们关于道德的感受并不是对道德概念的感受，而是在现实生活中形成了深刻的感悟。生活世界中的伦理关系为道德的产生提供了实践基础。当人们发生债务关系时，就会产生诚信的道德原则；人们制造和出售商品，就会存在对产品质量的责任意识以及是否诚信经营的问题；国与国之间发生战争，就会产生战争的正义性问题。我们生活在一个道德约束和道德要求无

---

① ［德］黑格尔：《法哲学原理》，范扬、张企泰译，商务印书馆1961年版，第141页。

所不在的世界，但这个世界并不是对道德的抽象理解，而是在伦理关系的空间中展开的。正如杨国荣指出："扬弃义务抽象性的前提，在于从先天的逻辑形式回归现实的伦理关系。作为义务的具体承担者，人的存在有其多方面的维度，人伦或伦理关系也具有多重性。从日常存在中的家庭纽带，到制度化存在中的主体间交往，伦理关系展开于生活世界、公共领域、制度结构等不同的社会空间。"①

道德本身赋予具体的内容以及道德规范是否符合时代要求，我们需要从历史条件、政治文化、阶级意识以及由此形成的人与人之间的伦理关系来加以认识和理解。伦理关系决定了道德规范的内容，有什么样的伦理关系，就会有什么样的道德表现形式和什么样的道德规范。所谓"伦理"，在一定意义上就是研究"什么样的道德"的学问。也就是说，当我们研究伦理问题的时候，要从不同时代、不同的国家和民族，尤其要从不同的社会身份来认识具体的道德问题。正如美国哲学家桑德尔指出："我们总是作为某个国家的公民，作为某种运动的成员，作为特定事业的支持者，作为某段历史的承载者，这些不同的身份总是部分地构成我们的自我，它们将我们安置在这个世界之中，并赋予我们的生活以道德的特殊性。"②在这个意义上，可以说伦理是道德的本源。海德格尔说，本源就是指一个事物从何而来，通过什么它是其所是并且如其所是。某个东西如其所是地是什么，我们称之为它的本质。某个东西的本源就是它的本质之源。我们有必要从伦理以及伦理关系的规定出发，来进一步分析伦理对道德的影响，从而把握现实社会中的道德状况。

二　伦理关系中的道德特质

虽然"伦理"与"道德"是学术界广泛使用的两个概念，但在社会生活中人们最常使用的是后者，究其原因大概是"伦理"一词的理论色彩更为浓厚，甚至有的人不知何为"伦理"而只知"道德"如何。此外，也有学者认为"伦理"和"道德"可以在日常意义上通用，也就是说二者表达大致相同的涵义。但是无论就中文词源还是英文解释而言，"伦

---

① 杨国荣：《伦理与存在》，上海人民出版社 2002 年版，第 13 页。

② Michael J. Sanderl, *The Procedural Republic and the Unencumbered Self*, pp. 23—24.

理"与"道德"的区别还是非常明显的。在日常生活中，我们可以说某人有道德或讲道德，但不会说某人有伦理或讲伦理。当然也有学者将两词连用，例如"当代中国的伦理道德状况"的表达。不过，这种连用恰恰是在研究上对不同问题的区分，而绝非用词上的同义堆砌。

为什么一定要在理论研究上对伦理和道德做出概念区分？主要有以下两个目的。一是严谨的学术研究的需要。二是从伦理和道德的概念区分出发，寻求分析和认识社会道德状况的科学方法，把正确地理解伦理和道德作为理论前提来准确研究社会道德问题。现在看来，以往关于道德治理的理论研究未能产生实效，在于没有找到研究的脉络。尤其是当我们面对当代道德问题深感困惑时，应当深刻反思为什么长期的道德教育尤其是传统优秀道德文化的传承仍然不能起到根本的作用。随着伦理和道德概念的内涵展示，就会为科学制订解决道德问题的方法提供思路。

"伦理"概念的一般涵义是指人与人之间的关系，如父子、兄弟、君臣、师生、朋友、同事或陌生人等等。按照中文的理解方式，把"伦理"分解为"伦"和"理"两个独立的单字来加以分析是一种重要的研究方法。按照通常的理解，"伦"的涵义主要有：（1）辈、类，对应的英文是"kind"。清代陈昌治刻本《说文解字》关于"伦"的解释是：伦，辈也。从人仑声。一曰道也。另外，清代段玉裁《说文解字注》中解释是：伦，辈也。军发车百两为辈。引申之同类之次曰辈。例如，"人伦并处"（《荀子·富国》），"儗人必于其伦"（《礼记·曲礼下》），"毛犹有伦"（《礼记·曲礼下》）等等。（2）条理，顺序。（3）人伦，人与人之间的道德关系，尤指伦常、天伦、伦物、伦经、伦质等等，特别强调尊卑长幼之间的关系，对应的英文是"human relations"。例如，"欲洁其身，而乱大伦"（《论语·微子》）。（4）道理，义理，对应的英文是"ration"。例如"我不知其彝伦攸叙"（《尚书·洪范》），另如"伦脊"，指的是道理和条理。此外，"伦"也作动词用，有"顺其纹理""模拟""伦列"等涵义。

"理"的涵义主要包括：（1）加工雕琢玉石。清代陈昌治刻本《说文解字》的解释是"治玉也。从玉里声"。例如，"理者，成物之文也。长短大小、方圆坚脆、轻重白黑之谓理。"（《韩非子·解老》）"理"的这层涵义是基于其名词词性变化而来，作为名词，"理"的涵义是纹理；条理，对应的英文是"veins"。如"井井兮有其理也"（《荀子·儒效》）；

"知分理之可相别异也"（《说文解字·叙》）。（2）道理，义理，对应的英文是"reason"。如"是未明天地之理，万物之情者也"（《庄子·秋水》）；"验之以理"（《吕氏春秋·慎行论》）。按照今天的涵义，与之相关的表达如"无理""在理""理顺"等等。（3）治理，管理，对应的英文是"administer"。例如，"圣人之所在，则天下理焉"（《吕氏春秋·劝学》）。（4）整理，使有条理、有秩序，对应的英文是"put in order"。如"分茧理丝"（《晋书·左芬传》）。"理"的其他涵义还有处理、办理、理会等等。

"伦""理"二字连用，始见于《乐记》："乐者，通伦理者也。"在传统意义上，"伦理"概念强调人与人之间的关系是依据辈分或类型来建立的。例如，父子关系、兄弟关系、君臣关系等等就是依据辈分建立的，而夫妻、朋友、师生、同事、陌生人等人际关系是按照类别加以区分。

为了使这些不同类型的人际关系和谐条理，人们在历史生活中形成一系列道德规范和公序良俗，依靠这些规范和习惯使得人与人之间的关系有规律可循，如中国古代社会的"五伦"，即人类社会中五个方面的伦理关系及其伦理规则，包括"父子有亲、君臣有义、夫妇有别、长幼有序、朋友有信"（《孟子·滕文公上》）。在古代的中国人看来，人际关系不是杂乱无章，而是像玉有条纹一样有条理可循。"伦"与"理"之间有内在的联系，同类事物或人群不同辈分之间的次第和顺序，总是因道理而成的。"伦理"一词的本义是指人伦关系及其内蕴的条理、道理和规则，要求理顺各种依据辈分或类型而确定的人际关系，使之有条理有秩序，巩固和完善应有的人际关系，要符合了"理"的治理功能，即按照"治玉"的方法来进行。正如玉的表面条理纵横，那么熟练的工匠就会按照其纹理来精雕细琢；同样，循人伦道理来治理人际关系，才能使不同辈分、同类事物之间有和顺的秩序。《逸周书》中说"悌乃知序，序乃伦；伦不腾上，上乃不崩"，讲的就是这个道理。中国古代有专门从事人伦教化的职业，如《孟子·滕文公上》记载"使契为司徒，教以人伦"。

"伦理"一词体现了一种人与人之间相对固化的关系特征，这就是伦理关系。更为重要的是，这种人际关系格局的深处体现出必要的伦理关系的价值，即有条不紊的人际关系才具有道德意义。与之相关的道德评价不仅是在人伦的层面对关系双方具有要求，也表明这种有条理有秩序的伦理关系本身是合理的。

伦理关系的提出使人们对伦理概念的理解更加明确。"伦理"概念立足于人与人的关系建构，继而拓展到整个社会体系。在日常生活中，伦理关系广泛地存在于各种职业交往中，伦理的要求与每个人的社会角色和社会身份相联系。因而，具有什么样的社会角色和社会身份，就应当遵循与这一角色和身份相宜的行为规范。根据黑格尔对伦理的理解，家庭、国家都是客观的伦理实体。这样，随着社会历史的不断演进，伦理关系已经不限于孟子的"五伦"，凡是存在人际关系、组织关系、民族关系以及国家关系的领域，都能发现隐藏在这些实体性关系中的伦理关系。当人际关系的秩序受到破坏，人类社会体系就面临崩塌的危险，因而伦理所关注的问题就从调整局部的社会关系过渡到对整个社会秩序的维护，这种情况下执行伦理功能的就是国家，从而伦理关系就不仅是个体之间的关系，还包括个体与组织、各种组织之间以及社会与国家之间的关系，在此基础上产生了经济伦理、政治伦理、法律伦理等伦理问题的多重向度。这些伦理关系的范畴虽然各不相同，但无论作为何种关系主体，归根结底都是以人为中心的体系结构，因而必须追问其中的道德特征。

伦理关系不是一种实体性的关系，而是一种观念意义上的存在，是一种融入经济关系、法律关系、政治关系等客观存在的关系结构中的具有道德属性的关系。伦理关系是理解各种实体性关系的价值基础，也体现出各种交往关系的特点。离开伦理关系来认识经济关系、法律关系、政治关系，那么我们就无法进行价值分析，这些关系构成本身只能是某种关系事实，并不必然意味着双方在经济、政治领域中的合作，可能合作也可能不合作。例如，人们在经济活动中的交易行为，这是我们可以直接观察到的经济关系，但交易过程是否公开透明、商品质量是否符合标准、是否在交易中使用假币等等，这就使经济关系包含了道德评价的因素。如果市场主体之间要通过建立经济关系来实现利益，诚意、公平、可接受的约定就成为双方合作的基础，离开这些道德要求，比如市场欺诈、强行交易等违背其中一方自由意志的行为，双方的合作就无从谈起。在经济关系中，决定合作共赢的基本原则是双方均可接受的条件，伦理关系为合作双方提供了这样一种可能性，按照双方的自由意志达成合作的意向，这种意向是自由的、自愿的，而不是强迫的，能使双方基于平等的道德要求建立经济关系。

在司法活动中，法官、检察官、律师、当事人等等形成事实上的法律关系，但他们是否能做到司法公正，这就涉及伦理关系的问题。在体育竞技中，我们不仅要从竞技运动中观察运动员之间、运动员与裁判员之间的事实性关系，还要关注每个人是否遵守体育精神和竞技道德。同样，政治关系也是如此。这些客观存在的人际关系表达了分析命题的特征，是一种具有道德属性的关系结构。如果我们把客观的、可观察的关系比作物质，那么伦理关系就是作为物质的第一属性——广延——成为隐藏在人与人之间各种直接交往关系中的固有属性。

伦理关系着眼于社会的整体协调与稳定，体现了鲜明的秩序情结，黑格尔说："伦理性的东西不像善那样是抽象的，而是强烈地现实的。"① 道德与良心，隐藏在人的内心，他人难以知晓，而伦理则不同，它现存于人们的生活中，调节人们的实践活动，人们可以感知到他人的在场以及相互间的道德期待。道德是意志自由在人们内心中的实现，表达了人的主观向善的可能性；伦理则是全部的现实生活，是合理社会关系中的秩序，它不仅是意志自由在人们内心中的实现，而且在外部定在中实现了主观性与现实客观性的统一。前者体现了我们日常的道德观念，后者体现了道德的预设前提和现实本体。道德更适合进行哲学的玄思，而伦理则更贴近社会学、政治学、法学，关注的是治世实务。

在政治哲学发展史上，许多经典理论如荀子的"定分止争"、霍布斯的社会契约论、罗尔斯的"无知之幕"都致力于最佳伦理关系的推理研究。如果人与人之间相互倾轧，那么每个人都会因为无法实现合作而感到生存危机。为了能够实现基本的生存权，就必须遵循一定的交往规则，而为了从社会合作走向社会进步，就必须有一套完整的制度来维护人与人之间的伦理关系。这是因为个体在处理各种关系的时候往往有多重选择，而行为选择的不确定性是因为人有自由意志。人不同于动物的条件反射，动物可以在听到铃铛的响声后就去用食，但人并非在饥饿的时候一定吃饭，人也可以在非饥饿状态下选择用餐。人在处理与他人和社会的关系时，其行为选择不仅与规则和习惯有关，也和每个人对规则的态度有关，所以为

---

① [德] 黑格尔：《法哲学原理》，范扬、张企泰译，商务印书馆 1961 年版，第 173 页。

了防止因个人行为选择的不确定性就要制定相应的制度。为了使相关制度起到必要的作用，伦理关系常常需要寻求政治和法律的支持。在伦理关系中思考道德，每个人应当从抽象的道德意向转变为现实生活中的规则体验。

三 伦理关系的对象性特征

在伦理关系中，道德不仅要作为主体意识来理解，也要同时被理解为对象化的存在。也就是说，个体在伦理关系中不仅被理解为主体，同时也要被理解为客体。道德的对象化就是道德行为人把自我意识和道德力量对象化，使道德行为的接受者成为道德对象化的存在物。反过来，道德行为者只有将道德力量对象化才能使其成为现实的存在。从根本的层面讲，离开物质生产实践以及建立在物质生产实践基础上的道德交往，单纯地从主观意识出发来说明道德问题，最多只能是对伦理关系的心灵展示。

伦理关系作为一种对象性关系，表明伦理关系的一方不能成为绝对的意见主体，每个人必须考虑他人的观点。赵汀阳说："人的社会性首先就在于基于相互性的伦理性存在。伦理关系是一个涉及他人的问题。他人问题的根本困难在于他人与我都是自由的超越存在者，对于每个人来说，他人有着积极有为的主动外在性，人们积极地互相干涉。即使每个人在主观上都考虑自己的利益，在理性上不得不优先考虑他人的观点。"① 在伦理关系中，主体性原则和他人原则都是不可能的，我不可能是优先的，他人也不可能是优先的，只有伦理关系是优先的。因为只有他人的存在才构成了伦理关系，伦理规则是对双方的共同要求。伦理关系的对象性特征体现了双方道德意识的相互性，那么关于伦理关系的意识观念就成为社会交往的前提。比如就"害人之心不可有，防人之心不可无"而言，伦理关系意味着交往双方已经确立了不受侵犯的理论承诺。

在交往关系中，作为非对象性存在物的个体道德是一种单边主义的观点，如严于律己，宽以待人。绝对的"善"只能是一个人的私人选择，意味着"你对我不仁，但我不能对你不义"，你可以要求自己对人好，但不能期待别人对你好。作为单独的个体可以放弃回报意义上的道德权利，可以选择宽恕罪恶，但作为观察某一伦理关系的第三方不能持有偏倚原

---

① 赵汀阳：《第一哲学的支点》，生活·读书·新知三联书店 2013 年版，第 117 页。

则，例如作为伦理实体的国家不能宽恕罪恶，国家必须惩恶扬善，因为国家和社会是作为伦理性的存在物。伦理是针对双方的共同要求，体现了责任与义务的双向性。梁漱溟说："伦理关系，即是情谊关系，亦即是其相互间的一种义务关系。"① 伦理关系是平等的，就是说在社会生活的相互交往中，只有秉持这种合乎理性的态度才能避免冲突，任何其他不妥的处理方式都可能引起纷争。伦理规则中最核心的是社会正义，是社会成员道德意识中最敏感的因素之一。

因此，道德评价只有在作为对象性关系的伦理架构中才有意义。休谟在分析事实错误和道德评价的关系时指出，尽管理性的功能在于发现经验事实，梳理我们对事物所形成的各个观念之间的关系，但道德区分不能是理性的产物，事实问题上所犯下的错误并非不道德的根源。② 例如，如果一个人错误地相信气功而不去医院看病，最终病情恶化，那么我们会为他感到惋惜。在这种情况下，我们可以说他的行为不合理，但并不指责他在道德上是错的。实际上，不能对个体的愚昧进行道德谴责，不仅因为理性不能成为道德判断的依据，事实问题上的错误并不总是道德上可以责备的，还因为这种情况下的个体愚昧并没有涉及他人的利益感受（我们假定这个人是孤身一人，没有亲人，因而他的愚昧行为没有造成他人的痛苦）。古典小说《西游记》中的妖道为了长生不老而吃掉婴儿的心肝则是极不道德的，而且是愚昧无知，不仅反社会而且反科学。

同样，伦理关系在客观上拒绝与绝对的"独善其身"相反的绝对利己主义。如果一个人在观念上声称自己是利己主义者，尤其是对那些心理利己主义的坚定支持者而言，从理论上确实无法反驳。但如果某个利己主义者没有将亲情、友谊等排除在利己的必要因素之外，那么他要维系这种利益就必须维持与亲人、朋友之间利益的交互状态，这乃是出于对生活本身的关切。在此意义上，伦理关系是生活体系中的自生性结构。

伦理关系虽然认同他人同意的优先性，但在具体细节上并不存在普遍适用的原则。因为只要是解决问题而不是分析问题，就必须使这种研究进

---

① 梁漱溟：《中国文化要义》，《梁漱溟全集》第 3 卷，山东人民出版社 1989 年版，第 81 页。

② 徐向东：《自我、他人与道德——道德哲学研究》上册，商务印书馆 2007 版，第 196 页。

一步复杂化。例如，在不同的民族和国家，由于传统文化心理的作用，在社会交往中形成特有的方法论原则，比如我国传统意识中的"人情""回报"体现了一种特殊的关系处理方式。因此，人类个体的伦理存在融合了民族的历史因素与现代生活的利益机制，比如个体是选择按照自己的意志去决定自己的生活与行动，还是要屈从他人意志的支配等等。因此，人与人之间的相互理解、相互承认、相互友善并非基于同一原则，而是与具体生活一致的文化心理有关。社会中的伦理共同体是动态的，它的聚合规律与已经相对固化的传统因素有很大的关联。

四　伦理关系与道德内容

离开伦理关系来谈论道德，只能是非对象性的自我意识。许慎说："德，外得于人，内得于己也。"（《说文解字·德》）所谓"外得于人"是说道德产生于人与人或人与组织的伦理关系中，道德不能在伦理之外的地方产生；"内得于己"即说明道德作为一种精神感受具有排他性，绝对意义上的道德感只能为道德主体所感受，而无法为他人所确认，因为外在的善意可以伪装。然而，单纯依靠善良意志来自证，道德就不能是充分自足的，因为"什么样的道德"比"道德是什么"更具有深切的问题意识和现实价值。我们需要什么样的道德观念和道德规范，与我们所处的历史阶段以及意识形态、文化心理、社会发展状况等因素有关。伦理是道德发挥作用的起点，离开伦理关系的基地，就无法谈论人的道德生活。正如黑格尔说："无论法的东西和道德的东西都不能自为地实存，而必须以伦理的东西为其承担者和基础，因为法欠缺主观性的环节，而道德则仅仅具有主观性的环节，所以法和道德本身都缺乏现实性。"① 伦理关系是客观的社会存在，道德是社会个体的主观性感受，着眼于自我完善的价值追求。道德源于主体内在的价值目标、理想和追求，因而常表现为一种主观的"应当"。道德领域的任务就是在个人主观精神上克服这种我与他、特殊与普遍的差别、矛盾和对立，从个人主观的角度协调好我与他、特殊与普遍的利益关系。道德意味着在意识内部建构一个客观精神世界，就是所谓

① ［德］黑格尔：《法哲学原理》，范扬、张企泰译，商务印书馆 1961 年版，第 162—163 页。

的观念性存在的世界。黑格尔将道德限定于"应然"，应然是抽象的，因此他更关注社会现实和社会生活。他对伦理与道德的区分，是以两者与现实的不同关系为前提，当他强调道德必须以伦理的东西为其承担者和基础时，相应地意味着超越抽象的应当而确认伦理的现实性之维。

任何社会都表现出与社会伦理关系相一致的道德观念和道德文化心理。社会转型发展对我们的道德提出什么样的要求，我们在道德观念上就要接受什么样的转变。个体在与人交往的过程中产生了道德意识，对于什么是正当的言论和行为有了正确的认识并形成了内在信念，并且在交往中通过行为体现出来，这就是所谓的道德判断和道德行为。在此意义上，黑格尔说："伦理性的东西，如果在本性所规定的个人性格本身中得到反映，那便是德。这种德，如果仅仅表现为个人单纯地适合其所应尽——按照其所处的地位——的义务，那就是正直。一个人必须做些什么，应该尽些什么义务，才能成为有德的人，这在伦理性的共同体中是容易淡出的：他只须做在他的环境中所已指出的、明确的和他所熟知的事就行了。正直是在法和伦理上对他要求的普遍物。但从道德观点看，正直容易显现为一种较低级的东西，人们还必须超越正直而对自己和别人要求更高的东西；其实，要成为某种特殊的东西这种渴望，不会满足于自在自为的存在和普遍的东西；它只有在例外情形中才能获得独特性的意识。"①

道德在伦理中产生，首先是因为道德判断或道德区分只能在社会的意义上才能成立，才能使道德成为自我实现的力量。这一判断符合米德的自我理论所强调的社会对自我的塑造功能。米德认为，"我们作为有自我意识的人所获得的东西使我们成为这样的社会成员并使我们获得自我。自我只有在与其他自我的明确关系中才能存在。在我们自己的自我与他人的自我之间不可能划出严格的界限，只有当他人的自我存在并进入我们的经验时，我们自己的自我才能存在并进入我们的经验。"② 因此，道德只是个人主观精神自由，尚未具备客观性。仅仅只有主观精神的自由，不是真实的自由，只有建立起一种客观的伦理关系及其秩序，使自由的精神成为现

---

① ［德］黑格尔：《法哲学原理》，范扬、张企泰译，商务印书馆1961年版，第168页。

② ［美］乔治·H. 米德：《心灵、自我与社会》，赵月瑟译，上海译文出版社1992年版，第145页。

实存在，才可能有真实的自由。伦理关系就是要在客观现实和社会交往关系的意义上，消除个体单一意志间的对立，使自由的人格权利得到普遍实现。

在伦理与道德的关系上，黑格尔认为，"德毋宁应该说是一种伦理上的造诣。"① 伦理是全部的现实生活，是合理社会关系中的秩序。自觉地遵循家庭、市民社会、国家的秩序，安伦尽分，具备此行为习惯的人也就是有道德的人。在现实社会中，个体的行为方式实际上是由身份、角色、地位等等组成的结构性作用决定的。道德在伦理中产生，道德的确定性在于伦理，道德价值如果不能从良心内部获得确认，就只能从伦理现实中获得确定。即便是对于伪善，也有必要划定界限。我们不能认可心理利己主义所表达的伪善，应当关注的伪善只能是与他人形成的利害关系的伪善，而心理利己主义对善的认识边界是自我设定的。

具体而言，伦理对道德的塑造遵循以下逻辑分析。家庭、社会和国家是三种伦理实体，由于伦理关系的价值取向是社会正义与社会秩序，而社会正义与社会秩序的建构依靠国家力量。因此，从建构逻辑上讲，国家力量通过对政治关系、法律关系、经济关系等的全面制衡，维护社会伦理秩序，其中政治关系是伦理秩序的决定性因素。所以，作为"伦理之造诣"的道德，其根本前提是政治情感和爱国精神，这是确定"什么样的道德"的基本原则。在此意义上，国家力量主导现实生活世界和社会秩序，道德的现实性体现为以国家意志为核心的自我意识，道德作为主观精神，不是主观精神决定现实生活世界及其秩序，而是现实生活世界及其秩序决定道德的内容。道德的本质是善，从概念性的善来说，是本身可以理解为不变的价值，但从历史发展来看，善的表现形式是不断变化的，这就是伦理关系对道德的塑造。此外，有必要提及的是，黑格尔是在概念领域中讨论伦理和道德的区别，从道德过渡伦理是概念体系内部的演绎过程，他的法哲学是他的思辨神学的一个环节。黑格尔的法哲学集中展示了他的伦理思想，为当代理论研究提供了方法论原则，但黑格尔的道德主体不是现实活动的个体，他没有从现实的社会生产和生产关系出发分析伦理关系和道德的变迁，这一问题后来受到马克思的批判。

---

① ［德］黑格尔：《法哲学原理》，范扬、张企泰译，商务印书馆1961年版，第170页。

根据历史唯物主义原理，生产力和生产关系的矛盾运动导致了现实生活世界和社会伦理关系的变迁。相应地，道德的表现形式和道德规范的内容发生了改变。例如，现代社会的伦理关系就和古代社会的伦理关系有显著差别。在古代社会，国家是以家庭为单位建构的，社会个体不是独立的道德主体，而需要通过家庭这一组织作为社会交往中的伦理代言。在这种情况下，利益的结算单位可以是家庭、村庄，甚至是教会或国家。在现代社会，社会伦理关系是由个人建构的，用赵汀阳的话说，个人作为一种"产品"，是现代社会的发明，个人所以成为一种存在论单位，是因为个人变成了一切利益的基本结算单位。从古代到现代，利益的结算单位变了，价值观也随之改变，现代价值观也以个人作为度量衡。例如，在父子关系上，什么样的道德规则是应当的、好的，在不同的历史时期存在很大的差异，这就是伦理关系的变迁。父子之间互相尊重和理解是现代社会的要求，而子女对父母言听计从是古代的道德规范。如果我们承认现代社会道德要优于古代社会的道德，把道德看作推动社会发展的一种特殊形式的生产力要素，那么伦理关系就是生产关系中最具有现实基础的价值导向，从而使伦理关系的变化对道德产生重要的影响。

总之，道德的确定性存在于伦理关系之中，道德精神（良知）不仅仅是以客观伦理精神为内容，而且还要在现实的伦理关系及其秩序中认识、发现、实现自身，从而依靠社会群体的力量创造出一个真实的伦理关系和伦理秩序。人们从人生所行之道中逐渐获得认知和感受，从而使道德境界不断攀升，这就是"德"的价值目标。道德的确定性来自于伦理，这种确定性的优势在于道德可以在伦理现实中表现为一种直观的、外在的确定性。实现对这种直观性的超越，就是孔子所说的"从心所欲不逾矩"，或者是冯友兰先生所讲的人生四境界中的天地境界。道德的最高境界是通过个体对生活世界发展规律的认识达到的，例如荀子将"道"和"德"连用，"故学至乎礼而止矣，夫是之谓道德之极"。（《荀子·劝学》）同时，我们有必要关注的问题是，从伦理关系乃至社会关系中产生的道德突出问题，是对道德规范的蔑视。道德行为意味着对伦理秩序的尊崇，不道德是对伦理精神的叛逆。在实际生活中，或许有善也有恶的社会才是真实的社会，只是善或恶的各自表现形式有所不同。

第三节 陌生人社会的道德问题

当代中国道德状况与现代性因素紧密合拢，现代社会的政治生态、法治环境以及经济制度的变革仍然是动态的，中国社会结构正在发生根本性的重组。同时，由于传统伦理关系的社会基础依然存在，根深蒂固的传统文化心理仍然在社会交往中发挥基本作用，社会伦理关系、交往规则、个体的道德选择以及所遵循的道德价值观变得日益复杂。与中国社会快速发展相伴随的现代性问题正在集中体现，在社会交往中开始形成陌生人社会伦理关系。陌生人社会的出现以及传统共同体逐渐解体是中国社会转型的重要标志，陌生人现象成为当代中国道德问题研究的主题，陌生人道德成为新时期道德治理的节点，这就意味着道德治理在思维、政策和实践的层面上要做出深刻的、根本性的转变。

一 陌生人社会与熟人社会

全面检视 30 多年来中国快速现代化的社会发展，尤其是 20 世纪 90 年代中期以来开启的全面市场化、私有化、重新阶级分化的中国社会，可供总结和分析的问题极其繁杂，例如从计划经济到市场经济的过渡为道德研究提供了新的社会背景参照，法治意识虽然没有在社会中形成决定性的影响，但总体上呈现逐步扩散的趋势；从城乡二元对立体制到大规模城镇化以及人口流动的增长，社会成员的观念和心理发生了巨大的转变，等等。可以说，中国社会转型绝不仅仅是从计划经济向市场经济过渡的经济体制变化，在深层意义上，这场转型意味着中国从一个以农业经济为主体的国家转变为以城市化、工业化、现代化为特征的国家。同时，中国社会的快速发展和转型由于缺乏历史参照，再加之本土政治文化、社会文化等具有深厚的传统基础，使当代中国社会的整体状况异常复杂。例如，在政治伦理方面，"官本位"思想依然是最具影响力的社会观念，等级意识在社会成员自我实现的观念构成中仍然居于主导性的位置。权力与市场之间的张力未能有效缓解，限制了市场在资源配置中的决定性作用，一些社会成员由于消费信心不足以及对未来生活的不确定性难以保持稳定平和的心态，再加之一定程度的阶层固化压缩了社会底层的上升通道，社会中不公平、一些官员严重的腐败现象等等，引起广大社会成员的失望和焦虑。所有这些因素都不同程度地侵蚀着社会个体的道德定力。而在另一方面，社会转型引发的陌生人现象，进一步增加了当代中国社会道德问题研究的复杂性。

陌生人现象是现代性问题之一，它的直接原因是城乡二元对立格局逐渐解体、城镇化规模的不断扩大，使大量的农村人口涌入城市，同时随着人身依附关系的淡化、产业经济结构调整和就业地域的不确定性，社会必然出现明显的流动性，包括地域之间的流动和阶层之间的流动。举个简单的例子，在 20 世纪八九十年代，居民小区是按照工作单位来划分的，人们之间都是熟人关系。如今，我们发现无论是大城市还是中小城市，新建的住宅小区汇集了来自不同地方、不同职业的群体，他们之间构成了典型的陌生人关系。在过去很长时期内，人们生活中的事务基本上通过单位协调来统一解决，这就是典型的"单位人"现象。在广大农村，农民的事务则是通过村委会来统一处理。在这种情况下，人们不需要接触陌生人，从烦琐的生活小事到工作、就业等等大都是在熟人的环境中一一解决的，而这一切在今天市场化条件下已经失去了此前那种事务处理方式的社会基础，很多事情需要我们进行市场选择，这就体现为从抽象整体利益为主的单位组织转向以具体个人利益为导向的契约组织的运动过程。最终一个新的变化出现了，就是人们越来越感觉到与陌生人的交往成为生活的主要内容，城市中原有的熟人小区已经成为一个由大量陌生人组成的社会。现在这种趋势仍在继续，据著名经济学家厉以宁估计，随着大量农村劳动力及其家属进城，城镇化率在 2040 年可以达到 75%。可以想象，陌生人之间的频繁交往已经不可避免地成为我国现代化进程中的一个主要特征。

在进入陌生人社会之前，我们生活的空间是熟人社会。所谓熟人社会，学术界一般指向费孝通先生在《乡土中国》提到的社会模型，他称之为乡土社会，其中体现这种社会特征的是一个在解释中国人交往习惯和社会问题上具有奠基性的概念——差序格局。学术界普遍认为，差序格局的内涵和外延包括以下几个方面。(1)它表现出了中国人交往中的亲疏远近特点。(2)这一格局的重点在于反映个体与家国、天下之间的关系。(3)从差序格局中，我们可以看到中国人的道德既有内在的一贯性，又有等差性。(4)该格局反映了公与私、自我与他人及内外群体之间相对且模糊的关系。（5）差序格局导致的行为差异使人们很难遵从法律准则，人们更乐于向内来寻求价值的提升与遵从富有弹性的习惯法。① 这五个方面概括了熟人社会道德的基本特点和个体的交往观念。博格森对中国社会的差序格局很感兴趣，他是这样来评价的："社会占据的是圆周，个人则处于圆心；从圆心到圆周则排列（就像很多不断扩展着的圆心圆）着个人所从属的各个团体。"② 在历史演化的意义上，差序格局的社会特征反映了中国古代社会伦理关系和道德观念的延续性，同时体现了这种根深蒂固的传统观念与现代性要求之间的显著差异。

中国传统熟人社会的历史基础是以家庭为基本单位的农耕社会，一直延续到 20 世纪，经历两千多年的历史跨度，由此而形成的熟人情结是整个社会交往中最真实的文化心理基础。在农耕时代，由于关系到每个社会成员的生存问题，人身依附成为无可选择的生存原则。虽然 20 世纪的社会变革在生产关系上摧毁了传统意义上人身依附关系，但熟人情结依然延续下来。例如，农村里祖祖辈辈的交往离不开直系家庭、众多的亲戚以及共同生活的村民，而城市居民除了自己的家庭成员、同学之外，还有自己的朋友、同事等等。在这种情况下，有人认为："在此社会网络之外再寻求什么社团或组织，已经成为多余。中国社会中的个体首先是天然地生活在一个他自己不能选择的网络中。更多地依赖性地滥用关系，而不会考虑家庭之外的另一套社会规范以及利用关系同这套规范是否相符。这是潜规则在中国大行其道的主要原因。"③ 由此我们发现，在中国传统文化心理结构中，社会关系不仅是指一般意义上用来表达人的社会存在的概念，而且还具有人脉、社会资源等明显功利性的意味，在民间社会直接把这种与人际资源为特征的社会关系称之为"关系"。

关系总是与利益需求相联系。中国社会的"关系"构成和实际特征，是社会伦理关系的主要特色之一。在古代儒家所讲的伦理关系中，确实没

---

① 翟学伟：《中国人的关系原理——时空秩序、生活欲念及其流变》，北京大学出版社 2011 年版，第 226 页。

② 万俊人：《20 世纪西方伦理学经典》第 2 卷，中国人民大学出版社 2005 年版，第 114 页。

③ 翟学伟：《中国人的关系原理——时空秩序、生活欲念及其流变》，北京大学出版社 2011 年版，第 86 页。

有提及陌生人之间如何相处的道德规范。但可能的原因是，儒家不可能没有注意到社会中存在的陌生人关系，但它并不具有"伦"的特质。至于黑格尔所讲的伦理以及现代社会的伦理关系和伦理实体等概念，与中国古代社会的理解已经相去甚远了。此外，中国古代人没有将陌生人关系划入伦理范畴之内，一个重要的原因可能就是"关系"成为陌生人关系转化为熟人关系的中心介质。例如，在人们需要和陌生人打交道的情况下，习惯于通过熟人来引荐，这样彼此之间就可能构成朋友性质的熟人关系了。

关系虽然是中国社会普遍存在的人际结构，而且在事实上每个人都不可避免地因为利益需求而求助于关系，但人们普遍认为关系的存在是中国现实生活中的负面现象，并极有可能导致社会不公。例如，在很多事情上如果缺乏关系，就会产生严重的信息不对称，而有关系的人往往能在竞争中捷足先登，或者依靠权力进行寻租行为。中国人在生活中对熟人和陌生人十分敏感，比如"按原则办事"就意味着彼此是陌生人关系，如果经过熟人介绍一起相聚，就成为"酒杯一端，原则放宽"的熟人关系。翟学伟指出，"一种由家庭与老乡连带而发展出来的社会网络，在利益驱动下不可能发生通过改变公益来改善私利，而总是倾向于直接靠关系运作改善自身利益。"[1] 这一判断说明了中国社会的现实问题，国家在社会的公平正义以及社会利益分配方面具有引领性的道德义务，而分散的社会个体总是依靠关系的机会主义心理与社会价值观形成某种对峙。

在中国社会，社会成员之所以钟情于浓厚的熟人情结，是因为熟人之间可以实现双赢的预期，具有利益关系的回报机制，而陌生人之间缺乏这种机制。熟人交往中人与人之间的情感传递难以在陌生人之间实现，这里面主要是利益模式的导向作用。熟人之间的交往总是伴随着利益的互相置换，人们之间过着低头不见抬头见的生活，但与陌生人的交往尤其是道德性的交往缺乏回报的可能性，反而在某些时候会深受其害，比如扶起摔倒的老人可能会被对方诬陷。由于陌生人之间缺乏回报机制，单边的友善行为通常表现为一次性的道德消费，因此人们认为对陌生人的帮助不仅是无偿的，有时候甚至是得不偿失。

---

① 翟学伟：《中国人的关系原理——时空秩序、生活欲念及其流变》，北京大学出版社2011年版，第87页。

那么，当我们说当代中国进入陌生人社会的时候，是不是意味着我们已经不再具有熟人社会的交往观念和差序格局所体现的社会道德特点呢？对当代中国而言，陌生人社会是不是普遍意义上的现代社会？问题远非如此简单。从现代意义上讲，陌生人社会是现代性的表征之一，体现为社会成员具有一定的法治观念，它的成熟形态是法理社会或法治社会。但我们知道，中国当代的陌生人社会是社会经济迅速发展的产物，社会转型的动力不仅需要国家政治集团的顶层设计，还需要社会内部的凝聚和共识。但是实际上中国社会在其内部聚合了低水平的市场经济以及零星的法治观念等要素，从总体上说现代性留给我们的印象还是粗糙的，这种陌生人社会还不是现代性意义上的社会，它只是当代中国社会转型的趋势。或者说，当代中国的陌生人社会在理论研究上更多地体现了感性因素而非理性特征。这就表明，陌生人社会的形成从目前来看还处于萌芽阶段，主要表征是人们感觉到与陌生人的交往越来越频繁。从当代社会道德状况和道德特点来看，由陌生人社会引起的道德问题主要是道德冷漠的普遍化。在熟人社会中，也并非不存在道德冷漠，只是在陌生人社会需要积极援助的时候，人际冷漠已然成为常态甚至是匪夷所思的惯性思维。

从另一方面看，经历了长期熟人交往观念洗礼的人们一时难以适应陌生人之间的交往法则，使得当代陌生人群体在处理人际关系上还没有形成与法治社会相一致的普遍的权利—义务意识。可以准确地讲，当代中国既是一个客观上陌生人交往逐渐增多的社会，也是一个在交往观念上表现为根深蒂固的熟人交往理念和初步的现代法治、契约、权利观念相互交织的社会，这正是我们反复强调中国社会较之西方现代社会而言充满复杂性因素的原因之一。为了尽可能真实地把握当代中国陌生人社会的这个特点，我们专门进行了社会调研。在问卷调查中，我们提出了"当您购物时候，首先选择熟人商店还是陌生人的商店？"的问题。在接受调查的对象中，30%的人选择"去熟人商店，熟人之间不会欺骗"；39%的人"选择陌生人商店，如果有质量和价格等纠纷可以通过相关部门来解决，而熟人之间碍于情面不便言说"；31%认为"无商不奸，何种选择都有可能被欺骗"。从人们的选择来看，体现了不同人际关系属性中的信任问题。熟人之间的信任感来自于同一地域范围内的长期交往，人们普遍认为熟人之间互相欺骗的概率很低，原因是一旦欺骗行为被发现，那么在整个熟人环境里就会颜面扫地，这种熟人圈内的羞耻感非常强烈，几乎无容身之地。大约三分之一的人选择熟人商店购物，大概是出于这个缘故。在这种情形下，维护信任关系的机制主要依靠群体的归属感，而不是来自行政处罚或法律等第三方的制裁。

翟学伟认为熟人之间的交往实际上体现了双方深谙做人做事的道理，这一问题反映了与陌生人社会不同的一种可预期的固定交往关系。他说："中国人交往的本质是做人问题，做人问题首先预设了交往的前提，而非讨论个人如何交往，做人意味着一个人面对一个长久的固定关系，如何调整自己来适应对方，而这个对方被限定于长幼、有身份、性别以及亲疏远近或拥有权力多寡等特性。这里面的调整就牵涉出面子问题、人情问题、报答问题、忍受问题、面和心不和及表里不一、钩心斗角等问题。两个陌生人交往，西方社会心理学讨论的人际关系就会发生，但在中国可能会走向上述问题的反面，比如防备对方、不守信等等。"① 由此可以看出，之所以有人选择陌生人商店购物，并非是出于对卖方的人格信任，而是对国家力量维护社会公平的预期，也就是对国家道德确定性的认可，这就是国家力量所承担的对市场行为的宏观调控的责任以及对市场违规行为进行规制和惩罚。市场经济的迅速发展，不仅催生了大大小小的超市，同时也扩大了国家道德责任的适用领域。买方对卖方的信任，一方面来自卖方需要在市场竞争中维护商业形象，另一方面是法律和规范对卖方行为的有力约束。

依此来看，熟人关系的信任是出于长期共处形成的声誉风险意识，陌生人之间的信任主要是通过市场逻辑和规范力量维持的。尤其是市场经济的信号传递，可以提高个体判断中的认可程度。去大型超级市场买东西，并不能保证买来的一定是物美价廉的东西，但市场逻辑决定了绝大多数商家不会为暂时利益欺骗顾客，否则有损商业信誉得不偿失。因为商品的质量和定价在信息不对称的情况下取决于买方对卖方的信任度，如果信任无法建立起来，交易行为就深受质疑。正如调查结果表明，有31%的人认为"无商不奸，何种选择都有可能被欺骗"，这其实上反映了一部分人对

---

① 翟学伟：《中国人的关系原理——时空秩序、生活欲念及其流变》，北京大学出版社2011年版，第49页。

整个社会诚信的担忧。的确，在现实生活中有时候连乞丐都无法获得人们的信任。例如，人们越来越觉得街头乞讨者其实是利用他人的同情心进行欺骗。如果说一个甘愿失去尊严的人都无法让人相信，足可见可怜之人必有可恨之处。不过，关系到对整个社会的诚信判断，31%的比例确实不低。尤其是社会中还存在着熟人之间的欺骗，熟人之间的彼此轻信反而为欺骗提供了便利，造成熟人间的利益冲突。民间融资危机使熟人之间的信用体系遭受创伤，表明了对熟人的信任其实包括很多的轻信与盲从，别有用心的人正是利用了熟人间的轻信心理。与此类似，传销组织通常是经过熟人介绍形成的，使更多的人在熟人圈子里蒙受损失。熟人关系规则与市场经济是不兼容的，不仅熟人之间因为礼让而无法形成合作，而且人与人的亲疏远近还可以被欺骗者所利用。我记得20世纪90年代，每次去小区里的商店买东西，店主经常会说卖给我的东西属于熟人价格，事实上这家商店的商品价格并不优惠。我相信他对经常买东西的人都会这样说，这种行为方式与其说是一种促销手段，毋宁说是利用亲疏有别的原则实施的商业蒙蔽。

其次，选择陌生人商店而不选择熟人商店，问题主要不在于对商品质量的担心，而在于售后服务的区别。在熟人商店和陌生人商店之间，如果发生商品质量和定价不合理的问题，买方在处理方式上往往是截然不同的。这一区别可能是39%的人选择陌生人商店的原因。一般而言，熟人之间碍于情面，即使买了不称心的东西也不好当面讲。现代中国人越来越喜欢到大型超市购物，这是一个陌生人的世界，也是一个市场经济对人的意识进行重新塑造的环境。人们对售后服务完善的认可也属于对卖方的信任范围，如果假定为不信任的话就无法实现任何交易。在市场经济条件下，售后服务之所以在陌生人之间更为普遍，体现了人们越来越重视通过制度化途径来维护自己的合法权益。虽然合法权益的意识并非只能在陌生人领域中才能产生，但是这种意识在陌生人之间显得异常强烈，人们希望能够公正地处理生活中的每一件事，而熟人之间更多的是包容而不是公正。

与此相关的另一个问题是，"您是否愿意和陌生邻居主动交往？"68%的人认为"愿意，以后可以相互照应"；16%的人选择"不愿意交往，难以相互信任"；还有16%的人认为"没必要，敬而远之就行"。这是我国进入陌生人社会以后产生的新问题。在 20 世纪八九十年代，城市里的人大部分居住在工作单位提供的福利房，农村人也是生活在农村老家，这是最典型的熟人社区。随着中国社会的转型，社会成员从单位人变为社会人，农业人员变为城市农民工，与此同时他们的居住环境也发生了重大变化。由于我国城市居民的住宅绝大部分是单元楼，每个家庭各自形成封闭的空间，再加之人们的生活琐事基本上由物业公司来管理，邻居之间往往缺乏应有的交流。在许多地方，同一单元同一楼层的住户彼此并不熟悉，大有老死不相往来之势。但调查结果显示，68% 的人具有和陌生邻居交往意向，表明了大部分社会成员希望建立融合而不是冷漠的社会关系。与陌生人之间的经济关系不同，同陌生人邻居的一般性交往，意味着中国人具有把陌生人关系转化为熟人关系的倾向，人们都乐意营造和谐的人际关系，这就体现了人们常说的"远亲不如近邻"。显然，如果邻居之间都不能正常交往，那么整个社会就呈现异常冷漠的景象。选择"不愿意交往，难以相互信任"的人的心态，和上一问题中认为无论是熟人还是陌生人的店主都是"无商不奸"的人大体上是一致的，反映了自身对于社会冷漠感的严重倾向。另有 16% 的人认为"没必要，敬而远之就行"，反映了陌生人社会特有的"礼貌性的疏远"的交往特点。

从以上调查结论可以看出，在社会转型时期，传统因素与现代因素杂然并存，共同作用于社会，导致转型时期的思维方式多样化。具体而言，我国当下社会既具有现代"法理"社会特征，又具有传统人际关系特征，乃至血缘、地缘等传统感性因素的连接作用的复杂社会关系，它直接影响着人们的思想观念。纵观中国转型社会人们的思维方式和行为方式的变迁会发现，以陌生人交往为特征的现代社会，在中国却遭遇了无法摆脱的熟人理念，并形成了陌生人关系、熟人关系并存、交织、矛盾乃至冲突的中国社会格局。厘清当代中国社会伦理关系的复杂性，有助于我们分析转型时期中国社会中的各种道德问题。

在从熟人社会到陌生人社会的转变中，道德成为社会敏感度较高的研究主题。在熟人小区里，大家彼此都能互相尊重礼让，但有些人去了陌生的地方就把这些美德抛弃了，变得嚣张粗暴；有的人在自己的小区能够爱护环境，到了其他地方就无所顾忌。这就说明，有些人不去做一些不道德的事情，很多情况下不是不想做，而是担心被认识自己的人发现。当这些人进入陌生人的环境中，有一种毫无约束的感觉，可以做很多认识自己的人不知道的事情，所以就不会有什么顾忌，甚至不会为自己的行为感到羞愧。这些现象表明，传统熟人交往观念下的行为模式与经济和社会转型并不同步，习惯性的交往方式在新的历史条件下明显滞后于现代道德理念，从而使社会转型过程中出现了道德观念的滞后与现代性思维方式之间的冲突。整个社会的交往还没有从熟人关系的特殊观念过渡到社会普遍的交往准则，交往方式因人而异，奉行双重标准。有学者甚至指出，"现在中国人的道德滑坡，最主要的就是家庭血缘的熟人关系遭到严重的解构，人们离乡离土，进入到了一个陌生人的社会，于是产生了许多在旁观者看来是突破道德底线的事情。其实在当事人自己并不认为是突破道德底线的，因为他做事的环境已不在传统道德底线的适用范围之内，如果有可能回到原来的环境，他仍然是一个有道德的人。"① 可以说，陌生人社会的出现增加了道德的不确定性，道德身份在熟人和陌生人之间不断改换，伦理关系的差异对于道德意识的影响如此之明显，以至于道德生活缺乏统一的交往原则，一部分社会成员感到道德茫然甚至人格分裂就在所难免。

客观地讲，在亲情、友情和陌生人之间确实存在可以理解的差别，这种差别在现实世界中被正常的情感逻辑所支配。但从概念的普遍性意义上讲，道德原则不是局限在特定群体内的要求，而是具有公约性的特征。因此，我们必须承认以下情形并不能成为社会发展的常态，即友善、互助、仁爱等道德要求只适用于熟人之间而在陌生人关系中严重缺席。可以进一步发现，中国社会的现代转型将是一个漫长的过程，其中中国人的传统文化心理成为现代性建构的重要阻力。如果从历史阶段进行划分，我们可以把 20 世纪中叶之前的阶段称为前熟人社会，而把从 20 世纪中叶至当代这一段时期称为后熟人社会。前熟人社会的一个鲜明特征是社会交往理念具有显著的文化自生性特征，而后熟人社会则是国家实行计划经济以及城乡二元结构模式的产物。前熟人社会和后熟人社会之间存在着形式上的差异，但在交往心理上具有明显的传承性。熟人社会的交往理念由于文化自生性的缘故，依然是当代社会成员深谙已久的基本法则，这一点并没有因

① 邓晓芒：《中国的道德底线》，《华中师范大学学报》（哲学社会科学版）2014 年第 1 期。

为国家力量推行市场经济、依法治国的过程中呈现根本性的改弦更张。长期以来，中国人法治观念的消极意义较为明显，只有在受到侵犯或者不公正对待的情况下，自由与权利才成为必要的主张，因而对很多人来说运用法律武器是迫不得已的逆向选择。相比之下，传统交往理念在当代仍然是主动性的、首要的生活法则。例如，当中国人需要与陌生人打交道尤其是有求于人的时候，总是倾向于熟人的引荐，这样就使陌生人关系转化为熟人关系，从而为制造"关系"铺平道路。当然，通常情况下陌生人之间会保持礼节性的疏远，也由于人们不可能事无巨细地都依靠熟人来和陌生人建构新的熟人关系，因此陌生人社会的趋势必然以法治为基本逻辑。总之，人们从单一的传统观念转化为同时拥有两套交往理念，一是熟人之间的传统交往观念，二是与陌生人之间的现代交往观念，现代交往观念包括权利意识和责任意识。当然熟人社会关系并非不需要任何程序的形式，也必须通过划清责任界限来避免不必要的纠纷，例如我们在单位领取物品的时候通常要签字确认。这种必要的责任意识在根本上体现了人们对权利的认可。

对于中国人的文化心理和行为方式，邓晓芒认为，中国人的道德基础是建立在家庭血缘关系之上的，它可以扩展到朋友或师生关系上，通过"推恩"推广到其他人身上，但是有一个致命的缺陷，就是很难扩展到陌生人身上。[1] 观念的改变并没有与生活境遇的改变完全同步，低水平的市场经济和粗糙的法治观念决定了当代中国陌生人社会在现代伦理关系上的浅层形态，由此决定了社会成员依然延续传统意义上相对固化的道德意识。当然，承认社会中存在根深蒂固的传统习俗，并非是对这些习俗的价值认可。正如杜威指出："拒绝承认习俗与道德标准之间的联系的主要的实际效用，是神化某种特别的习俗，把它当作永恒的、不变的、不容批评和修改的东西。此种结果在社会剧变时期尤其有害。"[2] 新旧思想的交融导致了社会思潮的复杂性，其中最显著的问题是价值观念的参差不齐。整个社会在许多文化观念方面没有形成多数人的共识，人们对待同一问题的

---

①　邓晓芒：《中国的道德底线》，《华中师范大学学报》（哲学社会科学版）2014 年第 1 期。

②　万俊人：《20 世纪西方伦理学经典》第 2 卷，中国人民大学出版社 2005 年版，第 515—516 页。

思维视角难以统一，例如自由与平等、计划经济思维和市场观念、传统道德与现代法治观念等等，这种观念的分歧一方面与社会成员的经济基础差别有关，另一方面也反映了长期存在的传统力量的惯性。

社会转型是中国社会经济发展的必然结果，同时也是社会问题相对集中的历史时期。社会越发展，人们需要处理的事务也就越庞杂。民族文化随着社会转型在不同的群体中逐渐分裂，并且从不同的交往规则中形成传统文化与现代文化之间激烈的碰撞。中国从传统国家向现代国家转型，但传统文化心理和思维模式是现代性的巨大阻力，历史传统所形成的文化心理与现代性文化交织在一起，前者的影响力仍然深刻而持久。这种传统定式如果在市场观念和法治观念双重冲击下依然故我，或者是将其塞入现代制度体系之中成为新式规则中潜在的力量，就会使事情变得越来越复杂。同样，中国社会的道德现实表明，半个世纪以来的社会主义道德建设也确实面临着各种因素的干扰。时至今日，我们越来越感觉到现有的理论储备在应对当代中国社会道德剧变时明显滞后，伦理学理论还未能对当代中国社会道德问题的梳理和分类进行更加细致的精准定位，对当代中国道德的研究还没有区别于西方学术体系的解释系统。

事实上，我们今天的伦理学研究，正面临着一个如果不借助西方道德哲学概念就无法表达、但借助西方道德哲学概念又不能准确表达的困境。传统道德在滋养现代价值的同时，保留着难以撼动的原始力量，尤其是难以和现代价值对接的习俗观念正在持续成为生活中的文化心理因素，如"人情""关系"等等。因而，当我们准确定位当代中国道德的基本问题以及基本理论的时候，显然要将这些复杂因素考虑进去。例如，对于"人情""关系逻辑"等文化心理要素仍将在未来很长时期作为社会主要观念的情况下，我们需要进一步分析和解决社会道德领域中的新问题。同时，我们也要对传统文化中适合于调整社会关系和鼓励人们向上向善的内容，要结合时代条件加以继承和发扬，赋予其新的含义，以促进传统优秀文化的创造性改造和创新性发展。理论界已经开始认识到，中国道德问题的复杂程度，西方伦理学的解释体系远不能完全对应。对于中国道德的研究，只能从具体问题意识入手，就陌生人社会和熟人社会的道德问题而言，我们需要建立自己的概念、方法和理论来加以认识和解释。

二　道德冷漠问题

一般认为，如果某种行为能够增进他人的福利，就应该付诸行动，否则就应该选择放弃。然而利己主义认为，如果某种行为没有关注自己的利益，那么我们就没有履行这种行为的义务，因为在利己主义看来每个人都必须对自己的利益负责，而不论其行为是否会损害他人的利益。这两种观点反映在社会生活中就是对他人的积极援助和人与人之间的道德冷漠。例如，当他人在饥寒交迫的情况下，我们是否有义务去实施援助？如果这个人因此而丧失生命，我们是否要对这一结果承担道德责任？对于利己主义者来说，我们没有义务对他人的福利负责。但从我们的生活愿望出发，我们总认为帮助别人是对我们自己的道德要求。围绕积极援助和道德冷漠的问题，涉及道德责任、伦理利己主义、义务论等复杂的伦理概念。不过，伦理学经典理论是在普遍意义上对以上问题加以分析，并没有对积极援助或者道德冷漠的对象加以区分。事实上，我们在面临这些问题的时候，不可能回避熟人或者陌生人所引起的复杂情形，熟人关系和陌生人关系的存在为分析积极援助和道德冷漠问题的复杂性注入新的变量。

中国社会道德的基本特点之一，表现为伦理关系上的熟人之间以及陌生人之间不同的交往特征。我们不仅需要亲属、朋友等熟人关系，也需要在公共生活中与陌生人打交道。人们对待熟人和陌生人，表现出两种截然不同的态度，对熟人的积极援助是基于长期的回报，这是熟人关系的发展逻辑；在公共生活中对陌生人的积极援助，尽管体现了高尚的道德品格，但在很多人看来并不是应有的责任。由于熟人之间存在"人情""面子""回报机制"等等，所以熟人之间的交往具有利益层面的长期效应，例如我们在某些事情上善意地提醒朋友、同事，会被认为是一种增进感情的行为。另外，熟人之间即便是"面和心不和""口是心非"，在公开场合的交往中也会遵循"面子"原则而尽量表现得体面一些。在生活中，我们常常听到"如果你不是我的朋友，我绝不会这样做""如果是其他人，我绝不会劝阻"等等这样的一些恳切的话语，表达了中国社会中特有的熟人情感，我们在一般情况下会把这种行为看作是熟人之间的一种真诚的道德行为。无论是农耕小区还是较少人员流动的城市单位里，熟人之间的交往，构成一种反复的博弈关系，通常会迫使对方遵守道德规范。反之，有些人对于陌生人不具有基本的同情心，例如因为一些小事就出言不逊、在商业活动中制假售假甚至制造和销售有毒食品，但这些人对他的亲人绝不会这样做。这一点充分体现了中国人对待熟人和陌生人的重大区别。在习惯性的思维方式上，如果我们帮助熟人，这不仅是必须的责任和义务，而且不值得褒奖；而如果我们在某些事情上为了体现公正而倾向于陌生人，就会被看作"胳膊肘朝外拐""大义灭亲"，从而辱没了熟人间的情感；如果我们帮助陌生人是出于偶然的情景，例如帮助街头摔倒的老人等等，就会被认为是表现了高尚的道德品格。尽管如此，对陌生人的积极援助在很多人看来还不能算作必须的责任。然而，我们还是认为，如果明知道某个不认识的人正在购买假冒伪劣产品而不加劝阻，或者面对饥寒交迫的陌生人不去进行力所能及的援助，那么我们就应当接受自我谴责。这一问题反映了陌生人交往中的复杂心态。

在当代中国社会的语境中，道德冷漠一般是针对陌生人社会的概念，表现为对陌生人不幸遭遇的漠不关心、麻木不仁。事实上，熟人关系中也存在道德冷漠甚至蓄意侵犯。对熟人的冷漠，往往是因为彼此之间存在利益竞争关系或曾经有过的仇恨情结，前者如情敌之间、职位竞争者之间因为利害冲突而互相敌视。熟人之间的道德冷漠体现了相互排斥、挤压的情绪，在交往中会为对方提供不完全信息、隐瞒信息或者采取其他非主动侵犯的行为，例如对他人面临的危险不加提醒，从而以一种非直接责任者的身份幸灾乐祸。一般而言，对熟人的冷漠甚至侵犯来自于名利之争中的嫉恨。嫉妒或嫉恨与羡慕不同，嫉妒产生于熟人之间，而羡慕可以是对熟人的羡慕也可以是陌生人的羡慕。例如，人们羡慕世界上最富有的人，但不一定嫉妒。在许多情况下，熟人之间比陌生人之间的道德冷漠甚至蓄意侵犯的后果有过之而无不及。另外，熟人关系中的道德冷漠与家庭利益、亲情、友情以及各种恩怨情仇叠加起来，显得更为复杂。我们甚至很难判断，如果我们看到与自己有严重利害关系的熟人正面临危险而不加提醒或阻止，在道德上是正确的还是错误的？如果这个人是我恨之入骨的人，我就会享受这种冷眼旁观带给我的快感。显然，这种带有愤恨性的道德冷漠的程度远比陌生人之间一般性的道德冷漠严重得多。不仅是道德冷漠，痛恨、厌恶等情绪在熟人社会和陌生人社会也存在很大差别。依据社会关系的亲疏远近，人们更关心周围的人的命运。出于利害关系，一些人对身边的腐败的痛恨要超过对其他方面的。在生活世界里，许多人嫉妒的往往不是陌生人的荣华富贵而是身边的人飞黄腾达。人们对身边的不道德行为的痛恨会更加剧烈，例如对自己生活的小区中乱停车、破坏环境的行为更为厌恶，对本单位的不公正和权力滥用更为反感。

　　与熟人关系不同，陌生人之间的道德冷漠并不来自于关系双方的对立。在陌生人的交往中，主体性的强化并非是道德冷漠的原因，冷漠并非是没有同情心，而是同情心未能转化为救助行为。休谟把同情视为人性的一个基本原则，凡是人都应当具有同情心。在他看来，同情是指我们把对他人的所产生的观念转变为我们自己的印象的一种能力。① 因为这种能力每个人都有，所以道德冷漠的问题在于为什么同情心不能转化为实际的救助行为？一个重要的原因是，由于关系双方缺乏信任基础，极有可能发生"好心不得好报"的后果，例如扶起摔倒的老人很可能被对方以怨报德。在中国人看来，对他人的信任度与亲疏远近有关，最亲近的人如直系亲属，一般而言属于绝对信任，再如亲朋好友次之，关系越疏远安全感越弱，而强烈的道德风险就是与陌生人交往。在中国古代的"五伦"观念中，为什么不说父子有信而说父子有亲，因为在父子之间没必要强调信任，父子之间的信任建立在家族血缘基础之上，是绝对可靠的关系。而在朋友之间，才可能出现信任危机，因为朋友之间不像家庭成员的关系那样是不可选择的，所以孟子强调朋友有信，事实也的确如此，朋友之间反目成仇的例子并不鲜见。在古代人看来，如果连朋友之间都存在信任危机，那么与陌生人交往可谓如履薄冰。因为陌生人之间的关系非常松散，发生矛盾和冲突的概率非常大，孟子很难为陌生人关系提出一个有别于熟人之间的交往规范。在陌生人之间，道德冷漠还表现为对不公正行为的故意回避，不敢或不愿进行道德谴责。例如，人们在看到某些暗箱操作的行为、恃强凌弱的行为时退避三舍，这主要是基于对恶行的恐惧，比如制止他人的恶行可能会伤害自己。

　　对于陌生人之间的道德冷漠，可以从以下几个方面进一步做出分析。

　　（1）一种很有影响力的观点认为，对道德冷漠行为以及对这种冷漠

---

① 徐向东：《自我、他人与道德——道德哲学研究》上册，商务印书馆 2007 年版，第199 页。

意识的宽容，是因为我们不能在任何情况下都必须负有对任何人进行积极援助的责任。这个观点在理论上得到康德伦理学的辩护。康德关于义务的学说被他的伦理学限定成僵死不变的教条，使得严格的义务论对于后果主义意义上的积极援助行为不存在任何的理论妥协。例如，我们认为有必要以藏匿的方式援助一个被歹徒追杀的无辜者，但在康德看来，如果不告诉歹徒无辜者的真实行踪，就违反了不说谎的义务，因而严格的义务论在事实上导致百密一疏，其结果是我们并没有履行积极援助的责任。如果我们认为积极援助他人在道德上是正确的，那么最可靠的评价标准只能是后果主义。

（2）在伦理利己主义看来，陌生人社会奉行利己主义原则，导致了相互间的道德冷漠。但由于每个社会成员同时处于熟人关系和陌生人关系之中，如果一个人把亲情和友情视为幸福要素，那么起码在亲情和友情的利他性上不存在绝对的利己主义者，也就不存在绝对的道德冷漠。另外，在纯粹的陌生人之间，伦理利己主义在生活实践中也不能成立。霍布斯、罗尔斯的契约伦理就是针对陌生人社会的。如果一个人宣称自己是绝对的利己主义者，那么他同时必须承认其他人也是绝对的利己主义者。但这种假设会要以另一种假设为前提：其一，没有人关心自己的生命。但是，这一假设不符合人的自然本性；其二，假如一个人承认关心生命是自己的首要要求，那么他就无法承诺在任何情况下都不需要陌生人的援助，这正是霍布斯契约论的依据之一，完全的道德冷漠并不亚于"一切人反对一切人的战争状态"。显然，绝对的利己主义以及作为其结果的道德冷漠是每个人都无法接受的。

事实上，每个人都能在客观上感受到陌生人之间的某种利益关联。比如，对于一个喜欢繁华都市的人来说，徜徉在人流中就比孤身一人的感觉美好，这个时候成千上万的陌生人的存在使他产生了这种惬意的感觉。而他本人的存在也为其他人的同样的感觉提供了条件，这种感觉作为精神利益是必不可少的，因而人与人相互之间都可能建构出利他主义的实践关系。因此，内在利益是一个人产生利他主义的必然因素。如果我们把亲情、爱情等都视为我们的内在利益，那么内在利益就构成生活最高的乐趣和意义，而缺乏内在利益的人无疑是自我挫败的。问题在于，如果一个人是基于自我利益而不得不在某种情况下奉行利他主义，在这里的利他主义就是工具性的，作为工具性的利他主义是不是道德意义上的利他主义呢？这很容易陷入心理利己主义的旋涡，而心理利己主义在绝对的意义上是无法反驳的。

（3）对一个生命垂危的陌生人进行积极援助，究竟是权利还是责任？有些人认为，积极援助陌生人不是我们的责任，因为他人的痛苦并不是我造成的，我只对我的行为负责。这是法律思维而不是道德思维，法律评价的原则是从一个人痛苦或死亡的原因出发的，比如一个人蓄意侵犯另一个人并致其死亡，那么这个人必须承担法律责任。正是在这一点上，有人认为，道德冷漠与蓄意侵犯是两个不同的问题，蓄意侵犯是致人死去，道德冷漠是允许人死去。问题是，如果一个人可以避免他人死去但没有积极援助，那么这个人就没有道德责任吗？如果一个人拥有不被谋杀的法律权利，也同时应当拥有不被允许死亡的道德权利。在积极援助上，"应当如何"与"能够如何"的意义是一致的，如果能够援助而没有帮助，那么允许一个人痛苦甚至死亡，与把一个人致残或致死就没有道德界限。因而我们要承认弱者生命权利对于强者利益权利的优先性，有学者把前者称之为人们的"自然的责任"，因为我们的行动能够对他们产生某些正面的或者负面的影响。① 这种"自然的责任"，如同孟子所讲的人的天性中具有的"恻隐之心"。

（4）最需要关注的问题还在于，在一个熟人社会和陌生人社会并存的国家，陌生人之间的冷漠已经成为公开化的交往原则。所谓道德原则的公开化，是指任何道德理论都必须满足一个必要条件——这个理论的道德原则应该是可以公开的。道德原则的目的就是要对人们的行为进行普遍的规定，这就是说，一个道德原则必须适用于处于相似状况的所有个体。② 这就表明，在伦理学理论中能够公开化的原则是合乎道德要求的原则，而不是那些违背道德要求的原则。因而陌生人之间的心照不宣的冷漠并不是合乎道德的交往原则，它本来是不应当公开化的，一个违背道德要求的原则没有理由成为公开的原则。此外，道德原则不仅要符合公开性原则，还

① 徐向东：《自我、他人与道德——道德哲学研究》上册，商务印书馆 2007 年版，第135 页。

② 同上书，第135 页。

要符合"不偏不倚"的原则，诸如"如果换作别人，我才不管呢""因为你我才这样做"等等既体现熟人情结又排斥陌生人的话语，所表达的对熟人和陌生人的不同行为选择，显然不符合道德上不偏不倚的原则。然而我们发现，宽容、仁爱等道德原则在一般情况下适用于熟人关系而不适用于陌生人社会。

按照这种交往逻辑，绝对意义上的利己主义存在于熟人社会，但未必存在于陌生人社会。徐向东在谈到这一问题时指出，"霍布斯认为对自我利益的不加限制的追求反而会产生适得其反的结果。假设一个人是一个高度自觉的利己主义者，每时每刻都考虑自己的利益，那么这个人是否有朋友？假设这个利己主义者发现，在对自己的幸福目标的追求中，友谊属于他的最好的自我利益，那么它能够变成一位朋友吗？朋友关系应当是为了对方利益有时候会忘记自己。这是利他主义。可见，一个人即使为了实现利己主义的目标也必须放弃极端的利己主义，在某种程度上变成利他主义者。"① 实际上，这里对利他主义的绝对性说明是在熟人社会的意义上展开的，并不意味着这一论断在陌生人社会中有足够的成立理由。虽然我们以家庭、朋友为例子可以合理地分析利他主义的绝对性，但这一因素在熟人社会可以被理解，而在陌生人社会我们无法找到认同的社会基础。在陌生人社会中，道德冷漠意味着近乎绝对的利己主义，同时是对利他主义的情感性否定。

（5）对陌生人的冷漠实际上反映了中国人不钟情于人际之间的短期交往。翟学伟认为，中国人交往的逻辑起点在于维护时间和空间上的两个稳定性，一是时间上的延长性和连贯性；二是空间上是彼此依赖性及地域认同。中国人由于受到时空的条件上的指引或暗示，他的交往出发点变了。他没有选择上的偏好，不能考虑短期交往的方式。②

陌生人之间的冷漠原则和熟人交往中"对人不对事"的偏倚原则，显示了当代中国社会的道德特点。但在现实社会中，人类社会关系的亲疏远近是客观现象，情感深浅与亲疏远近是理所当然的社会存在。即使社会

---

① 徐向东：《自我、他人与道德——道德哲学研究》上册，商务印书馆2007年版，第132页。

② 翟学伟：《中国人的关系原理——时空秩序、生活欲念及其流变》，北京大学出版社2011年版，第49页。

没有发生转型，熟人关系和陌生人关系这两种交往状态也是存在的，只是在过去很长时间内社会成员的大多事务都通过单位、农村等组织来处理，我们对陌生人关系没有切身的感受。在社会快速转型的过程中，人们与陌生人交往的频率越来越高，这样就要求在陌生人之间建立一些基本的交往原则和规范。其实，中国历史上并非没有关注过这个问题。早在先秦时期，就出现了提倡"兼相爱、交相利"的墨家学派。墨子的"兼爱"思想的伟大之处，正是对陌生人社会伦理关系的思考和处理。但这种思想的历史境遇是以血缘关系为纽带的农耕时代，继而在与儒家"爱有差等""由近及远"的论争中黯然失色。客观地讲，墨子的"兼爱"思想力求万邦和谐，但确实很难与现实对接，即便是在现代社会，这种无等级差别、不分厚薄亲疏的"爱"也是水月镜花。事实上，这不仅是传统儒家的观念和中国社会现实，在西方伦理学和西方社会中也能找到类似的依据。休谟在《人性论》中曾经提到过一种人际之间的接近关系，他认为一个人所表现出的同情在朋友和陌生人之间是有所不同的，比如我的朋友患了癌症，我的心情就很沉重，如果是陌生人就不一样。

可见，伦理学上要求的不偏不倚的道德原则和实际情况中的道德偏倚现象形成了二律背反。根据道德原则"必须适用于相似状况的所有个体"的这一要求，我们不可能制定针对熟人和陌生人的两套道德规范。问题是，同一道德原则能够适用于不同的伦理关系吗？现实中存在的两种不同类型的伦理关系，这与道德原则的不偏不倚的要求如何协调？因此，如果我们承认道德原则是一种不偏不倚的原则，那么我们就要在熟人社会和陌生人社会并存的情况下找到可以兼容的道德原则。可是，我们面临的现实情况是，社会伦理关系的变迁引起了道德观念的变化。例如，在熟人社会中相互礼让是双方都可以接受的，但在陌生人社会中你就不能一味地要求别人谦让，而是首先要遵守一定的规则，然后在此基础上进行协商。你可以说在熟人社会中仁爱是基本的原则，在陌生人社会中公正是基本的原则，但是就整个社会而言，最基本的道德原则只能是唯一的。那么结果只能是这样，在公正与仁爱之间权衡，违反哪一个原则产生的后果更严重，那么这个原则就是最基本的原则。显然，公正是基本原则，而仁爱是非基本原则。陌生人社会中并非不需要仁爱，但仁爱本身是出于自愿的，所以仁爱只能提倡但不具有强制性。陌生人社会并非否认友情和亲情，而是要求情感不能违背公正原则。显然，如果一个人把熟人社会的行为方式带到陌生人社会中就不会得到他人的宽容。处理现代社会的人际关系是儒学的短板，权利、义务、责任在传统伦理关系结构中缺乏现代意义上的清晰界定。

总之，熟人社会与陌生人社会相互交织，构成当代中国社会伦理关系和道德状况的复杂图景。传统中国社会是通过差序格局组织起来的，个体处于各种等级关系之中，权利和义务的界定根据某人所处的特定关系，如果某人处在社会关系网络之外，许多行为规范和道德准则对他就不再适用。由于传统道德规范奉行由近及远的情感标准，从而只能在家庭、乡村等相对封闭的狭隘范围内产生作用，因此其包容性与现代社会的要求相比显得十分有限。如果陌生人无法与我们建立起亲密的联系，那么从任何意义上，陌生人都不与我们在一个共同体内，尤其是当存在竞争关系和利益冲突时，为了自己的利益可以不择手段，无须顾忌什么道德规范。在邓晓芒看来，"中国传统道德只是适应于传统社会自然经济条件下的静止不变的家族血缘关系，而极不适应于今天在一个扩大了的、动荡交流中陌生化了的社会关系。传统道德资源失去了有效作用的范围，而在现实生活领域中又没有道德底线的制约，中国人在今天显得特别无奈和无所适从。"[1]

三　网络陌生人道德问题的深度反思

自从互联网输入并在中国广泛应用，现代生活方式发生了前所未有的剧变。随着互联网成为中国社会运行的中心介质之一，传统媒体和网络社交媒体联合聚集公众注意力的能力不断凸显。信息的全面共享与迅捷交换，推动了经济发展和生活方式的改变，也使人与人的交往方式实现了深度变革。借助互联网技术，不仅削减了熟人之间交往的各种成本，也使陌生人之间的交往变得频繁和随意。在现实生活中，"和陌生人主动交流不符合中国的行为心理特点，但互联网技术开发的交流特征，出现了一种同固定关系特征的相反的现象，其中最为重大的改变是'长久性'和'无选择性'的消失。人们开始主动在网上寻找新人，试图同完全不认识的

---

[1]　邓晓芒：《中国的道德底线》，《华中师范大学学报》（哲学社会科学版）2014 年第 1 期。

人建立沟通关系。"① 这样，从未谋面的人之间会以不明身份的方式展开对话，交往的形式从见面到言谈改变为言谈到见面，使生活充满了奇幻色彩。如果说现实世界的社会转型生成了一个身临其境的陌生人社会，那么互联网技术则刻意制造了一个无与伦比的陌生人交往系统。这种由技术建构的社会交往方式与现实社会的变迁虽然在深层原因上都是物质生产方式的结果，但能够肯定的是，技术力量所建构的社会陌生度进一步加深，成为现实语境中陌生人社会的升级版。中国人的社会心理和行为方式虽然因其文化自生性的特征仍将保持相应的惯性，但互联网的横空出世，"真正对中国社会心理与行为模式带来直接和深刻的改变。"② 与现实社会中的陌生人关系相比，互联网无疑增加了道德风险，使人们的行为在网络生活中呈现不确定性，尤其是网络道德规范的滞后导致了道德价值的扭曲和失灵。

互联网技术的广泛应用激发了人类关于时空印象的重新解释，也拓展了个体的意识范围和生存样式，但也越来越成为各种问题和危机的多发地带。虽然网络危机的能指范围十分广泛，但其所指涉的意义领域更多地与道德相联系，网络危机因而被视为道德危机，这是由于互联网技术在传统形式上的主体与道德决定之间设置了心理屏障，将身份的隐匿程度加深到了迄今为止最难以捉摸的境地，这种身份隐匿无疑增强了个体的道德真空效应和道德彷徨，以至于为网络行为主体在交往中的随意性与非理性的行为创造了理想的契机。匿名性交往的严重后果在于，个体回避了现实交往中应有的责任意识而且不以为然，乃至以技术的名义为其行为动机进行辩护。因此，人们对网络道德的诟病除指向为个体质询外，还有无法摆脱的虚拟效应。技术建构的虚拟世界深刻表明，人是技术系统难以分离的构成要素，互联网技术与社会文化的结合促使人们对网络化的陌生人危机进行必要的哲学反思。

（一）虚拟技术与道德消隐的三类模式

虚拟技术在传统形式上的主体与道德决定之间构筑了心理屏障，行为

---

① 翟学伟：《中国人的关系原理——时空秩序、生活欲念及其流变》，北京大学出版社2011年版，第305页。

② 同上书，第163页。

者的身份隐匿增强了个体的道德真空效应。虚拟技术对网络道德的消隐作用体现为三类模式。从道德的含义来看，虚拟技术解构了道德存在的原动力因素；从现实交往实践的参照性而言，虚拟身份加重了道德危机的可能性；从网络虚拟之幕的个体意识分析，虚拟技术导致的自我中心主义是恶的意识的产生根源。

1. 道德原动力因素的技术性消解

当人们倾注于操作主体意识所决定的网络道德不过是现实生活道德的迁移，而竭力思考如何提升个体网络道德素养的时候，似乎忽视了一个最根本的问题，即虚拟世界在何种意义上赋予了道德运行的可能性？当研究者总是倾向于对网络技术的社会效应做各种各样的反思和批判时，容易忽视网络技术对道德的影响甚至冲击。就网络技术与道德的关系而言，最具有解释效力的问题也许在于确认虚拟领域中的道德发生机制。为此，我们有必要先从道德的内涵入手进行分析。一般认为，道德是以善恶评价为标准，依靠社会舆论、传统习惯和内心信念的力量来调整人们之间相互关系的行为原则和规范的总和。[1] 关于"道德"含义的这一通行性的解释，正如人类生活中一切美好的愿望一样，是建立在"应当"的思维基础上的。因为我们深知，如何理解道德与道德如何运行是俨然区分的，混淆道德的含义与道德的实践效力很可能缘于一种无知的自信。如果我们将这一道德含义嵌入网络虚空间予以重新考虑，就会发现虚拟技术对我们习以为常的观念构成颠覆性的理论危机，其中展示的是以抽取道德发生的原动力因素为主导的作用方式。

从"道德"发生的动力来看，通行解释归纳为社会舆论、传统习惯和内心信念等三种力量型因素。可以确定的是，社会舆论在通行的解释中成为道德发生的首要力量，在本质上应属于"他律"范畴内的遏制功能。直接作用于道德的社会舆论之"他律"效力，显然是某一不适行为在发生之前就可以料及假定发生之时的外在压力，当然也可以是在行为发生之后的"千夫所指"，总之必须是行为主体某种"在场"效应所引发的。如果没有现实性舆论机制的"在场"，网络技术建构的虚拟社会因其秘不可测的身份隐匿，舆论制约在网络符号中的无效就不足为奇了。即便是不良

---

① 冯契：《哲学大辞典》（上），上海辞书出版社 2007 年版，第 798 页。

的网络行为在事后迎来铺天盖地的谴责，但已然发生的行为在事实上解构了道德的应当性理念，行为一旦发生也就宣布了舆论机制的"不在场"性征。此外，再来看作为道德驱动力的"传统习惯"这一因素，其作用机制是以"判例法"的作用方式实现的，它讲求的是人类历史思想观念的连续性与稳定性，然而这种意识领域内的衔接之所以奏效乃在于有现实性的"先例"可循，但在网络技术所建构的虚拟图景中我们缺乏可以依照的技术层面上的"前虚拟"现象。在虚拟语境下，历史范畴中的传统习惯不存在任何的"穿越"效应。

需要认真分析的是作为道德发生的内在动力——内心信念。内心信念在道德的原动力系统中属于自律性范畴，是维护道德神圣性、纯洁性和高尚性的自觉表达，康德所讲的"对于道德法则的敬重是唯一而同时无可置疑的道德动力"① 所体现的就是这层意思。在善良意志的理解上，所谓内心信念是与道德直接同一的。然而，正如人们对康德伦理学的批评之声不绝于耳，对于内心信念的可靠性、实践性也为实践中的社会成员所质疑甚至是讥讽。"道德"及其所属的"内在信念"是"应当"层面的解释，"应当"反映的是能够体现愿望与期待的某种价值取向，因而是一个需要分析和证实的概念。提出这一问题，并非是否认"内心信念"，同时内心信念是无法否认的，当一个人说自己有内心信念的时候，任何人都没有理由否认，因为内心信念的有无是无法测度的。内心信念的无法测度，不仅是在肯定的意义上，也应该在否定的意义上，个体的自选择能力、自组织能力与自控制能力等道德运行的内部机制不可避免地因道德体系的开放性而受到环境的侵袭，自我坚持的道德裁判权未经证实就退出了信念领域。因此，我们既然承认道德风险因而无法在现实中断言内心信念的潜在性，当然也就更不能自欺欺人地在虚拟世界中将个体行为假定为自律，我们宁愿假设每个人的内心信念是不可靠的，就算这种假设是对道德的"玷污"也心安理得。在网络语境中，以抽象符号为媒介的虚拟因素加重了我们对"信念"的担忧，这种担忧根本上来源于现实社会对心灵的纷扰。

如此，"道德"发生所赖以维系的社会舆论、传统习惯和内心信念等动力因素，在网络技术建构的虚拟语境中纷纷折戟沉沙。不仅是道德问

---

① ［德］康德：《实践理性批判》，韩水法译，商务印书馆 1999 年版，第 85 页。

题，在许多学者看来，网络的一切问题都起因于技术所形成的虚拟状态。有一种观点认为，文化不再由宗教、社会习俗、伦理原则等因素决定，而是由科学和技术决定；面对面的、具体的家庭和邻里关系被数字化或电子化的虚拟交流方式所取代；由各种不同社会经济关系决定的技术日益成为社会变化的驱动力，一切固有的社会关系被技术所推翻。[①] 然而，虚拟技术对道德的颠覆，是否意味着我们为自我的道德迷失找到了问心无愧的借口？面对网络的诸多问题，我们是否应为这种客观性主导的问心无愧感到内疚？

　　虚拟技术不禁使我们疑窦丛生。虚拟社会本身能否实现道德生命力的延续效能？如果从概念的指向来理解，虚拟技术抽去了道德含义的根本前提，不过由此认定网络虚拟社会缺乏道德却是难以想象的事情。因此，我们必须在道德的概念之外寻求网络道德应当存在的理论证明。虚拟社会归根结底是人类知识与社会发展的产物，既然生活在现实中的人都毫无例外地体验着道德，那么虚拟社会也应具有道德，虚拟社会归根结底可以还原为现实，这是我们研究网络道德的根本依据。问题的实质显然并不在于道德概念如何，而在于虚拟技术构建的道德交往关系，而道德交往关系必然是通过虚拟技术与人类认识的相互关系、虚拟技术与人类社会发展的相互关系表现出来，这是虚拟之于道德的影响基础，也是网络道德确立的前提。因而，虚拟技术可以祛除道德的本源动力，但无法祛除人类认识、人类社会发展与网络道德之间的深层关联；虚拟技术可以颠覆道德的概念，但无法祛除道德的物质基础也就是交往实践。马克思认为，"社会——不管其形式如何——究竟是什么呢？是人们交互活动的产物"。[②] 可见，我们常用的"网络道德"概念，目的是为了指称那些"区别于现实社会"的道德，而不是道德的虚无化。网络技术不仅是一种技术工具，更重要的是它嵌入到人类生活的社会文化系统之中带来了社会关系的改变。

　　2. 陌生人社会交往的意识迁移

　　对虚拟领域中道德问题的考虑，从理想范式下道德含义的底线设疑到

---

　　① 颜岩：《技术政治与技术文化——凯尔纳资本主义技术批判理论评析》，《哲学动态》2008 年第 8 期。

　　② ［德］马克思：《马克思恩格斯选集》第 4 卷，人民出版社 1995 年版，第 532 页。

交往实践的出场，作为对现实社会的复制、模拟抑或移植，虚拟社会中的交往实践形成了网络道德存在的物质性基础，同时也赋予了网络道德分析的确切语境，为我们从道德含义之外解释网络道德提供了新的路径，但问题在于，一方面网络交往实践使我们没有理由否认网络道德的存在，而另一方面，应然性并不能导出实然性，我们能否从网络交往实践中通过理性感悟来证实道德运行？

考虑到虚拟技术隐匿了交往关系中的身份，首先需要关注的问题是个体在虚拟领域中有没有道德需要。道德需要作为道德活动发生的主体动力，是与自我实现相联系的。人类无论生活在现实领域还是虚拟领域，都存在着一定的价值追求，而后者往往就是在精神领域中的自我实现。以网络中最为常见的话语交往为例，如果某人观点（并非恶语伤人）屡遭"拍砖"甚至是被人驳斥得体无完肤的时候，也一定会有真切的感受，虽然彼此之间身份隐匿，但这并不能消隐当事人内心中的沮丧和失落。而这种事与愿违的感受，也正反映了当事人对于认同的期待，而这种期待意识在心灵深处则是对尊严的向往，可见个体并没有因为虚拟而丧失自我。再如网络信息交往中的利他行为，行为者将自己珍藏的数据与成千上万的陌生人共享，尽管行为者无法体验日常生活中助人所带来的感激，但对于自己的行为所应有的敬意也具有自我实现的意义。由此可见，个体的自我实现离不开人与人的交往实践，虚拟社会正是在交往实践的意义上孕育了主体的道德需要。在此意义上，虚拟技术所消隐的道德概念中的内心信念，在虚拟社会的交往实践中重新予以安置，这至少可以解释为什么人们内心中具有"善"的意识。然而，当人们被问责为什么在网络行为中消隐了现实社会的良好素养时，不会有人承认自己是将现实交往中"恶"的意识分有到网络中去。不过，假如我们承认从现实到虚拟的转换中"善"的理念不曾动摇，那我们必须思考的问题就是：虚拟社会的交往实践在何种意义上产生了主体的"恶"的行为？

对于这一问题，除非我们自甘在虚拟语境中忘乎所以，否则就必须远离困扰我们的那些有关虚拟话语的论证。为此，必须将思维的转向路径定位于清除技术决定论从而在现实交往中寻求问题的答案，这无疑是我们必要的选择。这样做的理由是，为了不再计较网络虚拟所引起的道德缺位，那么现实社会中的行事原则将成为影响道德迁移的重要因素。人类关于虚拟社会的知觉，显然不能局限于网络技术的客观建构，如果没有人类现实生活感悟的植入，就无法从虚与实的界限识别中解释技术革新引起的心灵感受。

对于数字化虚拟的本质，鲍德里亚这样认为："它不再是造假问题，不再是复制问题，也不再是模仿问题，而是以真实的符号替代真实本身的问题。"① 因而，虚拟没有也不可能与现实决裂，当虚拟感基于网络技术的缘故从主体生命意识中萌发并持续发酵，生活在现实领域中的我们也正在深切感受着社会深刻变革而形成的陌生人氛围。同时，虚拟社会的产生拓展了人们关于社会特征的分析进路，从人类社会的历史演进与科技力量的强势渗透，熟人社会、陌生人社会和网络虚拟社会的演进模式，形成了从行为者身份上来理解人类道德的变化所归属的不同的社会语境。与熟人社会相比，城市陌生人社会逐渐剔除了先前特有的人际之间的约束机制；另外，如果我们不曾领略陌生人之间人际冷漠、社会信用度低等特点，也就不能走出固有的观念模式来认识当前公共道德领域问题频发的深层原因。基于行为者身份在现实与虚拟中的相似性推演，为我们从陌生人社会中人的性征演变来分析网络虚拟社会中的主体道德情结提供了理论参照。

人在虚拟社会中的所思所为，无非是人类活动范围与方式在新领域中的一种拓展和延伸。对于陌生人社会中人际之间的相互猜忌与貌合神离，人们逐渐心领神会乃至深信不疑，并觉察出陌生人之间的交往规律在塑造人的主体意识中所发生的潜移默化的作用。随着行为者身份由现实中的生疏到网络中彻底隐匿，陌生人社会的人际关系特征在虚空间中放大，由于人们完全消失在信息终端的背后，在现实交往中诸多备受关注的因素如性别、年龄、身份、性格等在虚空间中都能借助虚拟技术而隐匿，因此也具有了虚拟性和非真实性特征，人们可以将现实中所隐藏起来的内在情感、观念无所拘束地展示出来。总之，人在虚拟世界的行为方式与现实中的人际交往性征，无论是社会历史中的深刻变革所形成的陌生人关系构成还是数字化技术操纵的虚拟网络世界，共同特点是由行为者身份而萌发了某种遮蔽效应。从陌生人社会中的冷漠无情、诚信缺失、见危不救到网络虚拟交往中的信息欺诈、信息侵权以及病毒肆虐、黑客横行，诸种道德泯灭的迹

---

① ［法］鲍德里亚：《生产之镜》，仰海峰译，中央编译出版社 2005 年版，第 187 页。

象在某些个体身上一览无余；更为严重的是，从熟人社会到陌生人社会再到虚拟社会，人们对行为引起的大众话语的可承受能力持续增强，那些在熟人社会中自觉尴尬的事情在陌生人社会中变得无拘无束，而在虚拟世界中尽情放纵甚至到了为所欲为的程度。世间中那些寡廉鲜耻的肉体交易者为何远走他乡，在人际陌生的都市夜色下暗娼浮动，岂不是因为缺少了熟人社会中面面相觑而无地自容的感受，而那些通过网络视频进行色情裸聊的无耻行径，也不正是说明了原始性征在虚拟技术的遮蔽下终于蓄势迸发？

面对虚拟世界中的道德沦丧，一个耐人寻味的问题是，是否因行为者身份的遮蔽反而真正展示了某些个体不为人知而又确实是自己本真的人性？假若如此认定，岂非是将那些道德沦丧的人贴上了原始之"恶"的标签，这样的设想显然不能获得多数人的认同。就某一个体的行为而言，显然陌生人社会的人际关系性征与虚拟技术的遮蔽效应虽然可以成为行为选择的重要因素，但并不能构成其充分条件，而只是一种或然性因素。因此，我们宁可相信存在"善"的非连续性，也不能断言"恶"的绝对性。因而在思考陌生人社会形成中出现的公共道德危机，以及这种危机在从陌生人社会转入虚拟世界幕后再次加剧的问题时，我们就绝不能在陌生人社会中着眼于对社会道德的责难而不是自我顿悟式的剖析，同样在虚拟空间中也绝不能基于"网络为本原人性的浮现提供了技术支持"的缘由而在道德沦丧的原因中排斥了主体因素。这就表明，无论是"善"抑或是"恶"，虚拟实践中的道德行为的形成与发展都离不开实践主体的意识创造，因而挽救虚空间的道德沦丧必然转向自我，人类理性的存在应该将行为的原初动力安置于自我实现的内在机制中。在这一过程中，主体的因素并非是唯一的，在我们欣赏虚拟技术的工具性价值所创造的时空便捷之外，此种技术亦可以按照行为主体的意识，在一个可以充分扩大人类思维的环境中遵循新式的感悟逻辑来还原主体不同的价值取向。

3. 虚拟之幕下的自我中心主义

我们虽然否认了虚拟领域中的个体"恶"的绝对性，同时从个体自我实现的层面看到了"善"的非连续性中仍存的"善"的希望。但是对于虚拟社会之"恶"，如果我们坚持道德之内心信念的主因，就会不可避免地去探寻自由意志与道德选择的终极原因而陷入形而上学的泥潭，事实上许多人在探究道德问题时喋喋不休地诉求道德自觉或者道德修养，这在理论和实践中都是无力的。另外，虚拟技术形成的身份隐匿以及现实中有关陌生人社会人际关系性征的感悟对虚拟生活的渗入，成为网络道德沦丧的解释方案。但前者由于祛除了道德的主体因素而显得苍白无力，后者则从参照范式出发势必缺乏解释力度。因此，我们必须从网络技术的原初设计入手，寻求虚拟之幕的意识特征。笔者认为，引入罗尔斯无知之幕的理论进行比较研究应是较为理想的方法。

第一，网络技术建构的虚拟之幕与无知之幕所形成的身份隐匿是截然不同的。无知之幕是罗尔斯"作为公平的正义"的理论基石，在罗尔斯"原初状态"的设计中，人们无法认识到自己在社会中的地位，阶级出身、天生资质以及善的观念等等，"各方有可能知道的唯一特殊事实，就是他们的社会在受着正义环境的制约及其所具有的任何含义。"① 与此相反，虚拟之幕中的身份隐匿并不是针对自我，不存在任何对"我"的甄别，而是对除我之外一切人的存在着的信息盲区，被消解了的真实社会中的身份、地位、性别、年龄、个性等因素总是与"我"自身相对立的。这样，任何人对于其他人而言，都处于"众人皆醉我独醒"的境况之中。显而易见，网络虚拟之幕所揭示的是一种"一与多"模式下的网络自我中心主义，因而在其指向意义中存在着主体行为的任性和随意性。

第二，由于两者所形成的身份隐匿的不同指向，无知之幕与虚拟之幕中的个体所关注的利益视角不同。在无知之幕的选择中，"最有利于自己的行为就是站在社会中潜在的最小受惠者的角度来考虑问题，在选择原则时任何人都不应因天赋或社会背景的关系而得益或受损。"② 因而，"正义的原则将是那些关心自己利益的有理性的人们，在作为谁也不知道自己在社会和自然的偶然因素方面的利害情形的平等者的情况下都会同意的原则。"③ 可见，无知之幕所建构的利益原则是一种自利契约论，幕后之人在权衡中没有理由将自己设定为侵犯他人利益的人。有学者依此认为，由于人性自私以及网络信息社会的特性，应把信息伦理建构在自利契约论的

① ［美］罗尔斯：《正义论》，何怀宏等译，中国社会科学出版社1988年版，第17页。
② 同上书，第16页。
③ 同上书，第19页。

基础上。① 这一观点值得商榷。由于网络虚拟与无知之幕所遮蔽的身份差异，事实上并不存在自利契约论的基础。由于网络虚拟之幕是以每一行为者"唯我独醒"作为主体意识特征的，主体的任性与随意性显然难以建构彼此之间的自利性契约，虚拟社会的匿名性很难保证每个人的信息权利不被侵犯，也难以保证每个人不去侵犯他人的信息权利。

第三，无知之幕与网络虚拟之幕均为行为者身份预设了"平等"，但"平等"所蕴含的逻辑指向不同。无知之幕下的平等是"体现作为道德主体、有一种他们自己的善的观念和正义感能力的人类存在物之间的平等。"② 与此不同，在网络虚拟世界中的自我中心主义盛行，行为者不会从社会中潜在的最小受惠者的角度来考虑最有利于自己的行为，这里展示平等的平台为虚拟技术所搭建，其核心是机会平等，由于虚拟技术隐匿了行为者身份，不仅实现了完全的话语权利，更重要的是拥有现实生活中只被一少部分人垄断的话语霸权，这是网络话语平等的基本前提。虚拟技术的本质特征是身份隐匿，人们之间的职位高低、辈分高低、学历高低、学术高低等因素都被遮蔽，也就彻底消除了人微言轻的现象。在网络中，虚拟技术真正实现了"我可以不同意的你的观点，但我誓死捍卫你说话的权利"这样的一种言论自由。同时，网络言论自由的后果也应引起重视，众说纷纭难以形成统一的标准，也就无法为人们的思想和行为提供确切的规范指引。

从比较可知，罗尔斯无知之幕与网络虚拟之幕中的身份隐匿是不同语境中的产物，无知之幕是社会正义和秩序的理论前提，而网络虚拟之幕极有可能导致非理性的无序状态。网络社交平台作为信息传播的新型载体，以其表达的实时性和回馈互动的实时性吸引了大量形形色色的话语主体，但也由此产生了话语权利的危机。在现实生活中，许多人不得不控制自己的话语表达，有许多话不能告诉亲人、朋友或者同事，还有自己的一些观点不便交流，但由于互联网提供了匿名交流的条件，这种话语压抑开始释放。例如，时下的网络评论集中展示了网络民粹主义，网络言论自由的闸门一旦打开，人们的言论就没有了理性的界限，网民对于现实社会中的贫

① 龚群：《网络信息伦理的哲学思考》，《哲学动态》2011 年第 9 期。
② ［美］罗尔斯：《正义论》，何怀宏等译，中国社会科学出版社 1988 年版，第 19 页。

富差距、腐败丛生与不公正的现象发泄不满、声讨抗议，更有甚者口无遮拦，随意进行人身攻击、人格侮辱直至集体无意识下的情绪失控。另外，网络言论自由放大了民间的声音，人们关于道德的焦虑情绪不仅缘于媒体对不道德事件以及腐败行为的渲染，网民的声音进一步为这种渲染增添了持续性的助力。更为严重的是，一些肆意恶搞的网络谣言频频出现，严重污染了网络环境，造成了巨大的现实性危害。可以说，在失去现实社会中的责任约束后，"网络狂欢"直接反映了人们内心那种与现实社会截然不同的潜意识和内在冲动，这就往往表现为公共道德理性的丧失。当我们已经依恋网络并对网络形成某种依附性的时候，或者说当我们被网络众口一词的表象所感染，理性的思考就容易被非理性的盲从所遮蔽，从而导致我们缺乏意识的独立性并削弱了对网络话语渗透的抵抗能力。

虚拟技术下的非理性言论促使我们进一步思考，在网络技术构建的虚拟之幕中，对人类道德构成致命性打击的不仅是依赖于自我中心主义的话语任性，更深层面的还有身份隐匿产生的对网络镜像的虚拟感。网络社会的虚拟性并没有引导人们从技术观念上加以正视，反而使人们模糊了虚与实的边界。正是这种虚拟感导致人们对于道德流失的危害性不以为然，其本源在于虚拟感的假象使人们在需要运用理性的时候却踏入虚拟与现实难以分辨的泥淖。如果我们能够把互联网带来的舆论炒作负效果过滤掉，恢复前互联网时代的舆论秩序，那么国家治理或许会轻松得多。但这仅仅是非现实性的假设，我们需要面对的问题是如何应对互联网导致的现实困惑，而不是为了解决问题而取消问题的一切前提。事实上，虚拟社会并非是虚拟感可以任意驰骋的领域，如果受虚拟感的控制而忘记网络行为的限度，就是一种对虚拟社会的越界行为。网络社会和网络生存的虚拟性并不能否定网络社会和网络生存的实在性，网络空间虽然是虚拟无形的，但我们对相应行为的观念与现实领域中的感受是一致的。虚拟社会与现实社会在纯粹的意义上并无区别，"解铃还须系铃人"，网络技术建构的虚拟社会也完全能以技术来实现虚拟到现实的还原。虚拟社会中的信息交往是否需要现实法律的介入，成为虚拟是否需要还原为现实的前提条件。

（二）网络技术的道德难题

道德从网络技术中分离出去，是休谟难题在虚拟社会中的表现形式，网络危机因此归咎于技术本身，而人类会以各种理由摒弃道德。虚拟社会中的个体道德需要并不必然绑定道德实践。博弈论试图为虚拟社会建立新的道德规则，但这一思想实验由于先在的道德判断而陷入困境。由于人们在虚拟社会的初始状态中已然"先知"，使其对于虚拟社会道德规则的有效性失去信心，而语言交流在引入博弈分析之后，也为虚拟社会规则的普遍有效性制造了巨大困难。

1. 身份隐匿与道德困境

针对网络危机的哲学反思，应当从网络技术与道德的关系中分析导致危机的深层原因，其中主要涉及身份隐匿问题、虚拟社会与陌生人社会问题以及事实与价值关系领域中的休谟难题。

如果不承认技术力量的绝对化取消了自由问题，那么网络危机的所指就限定于道德危机，但是更多的人基于虚拟社会与现实社会的区别，认为网络参与者的身份隐匿是网络道德危机的总根源。事实上，身份隐匿并非网络道德危机的独特因素，现实社会中许多侵权行为也与身份隐匿相联系，例如蒙面劫匪、造谣中伤、敲诈勒索等行为都是有意将身份隐藏起来，即便是明目张胆的嫌疑人总会在事后隐身而去，很少有人能够"敢作敢当"。但不同的是，现实世界的身份隐匿出于"故意"，网络参与者的身份隐匿则纯属"无意"，因为网络技术在客观上使个体的身份隐匿合法化。然而，两者的相同点在于，所隐匿的真实客体并不仅仅是身体，而是某种内在感受，如羞耻感。不过，如果认定技术而不是人成为网络危机的始作俑者，那么将责任推托于技术就成为自我逃避的最富有解释力的选择。超越论者的技术哲学观点强调，技术是威胁人类主体及其自由的力量，是一种自主的、强大的非人的力量，技术与人是冲突的，技术首先使人异化于自然，然后是文化，而且还异化于技术本身。[①] 可见，网络参与者能心安理得地逃避责任，就是将技术视为不道德行为的辩护者。

互联网中身份隐匿导致的道德状况，在现实社会中也存在可参照性，网络身份隐匿是现实世界中陌生人社会的技术化和普遍化的形态。陌生人社会是现代经济发展而产生的一种社会现象，表现为人员流动频繁，道德所调节的社会关系和社会人群发生了重大变化，这就使人际之间的不信任

---

① ［荷］E. 舒尔曼：《科技文明与人类未来——在哲学深层的挑战》，李小兵等译，东方出版社 1995 年版，第 2 页。

增加了社会运行的成本，同时引发公共道德领域的危机，如见危不救、道德冷漠等等。网络技术的发明与应用，使陌生人关系领域中的人际性征，随着行为者身份由现实中的生疏到网络中彻底隐匿而在虚拟社会中持续发酵。

虚拟社会与陌生人社会的共同特点是人际冷漠，冷漠是道德危机中更为致命的存在状态。人际冷漠并非"丛林法则"中的"一切人反对一切人的战争"，而是人与人之间的漠不关心。在现实世界中，人际冷漠是现代性主体意识的极端化表现，网络技术则使主体性在虚空间中无限放大。不同之处在于，陌生人社会中的人际关系往往表现为礼节性的疏远，相互冷漠但不至于冒犯，而在网络中不仅疏远而且常常伴随着有意无意的挑衅。

与传统熟人社会相比，陌生人社会和虚拟社会面临着传统道德规范缺失与滞后的风险。有学者认为，传统道德的调节范围是熟人社会，而现代道德则着力调整陌生人社会关系，但陌生人社会依然缺乏适当的规范。[①]对于道德冷漠程度空前超越陌生人社会的虚拟社会而言，尽管出台了许多规则和法令，但在本质上并没有解决网络危机。例如，虽然人们凭借网络技术屏蔽不良信息，但彻底地实现信息对称仍然面临许多困难。这一状况表明，由于现代社会出现了处于传统伦理视野之外的具有崭新性质的活动领域和利益关系，要调整这些活动和关系，必然面临传统伦理学理论和道德规范体系的某种空白而导致的道德困境。[②]

此外，网络技术引发了休谟难题。

网络危机的形成涉及人、技术与道德三种要素。虚拟世界是人类利用技术手段对自然界的人类社会生活进行的人工仿制和再造，人不可能独立于虚拟世界之外，并且在虚拟世界的建构过程中人也被重新构造出来。马克思敏锐地觉察到这一点，指出"技术的本质就是人的本质或人的本质的表现"。[③]但是马克思对"人与技术的实践关系"的彻悟并不能为解除技术危机提供现成的答案。在更多的人看来，休谟难题始终困扰着技术危

①　肖群忠：《儒家德性传统与现代公共伦理的殊异与融合》，《中国人民大学学报》2013 年第 1 期。

②　曹刚：《道德难题与程序正义》，北京大学出版社 2011 年版，第 61 页。

③　［德］马克思：《马克思恩格斯全集》（第 42 卷），人民出版社 1979 年版，第 127 页。

机，这就是如何从"人与技术的关系事实"中推出"人应当如何"的问题。与一切技术危机相似，网络危机的发生学原理如果回避休谟难题的挑战就难以令人信服。

由于不能从事实推出应当，道德就从事实中分离出去，这在人类社会的历史发展中可谓贻害无穷，无论是政治、法律还是经济、技术都不再承担或者并一定要承担道德责任。如马基雅维利主义将道德从政治中分离出来，从而为达到目的可以不择手段；实证主义法学将道德从法律中分离出来，成就了"恶法亦法"；西方古典经济学中将道德从经济中分离出来，使现代人变为"经济人"。对于网络危机，休谟难题的本质是将道德与技术相分离，这样人们就将网络危机归咎于技术，并且以各种理由摒弃道德规范，由此引发的结果就是病毒入侵、信息窃取、色情暴力、诚信沦丧等等所有的灾难性后果。可见，如果从人与技术的关系事实中不能推出人应当如何的话，网络道德就失去了赖以存在的基础与应有的权威。同时也有必要指出，网络技术之于道德与休谟难题并不具有完整意义上的理论重合度，例如网络购票中的"抢票"行为显然在道德意义上无法顾及最急需的旅客，票源分配的原则是时间（先后）标准以及与之相关的技术操作的熟练程度甚至是网络运行速度，因而难以对"秒杀购票"的行为进行道德评价，如果以"技术排斥道德"的方式来判断很难使人认同。

2. 虚拟社会中的道德背反

道德虽然被逐出技术领域，但有一点却无可怀疑，即人的道德需要是难以否认的。正如人的发展权利与拥有不被污染的环境的强烈诉求之间的对立性，在当前的技术条件下寻求两全其美的办法加以解决几近奢望，但绝不能否认每一个人都需要一个这样的环境。

作为对现实社会的复制和模拟，虚拟社会中的交往实践形成了网络道德存在的物质性基础。人类无论生活在现实领域还是虚拟领域，都有着属于自我的价值追求，其中包括精神领域中的自我实现，极端的事例如网络游戏痴迷者对虚拟权力的追求。在通常情境中，如网络中最为常见的话语交往，如果某人观点（并非恶语伤人）屡遭"拍砖"甚至是被人驳斥得体无完肤的时候，彼此之间身份隐匿，但难以掩饰内心中的沮丧和失落。这种感受反映了对他人认同的期待，并且在心灵深处是对尊严的向往，可见个体并没有因为虚拟而丧失自我。由此可见，虚拟社会在交往实践的意义上孕育了主体的道德需要。

道德需要的哲学解释充满了形而上学色彩，与之具有针对性的理论形态是康德的伦理学。康德认为人的道德需要源自对"善"的敬重，说："自律就是人的本性和任何有理性的本性的尊严的依据"①，"绝对善的意志，其原则必须是一个定言命令式……将仅仅包含着一般而言的意欲的形式，而这就是自律。"② 自律无疑是最具有分量的道德话语，康德论证理性有能力为行为的正当性负责，但他的伦理学在现实中的疑点从没有减少过，它与现实社会尤其是虚拟社会的实际需求很不对称，因为道德需要并不必然绑定道德实践。道德需要可以不借助经验事实而仅需理性的自我证成，但很难解释苏格拉底的"无人自愿犯错"与实践中随处可见的明知故犯的矛盾。问题在于，与恪守道德律令的敬重感相比，人们对实际利益的现实关怀更为注重。无论是现实社会还是虚拟社会，人们的真实需求至少要反映道德与利益的一致性。由于人类生存的基础性地位，虚拟社会的生存法则必定是可以决定道德具有实际效力的利益机制。因此，以道德需要去解释网络危机并不能使问题落到实处，网络参与者在道德需要与道德实践之间很难做到一一对应。网络危机的主导者完全可以在理性上承认道德原则，但未必会在行为上执行道德原则，道德需要的效力仅仅存在于康德式的定言命令中，在实践上更多的是有条件的假言命令。即便是康德本人，他虽然强调"出于义务"，但他基于所谓"人类之爱"，也愿意承认"我们的大部分行为还是合乎义务的"。③

舒尔曼显然觉察出康德伦理学的脆弱，他说："实证论者和超越论者都不能真正对未来提供这样一幅前景，在这种前景中，科学与技术拥有一种合法地位，而人类自由也既不遭到排斥，又不被绝对化。这种失败的源泉在于人类的自主假设：人类为自己立法，因而是自我意志的。"④ 在舒尔曼看来，"除非人们普遍允许他们的精神繁荣的利益取得优先于其物质

① ［德］康德：《康德著作全集》（第 4 卷），李秋零译，中国人民大学出版社 2005 年版，第 444 页。

② 同上书，第 453 页。

③ 同上书，第 414 页。

④ ［荷］E. 舒尔曼：《科技文明与人类未来——在哲学深层的挑战》，李小兵等译，东方出版社 1995 年版，第 323—324 页。

繁荣的利益的地位，否则所有将被提出来用以防止计算机统治的措施都不会有任何真正的效果。"① 这就表明，道德必须符合网络生存需要才有可能真正实现。人们能否将道德认知与道德实践相统一，取决于他们对网络生存状态的感受。道德不应当导致网络生活的内在矛盾，道德感受要与生活感受基本兼容。互联网必须能够符合并满足人类实践的理性安排，它必须对网络参与者的权益而不是对道德概念负责。

网络危机的道德难题，实际上提出"如何制定网络道德规范"的问题，而网络参与者的道德需要与道德实践的分离则提出"如何保证人们遵循网络道德规范"的问题。对于第一个问题，F. 拉普曾认为，"有两种办法可以在技术潜力和道德标准之间保持平衡：或者是把技术减缩到现有道德规范允许的水平；或者是相反，制定反映当前问题的道德规范。"② 然而，这两种办法在实际中都遇到困难，就第一种办法而言，已经饱受争议，因为道德自身必须从人的现实生活世界获得自身存在的合理性证明，如果一种道德非但不能促进反而阻碍现代技术进步，这种道德存在的合理性是值得存疑的。③ 而对于 F. 拉普关于"制定反映当前问题的道德规范"而言，势必要应对休谟难题。在不断变化的技术领域中，"事实与价值"的关系应当呈现动态性，这与传统道德规范在网络技术应用之后的局限性有关，因此如何制定新的道德规范成为应对休谟难题的可能性方案。

3. 虚拟社会的博弈论困境

人际交往是制定道德规范的前提。网络技术固然提升了道德内在价值的消解力度，但无法祛除道德的物质基础——交往实践。无论是现实社会还是网络社会，每一个人都与他人形成人我关系，人在虚空间的生存蕴含着人的相互依存，网络参与者在依赖他人中获得了自己在现代技术中的地位。制定道德规范的目的以及规范应有的实效性，在于人与人之间从冲突走向合作并维持这种合作。虚拟社会的规则与秩序建构，一种可能性的选择是依照博弈论原则，来分析和考察网络参与者在理性的前提下最可能做

---

① ［荷］E. 舒尔曼：《科技文明与人类未来——在哲学深层的挑战》，李小兵等译，东方出版社1995年版，第378页。

② ［德］F. 拉普：《技术哲学导论》，刘武等译，辽宁科学技术出版社1986年版，第150页。

③ 高兆明：《技术祛魅与道德祛魅》，《中国社会科学》2003年第3期。

出什么样的选择，这就要对虚拟社会中的初始状态加以虚构，以此来说明网络生存的真实状况。

对虚拟社会进行博弈论分析，是一种类似于霍布斯"自然状态"、罗尔斯"原初状态"的思想实验。通过设计虚拟社会的最初状态，来制定由毫无虚拟社会经历的群体共同认可的交往规则，最终确定能够反映网络生活的思维方式和策略选择模式。按照博弈论的要求，在虚拟社会建构之初达成的共识性规则与实际的网络生存规则之间应当是可以通达的或可过渡的，但虚拟社会的思想实验在一开始就由于先在的道德标准而陷入困境。

在虚拟社会的初始状态下，人们虽然没有虚拟生存经历，但有着现实社会的道德感受。现实生活已经为虚拟社会预设了一定的生活标准，即某种业已存在但又难以符合网络生存原则的道德规则。而霍布斯的"自然状态"与罗尔斯"原初状态"，都是先于道德和政治的状态。如霍布斯的丛林法则表明，自然状态就是一种"一切人反对一切人"的战争状态。此外，在虚拟社会的思想实验中，所有的人都熟悉所处的社会和时代，每一个人虽然对他人一无所知，但对自身状况了如指掌。而罗尔斯无知之幕则是一种"近乎彻底公平"的博弈环境，每个人对自身状况毫不知情，也不知道自己与他人在地位、智力等各个方面的差异，甚至不知道所处的社会和时代。同时，无论是霍布斯的"自然状态"还是罗尔斯的"原初状态"，其策略选择不受任何限制，也不存在善恶是非或者是否允许的问题，人们可以在充分自由的选择中形成策略均衡，然后形成共同认可的政治或生存规则。

与之相比，虚拟社会的初始状态是基于人类社会基础上的技术建构形态，由于在建构之前已经融入多元化的价值元素，因而与"从自然状态到国家"或"从无知之幕到正义原则"的推演相比，如何使先在的道德规则与虚拟社会的初始状态之间平稳接续，会受到许多不确定因素的影响，制定符合网络生存的道德规则将会非常困难。此外，虚拟世界的博弈论不可避免这样的逻辑，即假如援引传统道德规范对虚拟社会提出批评，那么就是对于传统道德的整体性肯定，这一点对于制定网络生存规则也是非常严重的障碍。

基于无知之幕的设计，罗尔斯非常自信地认为，"正义的原则将是那些关心自己利益的有理性的人们，在作为谁也不知道自己在社会和自然的偶然因素方面的利害情形的平等者的情况下都会同意的原则。"① 在罗尔斯看来，能够形成原则共识的人们必须享有"无知"的平等权利，但问题在于，如果人们对自己所欲求的事物以及对任何可能的最低限度的权益都无权过问的话，如何形成对现实社会具有真实性和有效性的预测呢？这确实是罗尔斯理论的短板。不过，这种质疑对于说明虚拟社会的博弈情形显然更有意义。虚拟社会的博弈前提是人们对于"先知"的平等权利，人们在建立虚拟社会之前已经对趋利避害的问题深思熟虑。拥有对如何趋利避害的"先知"平等权，无疑提升了对于网络真实生存状态的说明力，也印证了现实社会与虚拟社会在本质上是可以通达的。

然而，拥有"先知"平等权并不意味着可以在网络参与者之间形成规则共识。实现虚拟社会中的相互合作，必然能够化解下述矛盾：每一个网络参与者既希望虚拟世界适合自己，将自己设定为互联网利益冲突的优胜者，但同时又必须承认他人的同样想法。显然，对虚拟社会秩序的威胁在于每个网络参与者的不合作行为，或者说，每个人的网络危机就是他人的背叛。可见，任何人的限制就是他人的行为选择，任何人的选择都不得不受到他人选择的制约。在虚拟社会的初始状态中已有"先知"的情况下，人们已经深切感受到先在的道德规范在现实社会中无法与利益完美对接，这就使他们对虚拟社会的道德规则的有效性失去信心。网络参与者在表达自己的规则意向中，一开始就不是基于平等的心态来参与的，因为基于平等的参与反而使自己处于最不利的地位，当然不会从社会中潜在的最小受惠者的角度来权衡。

此外，语言交流增加了虚拟社会博弈的复杂性。赵汀阳在《第一哲学的支点》中分析了语言与博弈的关系，他认为罗尔斯与艾克斯罗德试图忽视语言对话对于博弈的重要性，忽视语言活动正是使实验游戏与真实世界难以相通的一个原因。人们通常无法在无语状态下充分知道对方的要求与策略，而必须通过语言交流才能公开问题、摆明情况甚至亮出底牌。② 可见，语言应当是建立普遍规则的基本前提，而虚拟世界的初始状

① ［美］罗尔斯：《正义论》，何怀宏等译，中国社会科学出版社 1988 年版，第 19 页。

② 赵汀阳：《第一哲学的支点》，生活·读书·新知三联书店 2013 年版，第 166—167 页。

态如何达成共识性的规则必定需要语言，通过技术建构的虚拟社会完全是信息场域，语言全程参与到虚构社会运行规则的建立之中。但问题的关键是，真实语言所表达的要求与策略在形成网络规则中产生效用，但不真实的、口是心非的要求与策略则势必使最终形成的规则破坏和瓦解。

　　虚拟社会初始状态中的参与者由于对现实社会中的道德运行状况有着切身感受，在利益最大化的动机驱使下无法辨别其策略愿望的真伪。例如善意的谎言在现实社会中具有正当性，比如对追杀他人的歹徒撒谎，但这一点在虚拟社会中无法准确识别。善意的谎言在现实社会中有特定的对象，但在网络中无法对语言做出具体分析，言论传播速度随着博客、微博等媒体工具的应用呈几何级增长，这正是网络谣言具有灾难性后果的症结所在。正如赵汀阳所担忧的，"语言的欺骗性增加了博弈的复杂性，使人们难以形成共同知识和共识，因此，大多数情况下，语言的加入反而使博弈变得更加无常预测。"① 或许罗尔斯和艾克斯罗德是明智的，他们事先预料到语言在博弈中会制造麻烦。然而，语言的副作用在网络初始状态的规则建构中是不可避免的，这就为实现虚拟社会规则的普遍有效性制造了巨大困难。

　　总之，从技术与道德的关系、人的道德需要与道德实践的背反以及虚拟社会中博弈论的困境来看，都无法在虚拟社会中解决"如何制定道德规则"以及"如何保证人们遵循道德规则"的问题。事实上，这种理论悲观不仅源自网络危机，更是关于网络危机的哲学反思的根本问题。这些问题必将与人类网络生活的快乐永久共存，但解决这些问题也必须成为人类永不放弃的目标。

---

① 赵汀阳：《第一哲学的支点》，生活·读书·新知三联书店 2013 年版，第 166—167 页。

第四章　社会道德问题(下)

　　道德哲学研究的现实指向在于攻克当代社会道德领域突出问题的理论瓶颈，由此展开以问题为导向的研究路径，即应当指向社会道德问题的本质以及个体道德的形成机制。因此，当代中国道德哲学在理论分析上既区别于以思辨形而上学为特征的西方道德理论，也不同于近年来以哲学构思为范式的研究路向。为了使道德哲学的现实分析具有坚实的理论基础并且最大限度地展示其社会实效，必须建立符合有效研究目的的理论前提。道德哲学研究有必要深刻分析当前社会成员利益冲突的根本原因，并试图探寻相应的解决方案。虽然道德力量在现实社会中总是十分屡弱，但任何其他的力量却永远不能像道德那样对人类产生持久而深远的影响。

第一节　侵犯意向假设

　　今天，我们尤其要关注的是一些严重的社会道德问题，主要体现为人与人之间的利益侵犯，包括人格侵犯、财产以及身体的侵犯。侵犯意味着对个体权益的漠视以及对道德规范的故意蔑视，道德哲学的应用性研究需要做出理论回应，致力于揭示问题的前提和本质。

　　个体权益不受侵犯是人类生活的最低要求。赋予人类个体免于伤害的自由，是政治哲学和法律体系中"自由"限度的道德前提，也是人类进入理想社会的基本要求。在道德哲学上，权益不受侵犯是伦理底线，每个人在面临社会交往的时候首先关注的问题是不被侮辱、不被欺骗以及私有财产和身体不受侵犯的自由，这是人类个体安身立命的基础，它同时受社会道德规范和法律规范的维护。

　　人类社会中发生利益侵犯的条件是存在有需求价值的东西。人们大概除了可以自由地呼吸空气，其他很多东西往往是许多人为了获得它而需要努力竞争的对象。价值存在于具有等级和优劣意义的伦理实体中，一个人对一件事物的热衷之所以被别人看来有相似的感觉，是因为个人所追求的价值是在集体观念上才具有意义。在生活世界中，竞争意味着人对人的超越，屡战屡败依然百折不挠就是为了获得比较优势。无论是职位、地位还是其他各种利益竞争，其价值就在于获得对他人而言的某种超越性。由于人们对利益的需求是从对比较优势的观察和体验中获得的，所以人们在心理意识上难免贪得无厌。

这种利益竞争的事实表明伦理学如果离开人的经济生活就没有意义。利益关系的存在，使经济学中的人性假设为伦理学理论研究提供了重要的参照价值。经济学中的理性人假设，是基于每个人都追求利益的最大化，因而假设人总是利己的。任何一种道德理论都可以宣扬利他主义，但不能否认人的利益需求，也不能因为人类个体有利他的倾向而否认个体同样具有利己的冲动，这是几千年以来私有财产关系的客观发展所验证的事实。这一判断的理论来源之一是马克思的异化劳动理论，马克思明确地说："私有财产是外化劳动即工人对自然界和对自身的外在关系的产物、结果和必然后果。"① 按照马克思的理解，只有当人与自然、人与人之间成为一种感性对象性关系，人与自然、人与人之间的矛盾得到真正解决，私有财产关系才能彻底瓦解。也就是说，只有在私有财产关系彻底消除的情况下，理性人的假设才失去了必要的现实基础。

理性人假设的目的并非是要说服人们确信人类个体的自利，因为自利本不需要怀疑，自利的假设是为了寻求符合正义的秩序和相应的规则。如果每个人都追求利益最大化，就为人与人的利益侵犯设定了前提，因此要建立必要的制度来防止一些人的正当利益被他人侵害。理性人假设的逻辑很简单，就是假定存在坏人，是为了保护好人。需要注意的是，理性人的假设与人性无关，前者的依据是理性，后者的依据是天性，是每个人生而有之的本性，但理性并不是人固有的东西，理性的形成需要人类历史中的感性经验。

不论是人性假设还是理性人的假设，在理论上都有令人困惑的地方。

———————————

① ［德］马克思：《1844 年经济学哲学手稿》，人民出版社 2000 年第 3 版，第 61 页。

对人性假设反驳的依据是现实的社会关系，在哲学上体现为现实的人的活动和思辨形而上学的对立。对于理性人假设的质疑在于，这种假设所关注的人的利益需求其实并不符合人的真实利益。理性人的假设具有方法论的个人主义特征，从单一个体利益出发的排他性追求需要面对他人和社会的激烈反对。而伦理关系表达了人类生活的共存原则，这是每一个人类个体不能逃避的前提。在这个意义上，理性人的假设恰恰体现了不充分的理性。

因此，理性人的假设不能涵盖人的完整生活，对人的需求的理性分析并不符合完整意义上的个人主义，正如涂尔干指出："理性主义不过是个人主义诸多方面中的一个方面而已：是个人主义的知识层面。"[①] 从根本上讲，对理性人假设的反对，总是基于人的社会本质，因为现实的个人必须在社会关系中考察生活的意义。当然，我们也可以认为道德层面的理性人假设与经济学中的理性人假设是两个可以孤立分析的问题，后者无须像前者那样涉及人的自我实现及其价值理由，或者说后者的理论意义在经济学范围内更为有效。

如果说理性人假设具有负面的意义，那么就有可能赋予人们基于普遍理性的狡辩。人类个体作为理性的存在者，可以在同类之间进行同类行为及其准则的推演，在这种推演中不仅包含符合道德精神的行为，例如我们经常听到见义勇为的人坦言"无论是谁碰到这种情况都会这样做的"，而且也包括不符合道德精神的行为，比如自认为运气太差的贪官会强调那些运气好的官员也是贪官，只不过他们没有原形毕露。这两种推演模式在生活中是经常出现的，不过就符合道德精神的行为而言，推演具有强烈的谦逊意味，但对于不符合道德精神的行为的推演则反映了个体倾向于把错误的理由普遍化并以此为自己开脱。后者的推演逻辑显示，如果我们采取人性自私的理性假设，并且把自私看作某种"恶"，那么自私的行为取向就被默认为追求利益最大化的普遍法则。

同时，我们需要关注的问题还有，理性人的假设无论在社会治理领域、经济学领域具有何种理论价值，也无论对理性人假设的质疑是否消解

---

① ［法］涂尔干：《涂尔干文集》第 3 卷，陈光金、沈杰、朱谐汉译，上海人民出版社 2001 年版，第 15 页。

该假设的实际意义，这种假设对于伦理学研究尤其是现实道德生活而言，还没有触及问题的本质。比如说，自私当然不能被看作是道德上正确的选择，但自私还不足以为一些道德领域中的突出问题承担心理意义上的道德风险。

在现实道德生活中，需要倾力专注的问题是欺骗、诈骗、背叛、口蜜腹剑、人心险恶等等直接性的人为侵犯或者潜在的侵犯风险，这些问题要比作为普遍人性的自私、利己等普遍的思维意向要严重得多。因此，理性人的假设在严重的社会道德问题上缺乏相应的解释对策，我们需要关注的真实问题是分析侵犯形成的条件以及如何避免人与人之间的侵犯。因而，如果我们认为理论假设对于分析和解决严重道德问题仍然是必要的，那么假设"任何人都具有侵犯的意向"要比"任何人都是自私的"更有客观的理论价值。

假设"任何人都具有侵犯的意向"的依据既不是理性也不是人性，而是基于经验事实的基础，因为在我们日常生活中确实发生过并且正在发生人对人的侵犯，各种各样的欺骗、诈骗、背叛、侮辱几乎每天都在上演，敌意、口蜜腹剑、险恶用心等侵犯意图随时潜伏在人际交往之中。但即便如此，侵犯意向假设看起来仍然让人难以接受，因为它对于原本善良的人来说并不公平，你可以说每个人可能都是自私的，但不一定具有侵犯意向。实际上，这两种假设的区别，就可接受性而言在于不同程度的道德评价。因为即便是假设人性自私、自利，也会引起一部分人的反对，甚至被那些坚信崇高道德理论的人所蔑视。

为了深入探讨这两种理论假设，我们可以采取另一种分析思路。例如，我们可以做出相反的假设——"每个人都奉行利他主义"和"每个人都不会侵犯他人"，并进一步分析这些假设所引起的担忧。（1）如果人们接受"每个人都奉行利他主义"，结果不仅是否定私有财产关系的客观性，而且意味着社会的整体颓废。人的利益需求是客观存在的事实，利己无所谓人性本善还是人性本恶，因为人对利益的索取是自然的，利己不是错误。自私在道德上是不正确的，但在现实生活中并非一定具有严格的恶意。如果说自私是错误的，那么自我实现也就缺乏相应的价值支撑，假如每个人都奉行利他主义，例如一个学者可以通过放弃研究、庸庸碌碌来使另一位学者成名，商人可以放弃自己的事业使别的商人盈利甚至市场垄断，可以想象极端的利他主义只能使社会倒退。一个缺乏竞争机制的社会是停滞不前的社会，为了避免因相互竞争所导致的道德问题而避免竞争只能是因噎废食。（2）如果人们接受"每个人都不会侵犯他人"，这种假设是最理想的状态。但毫无疑问，每个人都不会天真地相信人与人互不侵犯，显然这一假设缺乏基本的可信度。人们宁愿相信"每个人都有侵犯意向"，从而抱有"可能被侵犯"的防备意识，这符合"防人之心不可无"的生活常识。

这样，如果我们在"每个人都是自私的""每个人都奉行利他主义""每个人都不会侵犯他人"以及"每个人都有侵犯意向"等四种假设中做出选择的话，就能深刻体会到选择的倾向性显示出人们对生活的忧虑。正如罗尔斯原初状态理论一样，你需要从每个人的自我利益的态度与抉择中来谋求最好的结果。然而最好的结果首先必须是建立在安全需求的基础上，这是生活的底线思维，它表明我们应当选择的是那些能够排除对自己最不利的可能与担忧，也就是把自己放在最不利的情况下去思考。因而选择最佳理论假设的理由，首先是对某种假设的可信度进行分析，不是什么最令人向往而是什么最令人担忧，你只有选择应对风险才有可能预防和排除风险。最具风险的选择表明人们没有理由去相信美好的承诺，而是首先承认居安思危。理论假设的状态越优，就越不被人信任；理论假设的情况越糟，越符合人们做最坏打算的心理。显然，在这四种理论假设中，"每个人都有侵犯意向"是最糟糕的情况，是社会危害程度最严重的假设，以至于不选择这样的假设就不符合人的理性预期。自私不一定意味着侵犯，比如道德冷漠具有利己的愿望，但它还不是侵犯，冷漠的危害程度要低于侵犯，尽管冷漠在很多情况下因侵犯而产生。侵犯是最严重的不道德行为，侵犯并非一定利己，也可能是损人不利己。你只有想象到可能遭遇的侵犯，才能想办法避免被侵犯，这是生活中最为直观的思维逻辑。

因此，在人与人的关系中，假定"每个人都有侵犯意向"比假定"人是自私的"更符合社会道德治理的要求。侵犯意向假设的目的是解决问题，这种假设一定会被善良的人质疑莠不分，但它不是对善良的人的误解，而是为了保护所有的人，既包括心地善良的人也包括居心险恶的人，因为无论是什么人都可能被他人侵犯。这种假设也并非认可人与人的侵犯是社会常态，而是在当前社会道德领域中的突出问题尤其是权益侵犯、诚信缺失的情况下的一种必要的警惕意识。

侵犯意向产生的根源是人类对利益的争夺。人类社会在私有制产生以后，利益冲突成为社会关系的基本特点之一。人类的生活过程在本质上是利益索取，其中物质利益的创造来自于社会生产力的发展，利益分配取决于物质生产方式，体现了人与人之间的交往关系。因此，人与人的交往在本质上是一种利益交换，这是社会关系及其利益分配的微观表现。在交往中，人们不仅关注物质利益，还重视精神利益的占有。例如，无论是平等交易还是攀附权贵，其目的都是为了物质利益，而与亲人、朋友交往，是因为可以从亲情和友情中获得幸福。人们总是在与人的交往中才能形成对利益的深刻认识，同时几乎所有的重大道德问题都与利益交往有关。围绕利益冲突的不仅是政治关系、经济关系和法律关系，还有作为这些关系之深刻背景的伦理关系。因而，在所有的现实困惑中，凡因利益冲突而引起的道德问题成为人类生活的困扰。

从社会发展的规律和前景来看，共存与共赢是社会成员的客观取向，许多看似不兼容的关系实际上具有共同的价值目标，现实生活中的一些冲突行为往往发生在那些本来不应该具有利益冲突的关系范畴。例如，检察官和律师作为控辩双方在形式上是对立的，但他们的价值目标都是司法公正；质监人员和制造商是监督与被监督的关系，但二者的良好愿望都是为了更好地服务社会；摆脱病魔的纠缠则是医生和患者的共同追求。可见，共同的目标是建立利益共同体的前提。然而在现实生活中，原本利益一致的双方却存在着利益冲突和利益侵犯。究其原因，这种冲突和侵犯不是基于正常的利益诉求，而是人们超越应有利益而谋求利益的最大化。在利益的天平发生倾斜的时候，违反职业操守、权力滥用、为所欲为、良知泯灭就成了一切冲突的根源。

这种违背利益共同体的利益冲突与利益侵犯，具有强烈的主观色彩，因此成为伦理学关注的重点问题。那些不是以直接侵犯为目的的利益冲突，不具有道德属性。例如，许多人在网络上同一时间抢购少量的商品，虽然大部分人成为利益冲突的失败者，但不能说他们受到利益侵犯。对理性的个人或组织而言，主观性的利益侵犯总是以非法或不公正的方式完成的，比如在上述网络抢购的例子中，如果一个人为了抢购成功而故意破坏其他人的网络，这就构成利益侵犯。在销售同类产品的商家之间存在着利益冲突，但是这种冲突符合消费者的愿望。只要符合市场规则，即便是这种利益冲突的结果导致了任何一方完全破产，对于社会总体福利而言也是必要的。有些人把社会道德问题简单地归咎于市场经济体制，认为利益冲突是不道德的根源，这种认识是片面的。市场经济本质上是法治经济，遵循自由平等的交换法则，因此严格按照市场规则进行经济活动，就不应该产生对合法利益的侵犯行为。经济关系中发生的道德问题，市场机制不是天然的始作俑者，而是市场经济发展不成熟这一历史阶段的必然产物。人们往往以西方发达国家完善的市场经济制度为标准来反观发展中国家暂时存在的市场道德危机，而不去认真思考不同的历史发展阶段的客观差异。

在伦理学关注的利益冲突和利益侵犯中，最具有讨论价值的是对社会生活具有危害性的侵犯行为，而不是违反社会公德的行为。例如，特定关系双方之间的冲突与偶然性的利益冲突相比，前者具有社会的危害性。云南某工厂的工人与山西某县城的农民之间一般不会发生冲突，如果说有冲突，也不是蓄意侵犯，而是偶然性的冲突，比如他们碰巧在某旅游景点发生争执。偶然性的人际冲突或侵犯，并不对社会稳定构成本质的冲击。

总之，社会治理的基本目标是促进人类个体的合作。道德的生成大概在于人们对社会交往可能引发的彼此侵犯进行防范的要求。道德规范的普遍性要求每个人都要过道德的生活，要在生活中尊重他人，也要在与他人的竞争中遵循公正的原则。公正原则下的名利之争，也同样会导致失败者顾影自怜。这样，利益之争就变成哲学问题，也就是对人生哲学的思考。由于互相攀比的普遍化，许多人感叹生活之累，但是人们不会因为生活的累而放弃生活。因此，道德哲学还要试图应对那些自暴自弃的心理问题，这就是对名利之争中挫败感的现实关怀。

第二节　道德标榜与伪善

道德是一个反映社会关系理想状态的概念，道德规范用来指导并约束人的社会行为避免人的任意性。从道德的要求出发，产生了道德的作用方式，由于道德对每个人的要求具有普遍性，每个人也就有义务遵守道德，从而将道德规范内化为良好的个人品德，这样道德就成为人的目的之一。此外，当我们需要知道一个人的行为是否得到社会认同的时候，道德也就具有了评价的功能，包括按照道德的标准评价他人的言行，也包括个体对自身的评价。道德的评价功能表明道德具有工具性的价值。道德作为一种工具性的存在并不否认道德本身，因为在个体生活面前，一切因素都有理由还原为工具。这大概是对功利主义哲学最体面的辩护，道德正是作为工具理性才能建构起最大多数人最大幸福的大厦。道德评价是人类把握世界的一种方式，道德只有成为评价标准才能成为人类个体自我实现的指标之一。

　　然而，道德的评价功能并非是客观的，这倒并不是说善与恶的道德相对主义所制造的伦理困惑，也不是与事实评判中的是非客观性相提并论，而是说作为评价标准的道德，一方面可以判断行为的善恶；另一方面个体可以利用道德的评价属性进行自我辩护，并极易引起自我道德标榜和伪善。

一　道德标榜

　　在对道德标榜做出理论分析之前，我们首先从现象层面加以说明。

　　（1）道德标榜以道德的理由来对不道德行为进行辩护。例如，殴打小偷致其重伤甚至死亡或者对小偷采取羞辱式惩罚本来都是违法行为，但实施者常常以道德义愤的名义为自己开脱，并获得社会公认的道德假象。在这种行为中，道德标榜是以正义的化身出现的，表面上体现了对社会正义的维护，其实是向社会传递个体正义的信号。这种行为对于社会而言并非最优效果，实施者考虑的仅仅是个人的名誉而不考虑社会的成本和收益，法律正义在道德标榜中显得无关紧要。只要获得某种道德的理由，就具有了天然的道德力量，就可以为所欲为，以维护公共利益为名践踏法律和正义，例如采用违法手段暴力拆迁。此外，基于"为了义务而义务"而不论是非善恶、以执行上级命令为由对残杀无辜百姓进行辩护等等。总之，只要能找到行为辩护的理由，而不论这种理由是否违反了自然法原则或基本常识。

　　（2）道德标榜往往伴随着对民意的绑架。从本质上讲，道德标榜是作为工具道德的异化，而并非是对道德工具价值的贬低。道德标榜的根源是假借道德的天然正义，并且与民粹主义纠缠在一起。据报道，一名女性盗窃者声称其盗窃对象是贪官，从而谋求减轻处罚，这一事件被许多网民称赞，并称之为"侠盗"。盗窃的行为首先是违犯法律的行为，违法必定违反道德，这样的辩护无疑是基于民粹主义的道德标榜。同样，上文中提到的殴打或羞辱小偷，实施者之所以能够以道德自居，也是利用了民众对小偷的愤恨。再比如，刑事侦查中存在以"命案必破"为由违反程序正义的行为。事实上，"命案必破"主要是反映侦查人员的强烈责任感和对刑侦工作的信心和决心，是主观性的思维，并不意味着客观上的绝对实现。如果以"命案必破"为由对嫌疑人进行刑讯逼供，就是以主观思维取代客观推理。另外，人们内心深处那种"对待恶人无论怎么做都不过分"的观念，使刑讯逼供基于民众对罪行的愤恨情绪居于道德制高点，这就使违反程序正义的行为披上道德的外衣。

（3）道德标榜强调空洞的动机和善意。道德标榜掩盖了行为惰性，成为碌碌无为之人惯用的伎俩。例如，没有功劳的人强调苦劳，工作失误的人声称自己多么尽心尽力，用道德来掩饰不思进取，以道德动机来开脱行为责任。德才兼备是评价人才的标准，在实际中我们执行道德上一票否决制。这一点本身没有错，但这种评价方式忽视了道德标榜的动机。按照康德的善良意志原则，一个人的知识和技能既可以做好事也可以做坏事，所以拥有善良意志是必要的，做人是做事的前提。"做人"虽然是对"做事"的内在超越，但离开务实的"做事"空谈"做人"是毫无价值的，因为不违反道德要比奉献社会往往更容易，以至于道德如果被标榜，就为虚伪留下了空间。

从以上阐述可知，道德标榜立足于道德制高点，是行为者借助某一道德原则的绝对性来实现的。在道德哲学层面思考道德标榜，主要与严格的义务论和对功利主义的庸俗化理解有密切的关系。

首先，道德标榜是道德价值不确定性的产物，是严格的义务论理论本身不可避免的问题。某种行为具有道德的价值还是非道德的价值，是严格的义务论和功利主义的区别之一。严格的义务论认为，只有出于善良意志的行为才具有道德价值，该行为才是道德上正确的行为，如果行为的价值是依靠行为产生的后果来评估的，就是非道德的价值。在理论上，如果严格的义务论可靠的话，出于善良意志的行为因具有道德价值而显得神圣和崇高，这样就不存在道德标榜。问题在于，严格的义务论所指的道德价值在形而上学的视域之外是无法确定的。如果有人宣称自己的行为出于善良意志，你可以怀疑但无法认定。因为自我意识属于超感性世界，超感性世界中的道德价值，为道德标榜提供了绝对意义上的支持。当别人无法判断某一行为是否真正出于善良意志的时候，就为道德标榜创造了心理条件。但道德标榜绝非"应当如何"，应当如何不是标榜而是歉抑。道德标榜是自我意识活动的反映，这种自我意识是在封闭的意义上把自我作为对象的意识，那么道德标榜就不是在社会关系层面认识道德评价，而是把道德当作自我来看，混淆了自我和道德之间的对象性关系，因而在道德标榜的意识结构中包含着明显的矛盾，这是思辨形而上学自身无法解决的矛盾。

其次，道德标榜产生于功利主义的庸俗化理解。道德标榜的理由可以是行为的道德价值，也可以是行为产生或可能产生的公共福利。道德价值在形而上的层面体现了道德的神圣性，也会在形而下的社会领域中滋生自我道德标榜，成为公共利益表象中夹带的私货。在这一问题上，以真实公共利益为取向的功利主义确实蒙受了躺着中枪的无奈。道德标榜的行为在很多情况下以严格的义务论为自己辩护，但在本质上利用了功利主义理论的弱点。例如，殴打小偷的人认为其行为可以对偷盗行为进行震慑，从而有益于社会公共利益。但这种认识是对功利主义的庸俗化理解，法律正义才是最根本的社会正义。

自我道德标榜本质上是以价值掩盖事实，价值可以任意做出解释尤其是做出有利于自我的解释，但事实如何在特殊情况下被价值判断所左右。道德标榜的负面效应表明，重视道德建设并不意味着道德居于至高无上的地位，道德不具有解决一切社会问题的力量，否则道德不是被推崇而是被贬低，从而摧毁了社会的道德信任。社会道德建设是综合性的系统工程，制度因素尤其是法律对道德建设的作用正在受到社会的广泛关注，底线道德思维应获得足够的重视。从这方面讲，道德之所以成为自我标榜的对象，就在于遵守道德要比遵守法律更加崇高，因此很少有人标榜自己遵守法律，因为法律是底线行为，标榜遵守法律不意味着崇高。如果一个人的行为仅仅符合法律的要求，就失去了高尚的品德。一个人一生之中不违犯法律比较容易，但从来不违反道德似乎很难。

从严格的义务论和功利主义出发分析道德标榜，两种分析路径的共同特点在于，拒斥私人利益是道德标榜的体现。严格的义务论从根本上排除了利益等感性因素，功利主义为道德标榜创设了公共利益的假象。不同之处在于，严格的义务论是从道德价值的不确定中为道德标榜创造了无可争议的条件，而基于公共利益的功利主义则使道德标榜在一开始就产生蒙蔽的效应，当一个人基于公共利益的理由谋取私利甚至侵犯他人权益的时候，道德标榜就不可避免，并常常以伪善的面目呈现出来。

二　伪善的认定

伪善在于主观性的恶加上虚伪的形式，黑格尔指出："即首先对他人把恶主张为善，把自己在外表上一般地装成好像是善的、好心肠的、虔敬的等等；这种行为不过是欺骗他人的伎俩而已。"① 伪善不仅要有虚伪的形式，还要有冠冕堂皇的承诺，倘若找不到一个恰当的理由，就无法掩饰自己内心的虚伪。人们对伪善的痛恨在某种程度上超过明目张胆的恶，因为对后者可以直接进行道德谴责，而伪善所隐藏的恶意扑朔迷离，其所导致的侵犯性不仅是不道德的，还附带智力的蔑视。伪善尽管是现实生活中的普遍现象，但如何不偏不倚地认定伪善在理论上不是一个简单的问题。

（1）伪善的认定不能来自于超感性世界的道德价值判断。

关于伪善的认定标准是一个重要问题，因为伪善关乎人格尊严，是一种道德上非常严厉的评价，因而在认定上需要慎重。某些观点认为，伪善的认定不仅是对善与恶、真善与假善的区分，而且涉及善之来源的考察，这就要求把道德价值作为区分伪善的标准。按照康德的伦理学，凡是出于善良意志的行为都不是伪善，凡是那些不是出于善良意志的行为都是伪善。但问题在于如何区分行为是否出于善良意志，这个问题无法解决，就无法认定伪善。善良意志只能是理论本身的要求，而意识内部的真善还是伪善是他人不能过问的。黑格尔说："道德的观点，从它的形态上看就是主观意志的法。按照这种法，意志承认某种东西，并且是某种东西，但仅以某种东西是意志自己的东西，而且意志在其中作为主观的东西而对自身存在者为限。"② 例如，某种行为有可能是真善也可能是伪善，如果伪善不为外人所知，那么他人就会造成误判，但其本人可以对自己的行为是否道德心知肚明。黑格尔在谈到道德的诡辩时指出："一般观念可以再进一

① ［德］黑格尔：《法哲学原理》，范扬、张企泰译，商务印书馆1961年版，第148页。
② 同上书，第111页。

步把恶的意志曲解为善的假象。它虽然不能改变恶的本性，但可给恶以好像是善的假象。因为任何行为都有其肯定的一面，又因为与恶相反的那种善的规定同样是属于肯定的方面，所以我可以主张我的行为在与我的意图相关中是善的。因此，不仅在意识上，而且在肯定的方面，恶是与善相结合的。如果自我意识对着他人号称自己的行为是善的，那么这种主观性的形式是伪善。"①

然而，正如我们已经论证的道德标榜只是在意识内部有效，而关于伪善的认定与那种出于善良意志还是出于公共福利的行为道德价值区分是不同的问题，后者不是善恶的区分，只是在道德价值判断上存在分歧，或者如何判断行为在道德上是否正确有严格的界限。按照严格的义务论来区分伪善，其实并没有实现真正的区分，反而把伪善普遍化和绝对化。由于善良意志是自我意识，如果按照严格的义务论来判断一个人的行为是不是伪善，就会把一切看起来善的行为都看作是伪善。善良意志以及道德价值的存在的确可以维护那些自诩为遵守严格义务论的人的崇高，这在理论上是不容置疑的。反之，如果严格的义务论是可行的，那么世界上就绝对没有伪善。总之，无法在超感性世界来区分伪善，无论说是真善还是伪善都没有意义。另外，对于伪恶也是如此，伪恶的目的是真实的善，一个人为了善的目的会使他人做出不道德的判断（比如善意的谎言），但本人对其道德感自我认同。无论是伪善还是伪恶，都反映了主体意志仅仅对自身有效，这是超感性世界不可避免的问题。

因此，如何认定伪善的前提是能否认定伪善。如果在自我意识领域中无法认定伪善，这就涉及一个不可回避的问题，伪善是不是一种我们确实认为存在但我们又无法区分的问题？或者说，如果我们因为不能判断伪善的存在而否认伪善，这样做是否合理？伪善的分析是否要遵循疑罪从无的原则？这就像一个人明知道自己有罪，但法院却没有证明他犯罪的证据，那么这个人依然是无罪的，当然依据疑罪从无的原则做出的无罪判决并不等于这个人确实无罪。当然法律上的疑罪从无与道德世界中对伪善的认定不同，疑罪从无的操作原则是知识性的，但在伪善问题上我们无法排除合

---

① ［德］黑格尔：《法哲学原理》，范扬、张企泰译，商务印书馆1961年版，第158—159页。

理怀疑。

（2）善的自愿性与非自愿性与伪善的认定无关。

倪梁康在谈到舍勒对伪善的分析时认为，由于人为的、社群有效的道德是约定的，因而一个善行的动力便有可能只是来自约定的群体的压力，而完全与出自个体的意愿无关。这样的善举，带有"不得不做的"性质。例如，如果对一个人来说，孝敬父母仅仅是一个不得不完成的义务，那么他的孝敬就含有伪善的因素。在这个意义上，康德倡导的义务论也无法避免伪善的现象。因此，舍勒对康德的批评有它的道理：如果一个人不是出于本意，而只是为了尽自己的义务才来做善事，那么他就坠入了伪善之中。①

按照这一分析逻辑，伪善的认定与善的要求层次有关，但不难看出，这种分析在本质上无法排除行为道德价值理论的影响。如果说自愿的恶表达了自由与责任的直接相关，那么只有出于自愿的恶才具有道德责任。但就善本身而言，无论是自愿的善还是不自愿的善并不承担道德责任。假如一个人孝敬父母是出于社会的压力，那么就需要考虑，如果一个人在此前没有孝敬父母，但自从受到社会谴责以后开始孝敬父母，那么这个人确实是因为社会压力才孝敬父母的，但此时的行为不能说是伪善。因为他已经知道别人认为他孝敬父母的行为发生在社会谴责之后，也就无所谓伪善。总之，孝敬父母不论是对养育之恩的自愿回报还是迫于社会压力所致，两者都是善，而不能把后者视为伪善，否则就在现实生活中扩大了伪善的存量。如果我们把非自愿的善看作是伪善，那么一个人为了挣钱养家糊口而被迫认真做自己不愿意做的工作，是不是也是一种伪善？伪善之所以是伪善，前提必须是他人认为行为者本人具有恶的意识动机。因此，在善的形式要求层面上对伪善的区分，仍然是在道德价值的意义上进行判断。但伪善不是善而是恶，对伪善的区分是善恶的区分，而不是对善的形式的区分。

（3）伪善认定中的心理利己主义原则。

对伪善的认定在很多情况下获得心理利己主义的支持。按照心理利己主义理论，任何行为都具有自我利益的动机，因而按照康德严格的义务论

---

① 倪梁康：《论伪善：一个语言哲学和现象学的分析》，《哲学研究》2006 年第 7 期。

的标准，凡是出自心理利己主义的行为都是伪善。在心理利己主义看来，任何善的行为都是出自行为者的利益，没有与自身利益无关的道德行为。那么，心理利己主义就会把促进自我利益的行为认定为伪善。例如，如果一个母亲对自己子女的关心是出于母爱，那么这里不会出现伪善的问题；但如果一个母亲对自己子女的关心完全是出于养儿防老的算计，那么这种关心就含有伪善的因素。①

　　按照心理利己主义的分析思路，显然使伪善的认定简单化。由于心理利己主义试图按照一个单一的自利原则来说明和解释人的行为，认为一切行为都是伪善的。休谟对这一问题有精彩的描述，他说："所有仁爱都是纯粹的伪善，友谊是种伪善，公共精神是种滑稽，忠实是种谋取信任和信赖的圈套；我们暗地里都只是在追求我们自己的个人利益，在这个时候，我们就披上了那些漂亮的伪装，以消除他人的防备，使他们更容易暴露在我们的阴谋诡计中。"② 这样，按照心理利己主义理论，我们必须认为那些恪尽职守的人是伪善的，但是人们之所以尽职尽责的工作，首先是为了确保利益需求，使之成为生存的必要基础，而既不是为了义务而履行义务，也不是为了增加福利。尽职尽责在最初的意义上是为了生存，一个人首先能够生存，才可以行善。在生存论的意义上，给任何行为披上伪善的外衣都是没有意义的。只有在存在论意义上可以为行为的正当性辩护，假如某种行为出于生存的考虑，就不能算是伪善，倘若一个人连生存都是问题，即假如无任何生存手段、无任何依靠、缺乏任何的制度保障，那么善恶就不是什么问题了。可以说，心理利己主义和康德的严格义务论是认定伪善的两个极端，前者认为一切行为都是伪善，后者从一开始就排除了伪善的怀疑。

　　因此，对伪善的合理认定，后果主义的评价标准注定是不可缺少的。考虑到严格的义务论仅仅在意识内部有效，因而无法为伪善提供任何事实上的依据，既不能证伪也不能证实，所以对伪善具有实质意义的考察，只能在感性世界才是有效的。如果我们从某一行为是否有益于他人福利或增

---

　　①　倪梁康：《论伪善：一个语言哲学和现象学的分析》，《哲学研究》2006 年第 7 期。

　　②　David Hume, *Enquiries concerning Human Understanding and concerning the Principle of Morals*, p. 295.

进公共利益的真实性出发，伪善的认定就具有足够的说服力。

（4）伪善认定中的道德相对主义原则。

道德相对主义不承认存在普遍有效的道德原则，认为道德判断只有在特定历史和文化的语境中才具有确定性。如果承认"不同的文化决定了不同的道德规范"，那么只有在特定的文化中才能对伪善做出判断。但我们一般认为，伪善成立的条件是必须承认存在着对"恶"的普遍有效的判断，如果不存在确定的"恶"，伪善就无从谈起。因为当我们说一个人是伪善的时候，他必须是在善意表象的背后具有险恶用心。

那么，问题就在于必须思考伪善的存在境遇。在道德相对主义与伪善之间，就存在以下可能的结论。如果我们认为伪善的前提条件是存在客观的道德真理或者是客观的反道德行为，那么在道德相对主义前提下就无法区分伪善。例如，假如认定任何情况下杀死婴儿都是错的，那么无论出于何种理由来为杀死婴儿的行为辩护都是伪善；假如杀死婴儿的行为在道德相对主义立场上获得有效辩护，那么就不能认定"对杀死婴儿的进行辩护"是伪善。也就是说，如果承认"道德的确定性只有在特定的文化中才有效"，那么伪善的存在也必须是相对主义的，按照道德相对主义的原则，像"爱斯基摩人有杀死婴儿的行为"在特定条件下是道德的。那么，宣扬这种行为在道德上是正确的就不能被视为伪善。

三　道德标榜与伪善的比较

道德标榜和伪善是人们生活中普遍的现象，也是伦理学理论中很少被关注的重要问题。基于道德标榜和伪善的概念分析和认定，可以从以下几个方面对两者做出进一步的比较分析。

（1）伪善和道德标榜的分析认定语境。

道德价值是伪善和道德标榜的分析语境，涉及义务论和功利主义的规范伦理学理论。康德义务论伦理学强调道德价值的形而上学本质，追问道德主体的行为动机，排除自我利益的感性因素，为道德标榜建立了先验基础。这样，只要无法解决道德价值是否具有确定性的争议（在形而上学领域是无法解决的），那么独断论意义上的道德标榜成为可能。但行为是否出于善良意志不能成为伪善的认定标准，否则世界上就没有善行可言。由于不能确定行为是否出于善良意志，因此不能从对行为是否出于善良意志的质疑中推出任何行为都是伪善。

功利主义视域中对伪善和道德标榜的分析，是对感性世界中行为的考察。道德标榜的理由是公共利益，伪善的外在表象既可以是公共利益的假象也可以是特定受害人的利益假象。伪善的认定在感性世界而不在超感性世界，否则伪善的认定就没有具体的标准。总之，对道德标榜的认定，既可以是感性世界也可以是超感性世界，而伪善的认定只能是感性世界。

（2）伪善具有恶的意向，道德标榜是对伪善的辩护。

伪善是行为具有的恶的意向，是用善良、正义的外表掩饰内在的虚伪。在现象层面上，伪善就是"假装做好事"，但语言世界不能反映心理世界，语义学可以强调"假装做好事"就是"做好事"。有些"假装做好事"的情形也并非伪善，例如逃犯混在农田里帮人插秧，以此逃避追捕，这是一种策略，而非伪善，因为他的行为援助对象不是他的侵犯对象。作为伪善的充要条件，只有真正认定伪善才能认为伪善是个真问题。自我道德标榜可以是颠倒善恶，也可以是道德自诩，引起社会道德评价上莫衷一是，但并不必然导致恶的后果。伪善则直接侵犯他人权益，作为伪善行为的受害者，与直接的恶的伤害感受不同，伪善者制造的伤害伴随着欺骗。历史上有许多笑里藏刀、口蜜腹剑的故事，文学作品中有伪君子和真小人的区别。伪善者以"公正"的名义践踏公正，这是历史上一切伪善者惯用的伎俩。

由于道德标榜一般是在事后，伪善的表象在事前，道德标榜可以对伪善进行辩护，例如，对于以公共利益名义侵犯特定对象的合法权益而言，伪善的外衣是公共利益，作为伪善之目的的恶意是对特定对象的侵犯，而自我道德标榜正是对这一伪善行为的辩护。由此看见，伪善和道德标榜从一开始就是以公共福利的功利主义为名，行不可告人的私利之实，这是功利主义被曲解的理论困惑。在这一点上，运用于个人行为的功利主义原则有很大的局限性。

（3）在某种情形下，伪善和道德标榜都是借助于权威力量，以盖然论的理由混淆善恶。

黑格尔认为盖然论是伪善的精巧的形态，"行为人根据自己的良心企图把犯规行为设想为一种善行。这种学说，只有当道德和善由权威来决定时才会发生；其结果，有多少个权威，就有多少把恶主张为善的理由。"①
显然，盖然论不承认道德具有确定性，否则就无法给主观性提供可支持的
理由，但它与道德相对主义有严格的区别。道德相对主义大多与文化相对
主义有关，相对于道德上的盖然论而言具有历史性的本质，但盖然论不承
认道德确定性的原因完全是主观性的，直至混淆了善恶的界限。

伪善和道德标榜都体现了彻底的主观性。在行为者自我标榜或者为伪
善辩护时，面临着诸多矛盾的理由，行为者必须从中选择某种有利于自我
掩饰的理由，如果在这些理由中不存在客观上的无可辩驳，那么行为者就
完全可以进行纯粹主观的裁决，例如国际争端中的一方无端地给他国的崛
起扣上"威胁邻国"的帽子，从而以此为借口标榜为世界秩序的维护者，
增加军费开支和违反国际准则。正如黑格尔所说，"做出决定的不是事物
的客观性，而是主观性。这等于说好恶和任性变成了善与恶的裁判员。"②

第三节　信息不对称下的道德难题③

为了有效防止人与人之间的权益侵犯，尽可能实现双方信息对称是迫
使双方遵守道德规范和法律规范的重要策略。

现代社会是信息社会，互联网为我们提供了浩如烟海的信息，使我们
对世界的了解更加完整和迅捷。在我们的生活中，获得各种与生活有关的
信息非常必要，例如房价是上涨还是下跌、道路是否畅通、某种股票的行
情走势、未来几天的天气状况、应聘某一职位的人数的多少等等。如果没
有这些信息，人们就不能理性地进行选择。这些信息或者体现经济规律，
或者是传递客观事实，对人们的行为选择而言具有重要的参考价值，但不
对人们的行为后果承担任何责任。人们由于缺乏精准的股市波动信息而错
失良机，或者因为不知道天气状况而耽误行程，其行为后果只能由自己承
担，除非有人散布谣言可以追究其责任。或者说，此类信息的缺乏所造成
的损失或不便不是由他人刻意导致的，因而不涉及人与人之间的道德关系

---

① ［德］黑格尔：《法哲学原理》，范扬、张企泰译，商务印书馆1961年版，第159页。
② 同上书，第149页。
③ 本部分内容的写作，从张维迎的《博弈与社会》中获得许多重要启示。

或法律关系。

在生活中，有许多信息对人们的行为方式具有重要的判断价值，有助于人们做出正确的选择。例如，我们通过辨识不同民族的服饰来确认对方的民族身份，就会在交往中尊重对方的风俗习惯；在古代等级制度下，官员的服饰反映了官职等级，如清朝官员衣服上绣的各种动物图案体现了不同级别的官职，社会成员的长衫、短褂也是区分其身份的显著标志。在现代社会，不同的职业如警察、工商管理人员、城管队员、军人、环卫工人是通过不同的服饰来向社会传递信号，警察和军人还可以通过警衔和军衔来体现职级。为了与普通社会车辆相区别，政府公务用车如果涂上标志就很容易被人识别，从而有助于社会监督，救护车、消防车、警车上各种醒目的标记，会提示其他社会车辆避让。如果没有相应的标志，就无法传递必要的信息。在信息可以确认的情况下，那些不及时避让校车、消防车的司机就会被认为是不讲道德的人甚至因妨碍公共利益而受到惩罚。人们外出旅游，喜欢在那些明码标价的饭店用餐，因为透明的价格向游客传递了可供选择的信息，反映了经营者的商业诚意。

一个人的道德状况如何，也可以通过其行为来传递信息，从可知的信息中获得行为的相关性。一般来说，在道德上可以传递确切信号的都是违反道德的行为。例如，如果有人对纪委巡视人员采取阻挠和恐吓，就证明这个人极有可能涉嫌腐败。一个人对父母不孝顺，或者经常欺骗父母，那么这个人在与亲戚、朋友和同事的交往中很可能也是如此。如果你的朋友经常欺骗别人，那么他（她）在必要的时候也会欺骗你。一个对生活感到心灰意冷厌倦生命的人，面对别人的危难也会袖手旁观。与违反道德的信息传递不同，一个人不违反道德规范并不必然传递道德品质良好的信息。例如，一个学生在某次考试中遵守考场规则，你并不能从他的行为中判断他一定是个诚信的人，因为他可能在之前的考试中作弊但没有被发现，也有可能他会在以后的某次考试中作弊，或者该学生的其他行为可能不符合道德规范等等。由于违反道德的人可以在某些时候遵守道德，因此具有不确定性，这一点符合人们的思维直观，即不能从行为来简单地判断一个人的品质，在道德哲学上就是不能从符合道德规范简单地推导出道德行为的稳定性。

事实上，我们在与他人交往中的许多困惑一方面与信息判断有关，更重要的是由信息不对称的情况引起的。信息不对称本来是一个经济学术语，是指交易中的双方拥有的信息不同。在社会政治、经济等活动中，一些成员拥有其他成员无法拥有的信息，由此造成了信息的不对称。在市场经济活动中，各类人员对有关信息的了解是有差异的，掌握信息比较充分的人员，往往处于比较有利的地位，而信息闭塞的人员，则处于相对不利的地位。

在人类社会发展中，一方面人们对信息的要求越来越频繁，另一方面信息不对称对人们的影响越来越大。例如，我们在购物中常常无法确定产品质量如何，是真货还是假货；如果我们不知道街头的乞丐是真的一贫如洗还是以此为职业，慷慨就会变得没有意义，如果假乞丐没有得逞，而真乞丐也没有得到帮助，就如同旧车市场上质量差的车把好车赶出市场，形成了所谓劣币驱逐良币的现象。真乞丐没有得到施舍，不是因为没有同情心，而是因为信息不对称。① 假如我是一个老板，不能对雇用人员的品德和能力确切地掌握，就可能会因为用人失当而影响经营；如果不知道借贷人的诚信度如何，就可能把钱贷给不讲诚信的人，如果我们不知道电器维修的成本，就有可能被维修工收取虚高的费用，等等。在经营活动中由于信息不对称，就会导致恶意高价销售或恶意低价买进的行为。例如，甲方将一个古董卖给乙方，如果甲方知道这个古董的质量和实际价格，乙方不知道，那么如果甲方能够按照诚信原则以适当的价格卖给乙方，则两者是利益均衡（集体理性），甲方得到 1000 元，乙方得到的价值也是 1000 元。如果甲方以 5000 元卖给乙方，则甲方单赢（个体理性），乙方受损。如果甲方是个不懂得古董价值的人，而乙方则是古董行家，那么如果乙方以低价买了古董，则是乙方单赢，甲方受损。如果甲方和乙方都是行家，都不讲诚信，则双方无法达成交易。从这个例子看，如果双方对于该古董的质量和价格都有所了解，就不会发生互相欺骗的行为。人们之所以被欺骗，从主观上讲是欺骗者违背良知，在客观上是因为信息不对称而无法避免。总之，由于人们信息匮乏，一些个体经营者贩卖假货、以次充好、虚抬高价并屡屡得手，尤其是在火车站、汽车站等陌生人聚集的地方，各种诈骗陌生旅客钱财的现象非常普遍。

① 张维迎：《博弈与社会》，北京大学出版社 2013 年版，第 189 页。

　　在很多情况下，犯罪行为之所以得逞就是因为存在着严重的信息不对称。据报道，成都双流县华阳镇空港小区附近一家非法营业的游戏厅，遭到六名"假警察"的持枪抢劫。假警察获取了"游戏厅非法经营"的完全信息，而游戏厅营业者并不知道假警察的真实身份，因而假警察利用信息不对称而成功实施犯罪。当前我国的学术腐败也非常严重，一些人肆意侵占他人的学术成果，但这些所谓的作者与读者之间形成了严重的信息不对称，因为读者缺乏必要的鉴别能力，就会误以为"作者"具有很高的学术成就。网络诈骗之所以容易得手，也是无法有效地应对信息不对称的问题。在最近发生的一些金融诈骗案件中，犯罪人员为了蒙蔽受害者，不惜重金打造一个上档次的办公场所，善良的人们往往会被外在的表象所迷惑而上当受骗。可以说，我们生活中发生的欺骗、诈骗等劣行，往往是由于其中一方占有信息而另一方缺乏信息这种信息不对称的情况所导致的，欺骗者正是利用了对方不完全信息的劣势条件而屡屡得手。无论是对于物的真实状况的事前不对称信息还是对于人的品质这种事后非对称信息，均在客观上构成了当代社会道德问题的主要原因之一。由于存在着广泛的信息不对称，并且由于我们无法彻底查清所有的恶的行为，所以人们就可能认为作恶的人是少数，这样整个社会就会形成一种错误的认知。如果职场腐败行为具有偶发性的特点，就会使许多人认为少量的恶行处于一种可容忍的限度以内，从而使一些本来不愿意腐败的人也会参与到腐败行为中去。

　　在不完全信息问题上，对人的观察和对物的观察也有很多相似的情形。在小区、单位或协会等组织中，我们会通过一个人日常的言行来判断其道德水平，即便我们没有亲自观察，也可以从生活圈的其他人的评价中做出判断。如果符合道德的行为发生在狭小范围的群体生活中，例如某个人总是表现得礼貌有加、慷慨大方、宽容大度、言行一致的话，那么我们就会认为这是一个有道德的人。在我们日常生活的周围，小区、单位、协会等各种组织机构中都可以找到类似的个体。这些人表现出来的行为就是向别人传递了关于他自己品质如何的信息，我们可以从这些信息中获得对他的评价。但是如果一个人从只有几百人的村庄到了几百万、几千万人口的城市，那么就很难对他的道德水平进行判断，在小范围的生活圈内可以观察到的信息，在大范围的地方就无从知晓。我们可以在熟人社会获得应有的信息，但在举目无亲的陌生人的社会中，就很难对一个人的道德状况做出正确判断。因此，当我们说防人之心不可无的时候，不仅要有防范之心，还要努力获取对方的恶意才能进行有效防范。对于符合道德规范的行为，一般来说在熟人社会的可信度较高，在陌生人社会可信度较低，所以有的人在熟人环境中总是表现出良好的行为，在陌生环境中可能违反道德规范。因此，从熟人社会到陌生人社会的转变中，相信他人变得越来越难。与熟人社会相比，陌生人社会加剧了社会关系中的信息不对称问题，并且由于信息不对称而导致诚信危机。人类理性的目的就是试图掌握更多的信息，因为理性人的特点是利己的，相互利己的人之间既然存在冲突，就缺乏建立信任的前提。

近几年，因为信息不对称导致了各种各样的利益冲突，其中医患矛盾就是典型的信息不对称的反映。例如，在治疗过程中，患者不能确认医生是必要治疗还是过度医疗。对于医生来说，接待患者是非常普通的工作，如果患者不是自己的亲属或好友，那么医疗行为是基于工作职责而不是情感，医生不会对不同的患者采取有选择性的治疗。但对于患者及其家属而言，任何人都希望医生能够对自己高度重视，竭尽所能。因此，从心态上讲，医生与患者之间是不一样的。医患关系本质上是一种社会关系，具有社会关系的一般特征——沟通、协作和相互依赖。医生和患者的利益本应是一致的，患者需要医生帮其恢复健康，医生希望治愈患者而维持生计、获得声誉。再加之中国社会的熟人规则，人们更倾向于相信自己认识的医生或者是亲朋介绍的医生，这就使问题更加复杂化。一方面是目前的医疗技术还不能保证疾病的完全治愈；另一方面是患者及其家属迫切希望医院务必尽心尽力，从而对医生的医术和职业道德的要求非常高。

有人认为，以经济利益为导向的市场化行为，对医疗行业产生了根本的影响，当医院以赢利为目的的时候，过度医疗就必然产生。这个观点看上去很有道理，但实际上是片面的。医院以经济利益为导向并没有问题，但是经济效益最终取决于患者的认可。按照市场原则和规律，恰恰是市场化可以促进医患关系的和谐。一个医院的生存必然要符合"物美价廉"的规则，就是医术水平高以及具有社会竞争力的医疗费用，而一个医院必须按照市场规则制定合理的医疗价格并且培养具有精湛医术、高尚医德的医生才符合自身的利益。但在优质医疗资源比较集中的地区，医疗市场化程度很低，拥有大量先进医疗设备和一流医学人才的大型医院在社会中居于垄断地位。在这种情况下，患者去大型医院看病，不仅希望把病看好，而且希望合理的救治费用。但医疗费用怎样才是合理的，许多患者并不清楚。一个人去饭店消费，大体上知道饭菜价格是否合理，也知道自己的消费能力和需求，但患者去医院看病，缺乏医疗知识，不清楚治疗费用的合理限度，不知道哪些医疗检查是必需的，哪些医疗检查是可有可无的，但这些信息医生知道，这样患者和医生之间就存在严重的信息不对称。有些医生为了增加自己的收入，就会要求患者做一些不必要的检查，选择性地给病人开一些有回扣利益的药品，这种过度医疗增加了患者的经济负担。这样，由于医生和患者之间存在信息不对称，医生就可以凭借自己的专业知识垄断治疗方案的解释权，而患者出于急切的就医心理不得不听取医生的主张。可以说，过度医疗既是优质医疗资源集中垄断的结果，也是医生与患者之间信息不对称导致的。久而久之，过度医疗和高昂的医疗费用就使人们产生了对医疗机构的不信任，再加之个别医务人员玩忽职守，最终使患者和医生之间的关系变得紧张。

可见，由于信息不对称，为人际交往中的欺骗、诈骗等利益侵犯提供了客观条件。那么，如何解决信息不对称导致的道德问题呢？

我们知道，人们一方面由于无知的缘故会把好事办成坏事，而更多的是本来可以分辨善恶但出于利益而明知故犯。例如，文化水平低的生产者并非有意将有害物质掺入食品加工中，而有些人是明知道有害故意制造危险食品而牟利。承担道德责任的行为总是故意的行为，因为人们总是明知故犯，所以道德说教的方式显得徒劳。虽然我们无意否认道德说教的作用，事实上道德说教的有效性主要体现在知识论层面，比如对未成年人进行道德知识的灌输。对于明知故犯的成年人来说，道德教育显然是对牛弹琴，我们需要做的事情是分析这些人违反道德的条件是什么，也就是在什么情况下导致了不讲道德。因此，如果想让一个人讲道德，不仅得让他知道讲道德是做人的根本原则，还必须使他承认讲道德的收益高出明知故犯的收益。当然，这种收益的比较效应只有在短期利益层面才有说服力，因为明知故犯的理由往往是因为不考虑长远利益。休谟反对契约论，而推崇人为的约定，他认为自我利益是一种与他人协议过程中的自我利益，这种利益实际上是长远利益，而不是短期利益。因此，休谟的人为约定理论无法解释人为什么要追求短期利益，为什么明知故犯。

由于信息不对称为违反道德创设了客观条件，所以不讲道德的人更多的不是直接展示不道德行为，而是使不道德行为隐蔽起来不为外人所知。这样，如果不能排除明知故犯，那么只能尽可能实现双方信息对称，不给明知故犯的人创造条件，这主要适用于应对诈骗、欺骗等问题。如果一个人做坏事总是能逃避惩罚，就会使坏事变得更为频繁。对于那些明目张胆违反道德的人，人们可以对其进行教育或者惩罚，但伪善的行为具有很强的迷惑性。伪善就是对信息不对称的故意掩饰，是以信息对称的假象来掩盖实际上严重的信息不对称，例如不良商人总是通过信誓旦旦的谎言欺骗消费者。为了有效防止他人对自己造成利益侵犯，就要使人们洞悉对方的恶意以便提防，也就是说，虽然我们不能限制他人不讲道德，但我们可以不上当，让那些有侵犯意向的人无利可图，这样就会使欺骗、诈骗的行为大量减少。当然，这种考虑是为了使其不能违反道德规范，而不是寄希望于不想违反道德规范。就道德治理的目的而言，仅仅避免他人的侵犯而不是使其主动放弃侵犯，是低层次的愿望，但同时也具有极强的现实观照。

解决信息不对称主要是针对社会广泛存在的诚信问题，诚信缺失是当前我国社会的道德难题。为了减少信息不对称引发的利益侵犯，人们会尽可能地采取一切手段获取必要的信息。例如，招聘方要根据应聘者的工作履历、学历条件、能力等各个方面进行考察，买二手车的顾客需要通过可靠的汽车评估师来确定车辆的真实性能和价格；顾客会根据某件商品的销量和客户的评价来判断该商品的受欢迎程度。尤其是在网络购物中，人们至少可以通过用户的网上评价来做出选择。当然，个别网络销售者也可以通过技术手段呈现好评的假象，这成为蒙蔽消费者的方式。总之，在一个以假乱真的社会里，最重要的就是防止欺诈。

在市场交易中，人们为了防止被欺骗，就会选择声誉好的商家。在张维迎看来，品牌和声誉是在市场经济竞争中长期逐渐形成的，是解决信息不对称的重要因素。例如，当人们在选择商品无所适从的时候，可以优先考虑具有品牌优势的产品，品牌本身来自市场竞争中的声誉机制。如果我们要就医，就可以选择口碑好的医院，如果不知道哪个律师的水平高，不妨选择知名度高的律师，某个理发店有着良好的口碑，人们就会蜂拥而至。因此，声誉就成为一些从业人员传递个人信息的最重要的方式，如果存在欺骗行为，其声誉就会下降从而影响其营业收益。通过市场机制来解决信息不对称问题，首要的条件是建立成熟的市场规则。人才聘用要公开进行，如果我们发现某个应聘者被多家单位有聘用意向，那么就可以说明该应聘者的可信度较高。如果我们发现某家酒店顾客总是爆满，那么这家酒店的服务就使人信任。不成熟的市场是不完全竞争的市场，而成熟的市场则可以通过完全的竞争来向社会提供交易信息。公共服务的信誉也在于市场化，例如通信、保险、金融机构等行业的发展就是证明。市场经济的重要特点是法治经济，对于低水平市场经济中的信息不对称问题，就要通过法治来规范市场行为。只有人们面对多种可供选择的状态时，信息的透明度才会增加，才能通过信息优势来迫使对方提供更优质的服务。但是，新的问题也随之而来，不是每个人都有能力选择有品牌优势和声誉极好的商品，大部分人因为消费能力问题只能退而求其次，这就为信息不对称提供了便利，尤其是在不成熟的市场经济条件下更难以避免。这就必须在市场机制之外，进行必要的政府管制，建立市场准入制度，对各种从业人员进行资格认定，如律师、医务人员、评估人员等等，分别采取相应的考核方式来确定其职业资格，同时对各类从业人员制定个体道德档案，使他们自觉维护自己的社会声誉。

市场机制对于解决商业欺诈往往具有良好的效果，但对于特殊主体之间的信息不对称问题并非万能的。例如，政府与民众之间的信息不对称就无法通过市场机制来消除。政府是掌握公共权力的垄断组织，政府对于民众而言具有非市场化、无选择性的特点。由于主权国家不能存在两套及其以上的权力配置，因而民众不能以市场化的方式来选择政府服务。因此，消除政府与民众之间的信息不对称是政府的义务。如果与老百姓利益相关的信息不能公开，官员的权力范围不受制约，就会导致权力滥用和暗箱操作。因此，国家法律和法规要向社会公布，否则民众就会无所适从。同时，权力必须在法律的框架内运行才能解决政府和民众之间的信息不对称问题。此外，在政府权力配置中，官员选拔与市场关系中的雇佣关系的共同难题是事后的信息不对称，所以任用官员存在带"病"提拔的可能。一名不合格的员工所造成的损失局限于特定的企业，但不合格官员的权力滥用将会对整个社会的信心造成严重的损害。正如老板可以解聘品德和能力不佳的员工一样，政治集团作为人民的代理人有必要解除那些权力滥用的官员的职务。应对这一问题的根本前提必须是依法治国，如果政府官员不受法律的制约，法律就难以发挥实际的作用。

总之，以实现人际之间信息对称来消除伤害、欺诈、欺骗等不道德行为，完全是出于对行为而不是对意识的控制。康德将道德价值的存在仅仅限于出于义务的选择，但是一个人做一件事情是出于义务还是合乎义务是不可证明的，只能是理性人的自我判断，因而人有绝对的自由意志，一个人可以进行任意的思考，甚至在他的思考中包括世界上最恶毒、最恐怖的想法。任何企图控制人的思想的做法都是不可能的，但我们必须想办法如何控制和引导人的行为，这是社会治理过程中最有价值的问题。正如人们不是因为学习了法律就一定遵守法律一样，人们在懂得什么是道德规范、什么是道德良知以后也很难说永远不违背道德。显然，怎样才能控制和引导人的行为是至关重要的议题，让人们做什么或者不去做什么绝不是一个让他们知道应该如何选择的知识论问题。因为人是自由的，所以需要精心设计足以诱人的方案使其做出正确的行为，也就是人必须获得正确行为选择的理由，使人们觉得如果不这样去做就是和自己过不去。提供道德行为选择的理由符合人的理性，对人的诱导和对动物的诱导是完全不同的。动物能够被诱导很多情况下是因为本能的缘故，人之所以可以被诱导是因为人懂得什么是趋利避害。所以，道德哲学的功能如果仅仅是劝善的话就实在太孱弱了，重要的是给出劝善得以有效的前提。尤其重要的是，劝善的前提一定是现实的，能够对人产生不可回避的吸引力。

第四节　囚徒困境问题的再思考

囚徒困境是美国兰德公司在 1950 年提出的博弈论模型，是信息不对称问题的经典案例。两个共谋犯罪的人同时被警方审讯，不能互相沟通情况。如果两个人都不揭发对方，则由于证据不确定，每个人都坐牢一年；若一人揭发，而另一人沉默，则揭发者因为立功而立即获释，沉默者因不合作而入狱十年；若互相揭发，则因证据明确，二者都判刑八年。于是，每个囚徒都面临两种选择：坦白或抵赖。然而，不管同伙选择什么，每个囚徒的最优选择是坦白：如果同伙抵赖、自己坦白的话放出去，不坦白的话判一年，坦白比不坦白好；如果同伙坦白、自己坦白的话判八年，不坦白的话判十年，坦白还是比不坦白好。结果，两个嫌疑犯都选择坦白，各判刑八年。如果两人都抵赖，各判一年，显然这个结果是最好的。囚徒困境所反映出的深刻问题是，人类的个人理性有时能导致集体的非理性，说明即使在合作对双方都有利的时候保持合作也是困难的。

囚徒困境是因为无法信任对方，从而不能实现双赢。尤其在陌生人社会中，人们很难建立信任关系。囚徒困境体现了现代陌生人社会的困惑，在这个社会中每个人都重视自己的切身利益。如果每个人都体现合作精神，互相忠诚，谁也不背叛对方，人与人之间都能为对方着想，就好比上例中的囚徒每个人都认为对方不会揭发自己，那么每个人都会获得最好的结局。但是囚徒困境的焦点在于谁都无法信任对方，自己只能在对方不信任的情况下选择对自己最有利的选择。陌生人之间是基于利益的交往，因而很难走出囚徒困境。

囚徒困境具有典型的信息不对称特点。为了解决信息不对称带来的冲突，只能依靠制度来约束双方遵守诚信的原则，例如口说无凭立据为证。制度的作用是迫使双方建立信任，否则会因为背信而遭受惩罚。因为一个人是否诚信，在良心的层面是无法确定的，诚信只能通过行为来证实。这样，我们的行为选择并不取决于我们自己单方面信任，尽管我们自己对自己的信任可以确定，但别人对你自己的信誓旦旦无法确定。所以，个体只能把行为选择建立在如何使他人相信的基础上，而为了使他人信任就必须使这种信任建立在特定的制度上，如果违反制度必然会付出巨大的代价。例如，经济活动中形成的借贷关系，并不是依靠借贷人的发誓，而是双方签订的合同，签订合同虽然并不意味着履行合同，但至少可以证明借贷者具有履约的意向性，如果违约行为的成本很高，人们就不会轻易违背先前的承诺。签订合同或是接受判决，实际上是传递你愿意合作的信号。所以，在信息相对比较透明的社会中，虽然无法在心灵的本源层面建立信任以及塑造价值观念，但整个社会在外观层面可以感受各种规范力量的有效性。

当然，囚徒困境作为典型的信息不对称现象，其前提是双方在没有交流的情况下的选择，它假设如果有交流就不存在困境，囚徒困境的成立不考虑双方即便交流之后仍然无法信任对方的问题。也就是说，如果双方信息对称，就一定达成信任并且选择最优的结果。因此，信息不对称的解决一般来说不涉及形而上学的思辨，因为信息的表达和内心的想法是两回事。市场行为中信息对称可以是买方和卖方对商品信息的无差别共识，但良心问题永远无法实现信息对称。例如，签订契约可以表明签约双方的合作意愿，但即便是违约成本非常高，也不能保证其中一方一定会信守承诺，因为虽然我知道你签约，但不知道你是否会履行。由于我们不可能知道他人的真实意图，所以信息对称与否具有不确定性。

因此在这个意义上，囚徒困境中的信息不对称是绝对的，即使警方允许这两个人相互交流乃至订立攻守同盟，也很难保证最后时刻每个人都不背叛对方。例如，虽然两个人在协商之后都同意保持沉默，但仍然存在其中一个人为谋求更大利益（获释）而坦白的可能性。在现实生活中，海誓山盟也并不意味着在行为上信守承诺，所以有口是心非的现象。警惕欺骗和伪善已经成为人们生活中必要的常识，例如摔倒的老人声称是自己摔倒的，也依然没有人去扶起，因为口头承诺不能确定履行，也不能解决信息不对称问题。这就类似于囚徒之间即使可以订立攻守同盟也不能保证最终的选择。解决这类问题的方法可能是，假如订立攻守同盟，就要同时要求，如果一方反悔，则赔偿对方足以使对方满意的损失，这个要求是刚性的。双方必须承认并且承担后果。总之，解决问题还需要制度，避免陷入囚徒困境，防止破坏规则，需要有制度约束以及事后的制裁。

下面，我们将对囚徒困境问题进行利他主义视角的分析。

以往关于囚徒困境的研究仅仅限定在利己的立场上，并没有考察利他主义的情形。也就是说，理性人的假设在囚徒困境中是利己主义的，利己主义的计算是个人功利化的结果。囚徒困境表明了个人理性无法实现集体理性，事实上彻底的利他主义也无法达到双方都可以接受的结果。为了说明这一点，我们把情感而不是理性看作囚徒困境的预设前提。以下是父子之间面临选择时的三种情形。

（a）父亲坦白，儿子沉默，或者儿子坦白父亲沉默。这样，要么父亲获释儿子判十年，要么儿子获释父亲判十年。

（b）父亲和儿子都坦白，两人都判八年。

（c）父亲和儿子都沉默，两人都判一年。

考虑到父子之间的亲情，双方都希望对方获得最好的结果也就是获释，那么父亲和儿子如何选择才是最符合情感逻辑呢？我们从父亲的选择来进行分析（从儿子方面来分析也是一样的结果）。

（1）基于情感的考虑，双方都会选择一种最有利于对方的行为，这就是选择沉默。因为选择坦白，会产生两种情况，一种是（b）结局，父亲坦白儿子也坦白，两人都判八年；这一情形可以排除掉，坦白不符合情感的选择。第二种情况是（a）结局，如果父亲坦白儿子沉默，那么父亲获释儿子被判十年，这是父亲无法接受的。也就是说，只要有一方选择坦白，结局都是与情感相互冲突的。如果父亲想让儿子立即获得释放，那么儿子必须选择坦白而同时父亲选择沉默，这样儿子被释放父亲判了十年，反之如果儿子想让父亲获得释放，就必须父亲坦白同时儿子选择沉默，这样父亲被释放儿子被判十年。但是从父子情感来看，谁也不愿意对方受此大难而自己获得自由。如果把父子换作生死与共的朋友也是这样。无论是从友情还是亲情来看，无论是谁也不忍心看着对方身陷囹圄而自己获得自由，也就是一个人获利不能以伤害对方为代价，双方都无法接受天堂地狱般的落差，不符合有难同当的友情和相濡以沫的亲情。因此，双方都不坦白是符合情感逻辑的。所以双方的最佳选择都是沉默，这样都会被判一年，如果是朋友之间这个结局符合有难同当的原则。

　　就（a）而言，存在着单方面的损己利他的绝对利他主义路径，但这种情况正如上面分析是不可能的，就是无论父亲还是儿子都奉行最彻底的利他主义原则，也就是在自己选择沉默的时候盼望对方选择坦白，这样一来自己就可以以自己被判十年的代价来使对方获取最大的收益。但是，尽管父亲和儿子都希望能够实现彻底的利他，但无论是父亲还是儿子基于情感的理由都不会选择坦白，因为选择坦白就有可能是对对方构成伤害或者两败俱伤。因此，即使是按照绝对的利他主义原则，父子二人还是选择沉默。这样既不会造成（b）这种最坏的情况，也不会造成（a）结局，绝对利他主义的铁定结局只能是（c）。这也说明，彻底的利他主义是不可能实现双赢的，既然不能损己利人，也无须两败俱伤，那么结局只能是把双方的损失降到最低限度。基于情感的原则，父子双方都选择沉默，那么两人都判一年，没有实现其中任何一方彻底的利他。所以，基于理性的前提可以认为每个人都是利己的，但基于情感的前提也不能实现利他，因为双方都试图实现利他的时候，结果只能是双方都无法受益。利他主义不能实现双赢，这就像生活中买卖双方，如果一方硬要付账而另一方拒绝收钱，那么就无法进行交易。在理性人假设的囚徒困境中，如果要选择利他，也就是选择沉默，从利己出发就要选择坦白。

建立在理性人假设上的囚徒困境，说明了信息不对称导致了不能相互信任。基于情感的双方之所以无法合作，都以沉默去获得最可能利己的结果，问题在于相互不信任。有人会说，这是无法沟通的结果，无法建立攻守同盟，所以只好采取风险规避的策略。事实上，即便允许两人进行协商，双方都认识到沉默是最佳选择，但按照个人理性的理由，他们最后仍然还会选择坦白以规避最差的结果，因为语言交流不能保证互相信任，否则世上就没有出尔反尔的事情了。除非改变博弈的规则和条件，或者能设定一种存在论上必然可信的承诺，否则依然是原初的选择。

所以，在以情感逻辑为原则的囚徒困境中，即便是父子之间可以充分交流，也无法实现双方都可以接受的目的。假设准备选择沉默的父亲要求儿子务必选择坦白，但是儿子也绝不会为了一己之利而陷父亲于不义，真正的朋友之间也是如此。与存在论上的利己主义一样，亲情和友情上的利他也是符合存在论的，当然博弈的前提是亲情和友情不会发生背叛。如果亲情或友情的双方，一方不认为对方会背叛自己，而另一方决意要背叛对方，那么这就是涉及欺骗或欺诈的信息不对称问题。例如，父亲认为儿子不会背叛自己，基于情感的逻辑父亲会选择沉默。但儿子如果决意要背叛父亲，那他就不能选择沉默只能选择坦白，这样儿子就会获释父亲被判十年。然而，这样一个结果可以说恰恰是父亲愿意看到的，因为按照绝对的利他主义原则，只有父亲选择沉默同时儿子选择坦白的时候，父亲才能实现利他。这就说明，只有在单方面的利己条件下，另一方才能实现绝对的利他。所以，同时存在的利己或利他都是不可能的，利己与利他的对应构成一个整体。理性人假设，利己不能实现双赢，而情感假设，利他也不能实现，最好的结果是最轻程度的有难同当。从利他出发，在旁观者看来是最好的结果，但从父子看来不能接受，双方都没有实现自己的意愿。

由此可见，基于情感假设和理性假设的囚徒困境的结局是一样的，都不能实现各自的最佳效果。即便囚徒之间是亲情关系，都选择利他模式，双方都甘愿牺牲，也不能实现各自的预期。这就说明双方都奉行利他主义，但最后都无法实现利他的目的。最好的结局是有难同当，各判一年。两种囚徒困境的一致性在于非亲情的双方是在利己的情况下有难同当，亲情的双方是在利他的情况下有难同当。亲情双方毫无疑问是想让对方利益最大化，但无法实现，说明完全的利他主义在生活中是行不通的。

囚徒困境不仅是相互缺乏信任的问题，而且反映了人性阴暗的一面。在囚徒困境中，每一名囚徒的预设首先是在绝不利他的前提下才考虑利己，而不是仅仅单纯地考虑利己。在不坦白有可能达到最佳状态的情况下，还需要算计对方，不能在自己受损的情况下出现有可能利他的情况，也就是宁愿两败俱伤，也不能让对方获得利益。宁可自己不利，也不能利他，或者说囚徒困境首先考虑的是不能利他，不能把对方的快乐建立在自己的痛苦之上。人的天性中有平等的心理，我不好也不能让你好。这种心理在贪官互相揭发上容易体现出来，而检方正是利用了"一损俱损的平等"来分化贪腐集团。当一个人不希望别人过得好，比他有地位有钱，那么两个人就绝不是真正的友谊。所以同病相怜有难同当，不仅是说在道义上与对方同苦，还在于人性的另一面，痛苦的人希望别人也痛苦，就像有些死刑犯希望马上来一场地震灾难一样。

总之，囚徒困境意味着，第一，双方难以建立信任关系。第二，极端的利己与极端的利他都无法实现。第三，在个人利己意识的驱使下，每个人都不希望对方受益。人们希望自己有难，别人与自己同当；而不是别人有难，自己与之同当；人们希望别人有福，自己与之分享，而不是自己有福，让别人和自己分享。这种情况在现实社会中普遍存在，不仅存在于陌生人社会的交往关系中，有时候在熟人之间更为逼真。

第五节　公德与公共责任

美德伦理学把道德品质看作行善的依据，强调人类个体生活中的"独善其身"，追求自身品质的卓越，这实际上就是对于私德的理解。中国传统伦理学的展开是以私德为基本座架的，例如清末思想家梁启超认为中国人的道德是指私德，而缺少的是公德。美德伦理学之所以在中国社会中的认同度较高，与中国人对私德的偏爱是分不开的。与私德相对应的是公德，公德是反映个体与群体之间关系的道德，标志着每个人"相善其群"，侧重于公共利益和公共责任。以往国人说的公德往往是遵守公共秩序、不随地吐痰、爱护公共环境、不在公共场所吸烟等等。这些道德规则当然属于公德的范畴，但其所体现的是一种消极的、具有底线意义的公德，这种对公德的认识较为狭隘，还没有上升到道德哲学的原则高度。在广泛的意义上，公德的内容不仅包括公共领域中的道德，还包括人们对社会事务的关注以及对国家的责任，公德意识最集中地反映了个体对社会利益和国家利益的高度重视。一个人既有私德又有公德才能是道德上完整的人，两者对于个体的自我实现和整个社会发展进步都必不可少。对于国家利益而言，公德比私德更为重要。

我国传统社会中，私德的现实背景是熟人社会，熟人社会展现了建立在家族血缘关系基础上的中国文化。问题在于，仅仅强调私德，能使人们产生社会责任感，能对陌生人保持诚信吗？如果说血缘关系基础与熟人社会相对应，那么社会责任感就是对现代社会公共利益的责任感，这种责任感超越了家庭和友情的范畴。例如，当看到陌生人的苦难时，如果帮助他们会危及我们自己的利益，我们能否无怨无悔地实施援助？但如果救助对象是我们的直系亲属，救助行为就是理所当然的。以血缘关系为基础的道德原则，意味着对陌生人的自私与冷漠。在熟人社会里生成的道德准则，必然是"私德"，而非"公德"。就个人而言，讲公德是现代公民的基本素质，仅仅讲私德不可能形成完整健全的人格。比如为了哥们儿义气两肋插刀是典型的私德，却往往违背公德，甚至危害社会。在公德与私德之间，公德高于私德，这是现代公民应有的道德观。

在当代中国社会，私德的影响力充分体现在人们对自我利益和公共利益的取舍上。很多人可以关心家庭的环境但不关心国家和社会的生态资源，可以在家里尊老爱幼但是到了外面就不遵守社会公德。同时，我们也发现，现代社会公德也有很大程度的改善。我们看到绝大部分人都能遵守秩序和公共规则。问题在于，很多人之所以能遵守公德是因为公德行为与自己的利益还未发生严重的冲突。另外，如果有些人不能适应社会公德的规则要求，那么在现代社会中也会导致更多的冲突。在此意义上，公德现象的背后隐含着对私德的认可，遵守公德的思想前提中有个体品德意识，遵守公德也是一个人自律意识的体现。

在中国社会，公德与私德具有如下特点。

（1）从对社会的负面影响上来说，社会公众人物的主要问题是私德，普通群众的主要问题是公德。

公众人物在道德上的错误大致归于腐败、生活腐化等等，他们一般都很遵守社会公德。公德水平与知识水平具有相关性，一般而言社会精英等公众人物的公德水平是比较高的，他们的问题主要在私德，包括生活作风甚至道德败坏直至贪污腐化等犯罪问题。公众人物担负着在社会中积极传播正能量的使命，加之人们对公众人物的私生活都感兴趣，他们一旦名誉扫地，甚至猝然银铛入狱，这些消息之震撼、社会反响之强烈以及社会成员声色俱厉的鞭挞，都会产生其他因素所不能比拟的思想压力。尤其是处于社会聚光灯下的名人，如果个人生活不检点、放纵欲望，在媒体、社会的放大效应下，就会因小失大，自毁前程，这是非常令人遗憾的结局。

就社会道德领域中的突出问题而言，与普通群众尤其是文化水平较低的群体相关的主要是公德。比如经常发生在农村沿线公路上的哄抢行为，确实在一定程度上反映了部分农村人员公共道德的真实面貌。哄抢行为不仅表现了部分群众的经济状况，也反映了熟人群体的道德特征。这些人居住在同一个乡村，哄抢对于他们来说，只要有个别人带头，人们就会一哄而上。当然，以此为例，并非是说中国社会世风日下，不能根据一些极端事件来判断社会道德水平的上扬或者滑坡。哄抢行为一方面和经济落后有关，它们既是道德丑相，也是某种形式的贫困现象。需要指出的是，网络上对哄抢行为严厉谴责的人与哄抢者在道德的经济社会基础上存在特定的差距。当代中国道德治理面临着不同经济状况的群体，收入分配的差距与生活习俗中的行为取向，表明不同人群之间的道德意识差异。

当然，我们说公众人物的行为失范在于私德、普通人员的道德问题在于公德，并不是说公众人物没有公德方面的问题，也不是说普通成员的私德有多好，而是从当代中国社会道德基本表现而言，两类人群在公德与私德问题上各有侧重。普通群众的私德问题并非不存在，只是在违反私德上远不如公众人物对社会所造成的负面影响大，后者的道德失范行为对社会道德风尚的破坏力度要远大于普通群众。

（2）在社会公德构成体系中，最紧要的问题是公共责任。社会公德体现了社会成员的公共责任意识，但这种意识在我国社会中并不具有普遍性。国家权力具有处理公共事务的决定性义务，这在什么都管的政府身上体现得非常突出。与国家道德相比，部分社会成员仅仅对自己的利益予以关注，而缺乏关注公共事务的能力。因此，公德的本意，实际上是一种公共关怀，是一种公共精神，每个人应当关注超出个人利益之外的公共领域的问题。比如说对于反腐败、对于社会的进步，包括对于国家一些重大事件的处理，你是否有足够的关怀。进一步讲，公共道德中的核心问题是个体对国家和社会的道德责任，这一点是中国传统社会中并不突出的一种价值观，然而它的价值在当代中国社会转型过程中会越来越凸显。许多社会事件表明，正因为部分民众缺乏公共责任，才导致了民众与政府的对立。例如，在环境问题上，一些人最喜欢纠缠谁应为雾霾甚至是整个生态危机承担责任的问题，事实上生态危机属于现代化过程里中国社会的集体失误。近几年来，由于开设化工厂、垃圾焚烧厂等等产生的邻避效应非常显著，在表面上体现了一部分人维护自身权利的初衷，但实际上是对国家与社会整体利益的漠视，是公共责任的缺失。

在博格森看来，一个人履行公共责任反映了社会自我的存在，他说："我们视为人与人之间一种约束的义务，首先约束的就是我们自己。因此，指责社会道德忽略个人义务是错误的，即使我们只是在理论上处于一种对他人的义务状态之下，我们在事实上也处于对我们自己的义务状态之下。因此只有当社会自我被置于个体自我之上时，才存在社会的团结。培养这种社会自我，是我们社会责任的本质。"① 由此可见，社会自我是自由和责任的统一。不承认人的自由会返回传统社会的意识形态之中，不承认自由就没有市场经济和自我实现，何况人的本性是要攀比和超越。但有了自由，就难免放纵自己，为了实现自己的利益就可以侵犯别人的权益，这是缺乏责任的表现。在以追逐利润为目的的市场经济条件下，人的自由选择和活动的可能性大大高于从前，每一社会成员都更有机会表现或暴露其人性的非道德冲动。因此，人的整个活动就是自由自觉的活动并且必须为自己的行为负责。

公共责任包括两个方面，其一是对公民个人的责任行为的监督。社会的进步是由每个人自我实现的聚合力量加以展示的，这就要使社会成员都能尽职尽责。勇于担当公共责任，就是要为社会的发展进步展示自己的能力和应当如何的行为目标。权益不可侵犯是道德领域中的基本意识，比如

---

① 万俊人：《20 世纪西方伦理学经典》第 2 卷，中国人民大学出版社 2005 年版，第 113 页。

你看到别人在违反规则，虽然他们违反规则的行为不一定直接与你的利益有关，但一定是侵犯了别人的利益。总之，公共责任不仅仅是人类个体自觉遵守社会公德的问题，还是一个为社会发展能够尽职尽力的问题。由于公共责任的缺失，部分社会成员只是对自己身边的道德失范以及违法犯罪的现象痛心疾首，例如人们对身边的不道德行为的容忍度要远远低于那些别的省份、城市中的道德问题。

其二是对政府责任的监督。公共责任意识也是宪法的规定，例如我国《宪法》第41条规定："中华人民共和国公民对于任何国家机关和国家工作人员，有提出批评和建议的权利；对于任何国家机关和国家工作人员的违法失职行为，有向有关国家机关提出申诉、控告或者检举的权利，但是不得捏造或者歪曲事实进行诬告陷害。"① 因此，每一个体的公共责任总是与国家利益相一致的。社会公德以社会压力的形式发挥作用，公共责任就是要以社会主人翁的身份来关注国家利益和社会发展进步。对于政府部门、服务部门的不足提出意见，使之更好地服务社会，这就是基本的公共责任。因此，公共责任的意识表明了一种集体的意向性。正如塞尔指出，"在实际生活中，集体的意向性对于我们的存在本身是非常常见的、实用的而且确实是本质性的……集体的意向性是一切社会活动的基础。"② 如果每个人出于自身利益，对没有侵害自己利益的违规者都坐视不理，社会规范就不可能得到真正的遵守。

因此，社会公德的含义不能仅限于个体本人对社会公共道德规则的自觉遵循，而且应当表现为个体对社会发展中公平正义的关心。如果把公德仅仅理解为文明礼貌，那么公德与公正就没有可比性，只有把公德看作一种公共责任，才能使公德与公正相互印证。如果我们把公德仅仅看作文明礼貌、助人为乐、保护环境等，就是较为狭隘的理解。即便是社会上缺少这些公共道德，社会也不会出现动乱或解体，但一个社会缺乏公正，就会产生严重的不稳定因素。因此，社会公德的观念一定包括了公正的理念，具有公正理念的人才真正具有公德。公正不能来自于个体的随意理解，不

① 《中华人民共和国宪法》，法律出版社2014年版，第13页。
② ［美］约翰·塞尔：《心灵、语言和社会——实在世界中的哲学》，李步楼译，上海译文出版社2001年版，第115—116页。

能是由某种话语权直接认定的。要使公平正义深入人心，那么必须经得起社会历史的检验，所以首先培养社会成员的法治观念就显得非常重要。

公众必须能够自由地思考个人责任、组织义务和互助关系，从而在日常生活和组织行动中，尝试承担起相关的个人与社会责任。任剑涛认为，社会道德问题与中国的国家权力急速从社会微观领域退出有关，"长期缺乏起码组织的中国社会，因此似乎成为一盘散沙。人们在日常生活中肆意享受不受国家权力制约和压制的细小自由，几乎不会为之感到紧张和彷徨。唯有在个人遭遇到生活小事的折磨之时，才会罕见地想起社会秩序的必要性与重要性。由于有许多不道德的事情很多人接受了，或者不以为然"①。这就使整个社会缺乏正义的共识，形成了破窗效应。同时任剑涛指出，"与此相映成趣的是，中国的国家权力尚未打算从塑造社会的意识形态、治理社会的强势取向中淡出。于是，宏观的社会控制与微观的社会放任相形而在，让社会公众有些无所适从：一个善治的社会，公众必须能够自由地思考个人责任、组织义务和互助关系，从而在日常生活和组织行动中，尝试承担起相关的个人与社会责任。假如他们从来无法自由地思考责任与义务之类的问题，而是由国家不断地进行强行灌输，而这些灌输又受到审美疲劳和心理抵抗的双重抗拒，结果自然就是在微观社会的失序与宏观社会的控制之间，出现背道而驰的行为现象"②。

可见，每个人对国家和社会的公共责任是社会治理的基本动力。如果我们把公德不是简单地理解为社会生活中的一般美德，而是把公德的本质看作公共责任和对公共利益的维护，把公德拔高到对国家利益的关注上来，公德就是一个普遍而宏大的功利主义概念。公共利益不仅是可以促进社会发展的社会利益，同时也是国家发展的根本所在。在国家和社会中起主导作用的集团应当是公共责任的最大主体，同时政治集团的价值取向也是与公共利益相一致的。公共利益的实现必然与对国家和社会具有控制作用的政治集团的价值目标具有同一性，这是因为政治集团作为国家和社会发展的引领者，与社会成员的利益是一致的。因此，社会成员的公共责任与政治集团的利益高度融合。

---

① 任剑涛：《国家释放社会是社会善治的前提》，《社会科学报》2014 年第 1410 期第 3 版。
② 同上。

第五章　道德权利与道德规范

假若一个可以承担道德责任的人的某种行为源于其意向性的支配，那么在意识结构中就会建构起行为实施与社会认可的关联，继而从这种关联中激发主体对社会认可的诉求。这种诉求虽然不具有与社会认可之间的确定关联，但诉求本身以及主体具有的诉求的权利是不能否认的。因而，对社会认可的诉求不但成为行为实施的思想前提，也同时证实了他人与社会对道德主体的道德压力。道德压力体现了伦理关系中的对称性，对他人的道德义务来自于他人的现实存在所产生的道德态度。作为可以承担道德责任的个体，他会把这种道德压力作为道德意向性的前提，会有意识地把道德压力转化为道德规范的命令来看待。对社会认可的诉求，使个体能够把对作为行为对象的存在者的情绪归结到自身之中，于是形成了道德生活的存在方式。这种方式占据着个体意向能力的领域，目的是获得道德心灵对社会存在者整体的支配。这种对社会认可的诉求意向，是道德意识中本质性的功能，它体现了主体的道德权利。

第一节　道德权利与社会认同

道德权利的问题涉及政治哲学与道德哲学两种理论语境。政治哲学语境中的道德权利理论关注人类社会个体的存在、自由等本源性问题，道德哲学语境中的道德权利理论专注于人类个体在具体的道德情境中有关道德与利益关系的深入探讨，这是我国近三十年以来关于道德权利问题的主要论域。西方话语历来关注道德权利的政治隐喻作用，道德权利与自然权利、天赋权利是一组具有家族相似特征的概念范畴。古希腊时期的自然法理论以及近代的自然权利理论，都是以不证自明的方式为法律权利或习惯权利赋予理所当然的道德优势，旨在为人类个体的权利奠定先天正义的基础，并提供本源性和绝对性的价值辩护。当然，功利主义者以及实证主义法学并不相信自然的、非规定性的道德权利，认为自然理性揭示的自然权利毫无意义。政治哲学语境中的道德权利是否存在，是一个颇具争议的问题，但无论是赞成还是反对，论辩双方在道德权利的语义理解上具有基本的共识。与之相比，国内学界关于道德哲学语境中的道德权利的理解分歧较大。笔者将对这一问题展开尽可能全面的分析，并提出新的分析论证。

一　道德权利概念新解

从现有的研究来看，国内学界对道德权利的理解主要有以下四种模式。（1）道德权利是由一定的道德体系所赋予人们的、并通过道德手段（主要是道德评价和社会舆论的力量）加以保障的实行某些道德行为的权利。[1]（2）道德权利与道德义务紧密相连，拥有一项道德权利必然意味着他人有承担这一权利的义务。道德权利为确证一个人的行为的正当性和要求他人的保护或帮助提供了基础。[2]（3）道德权利可以是行为者基于道德义务而产生的请求报答权。[3]（4）道德权利是道德主体者基于一定的道德原则、道德理想而享有的能使其利益得到维护的地位、自由和要求。[4]

以上定义从不同层面阐述了道德权利的研究思路，也使这一问题变得异常复杂。需要进一步探讨的是，这些观点各异的道德权利学说不仅需要考虑相互融合的问题，同时也引发以下四个方面的思考。

第一，道德权利的运行领域是行为活动还是属于主体的意识范畴？模式（1）显然关注的是行为权利，但这一判断无法完整地揭示道德的本质。道德权利的非制度性是由道德的软约束特征决定的，一种不能像法律权利那样可以制度化的权利，其可靠性首先存在于思想领域，个体可能在特定的情境中无法实施道德行为权利，但关于行为实施的思想主权是无法排除的，也是不受阻碍和侵犯的，正如模式（4）认为，以道德权利形式存在的个体地位、自由与要求是利益的实现依据而不是利益本身。

① 杨义芹：《道德权利问题研究三十年》，《河北学刊》2010 年第 5 期。
② 冯契：《哲学大辞典》（上），上海辞书出版社 2007 年版，第 842 页。
③ 杨义芹：《道德权利问题研究三十年》，《河北学刊》2010 年第 5 期。
④ 余涌：《道德权利研究》，中央编译出版社 2001 年版，第 30 页。

　　第二，道德权利能否在与道德义务的交互关系中加以确证？模式（2）在分析方法上显然是参照了马克思所说的"没有无义务的权利，也没有无权利的义务"①的权利与义务的关系模式。但是马克思的表达有着特定的语境，这就是《国际工人协会共同章程》中规定的工人阶级的政治权利与政治义务。政治领域中的权利与义务往往得到法律的保障，而道德与法律的区别在于，道德领域中的权利与义务不是"必然的"而是"应然的"，应然性决定了道德权利与道德义务之间不存在严格的对应关系，以怨报德、不讲诚信等现象显然加深了两者之间的不确定性。另外，道德权利也不能等同于道德义务。模式（1）所言的行为权利，暗示了道德权利与道德义务的同一性。问题在于，道德义务是建立在高度的自律性和责任感基础上的义务，而道德权利并非只是行为选择。例如，对于"营救落水者的权利"而言，该权利对于不会游泳的人来说既可以履行也可以放弃，而对于水性极好的专职施救者来说，营救就不能是一种权利而必须是一种义务，这种义务不仅存在于思想领域而且必然有所行动，而道德权利的必然性首先在于它是以一种思想权利而非行动选择，将道德权利等同于道德义务，必然是对道德权利本身作为一个概念的取消。

　　第三，道德权利是对道德行为的回报吗？模式（3）是对模式（2）的具体化分析，将"道德权利"理解为行为者在道德行为之后所应该得到的回报，这似乎是一种将权利简化为外在利益的激进的道德权利理论。回报的要求一旦被充分释放，势必弱化甚至伤害道德义务的崇高性，这就是道德权利理论为什么被边缘化、为什么大多数人反对道德权利的理由。然而，如果任意地反对任何形式的回报而认为道德只是义务以及道德意味着牺牲，那么就会因为"好人不得好报"而使社会失去公正。对于扶起摔倒老人之后反被诬陷的人来说，如果将义务论贯彻到底，施救者必须接受"自作自受"的后果。显然，见危不救的主观障碍来自主体能否获得公正评价的不确定性，不是希冀某种回报而是期望不偏不倚的公正评价已经成为道德行为实施的最低诉求。"道德意味着自我牺牲"是一个难以普遍化甚至诱发道德风险的原则，如果公正原则得不到有效的遵守，那么人与人的关系就会受到损害。如何保持"回报"与公正之间的同一性，在

---

　　① ［德］马克思：《马克思恩格斯选集》第3卷，人民出版社2012年版，第173页。

于如何界定道德权利意义上的"回报"，而根本问题是准确认识权利与利益的关系。

第四，关于道德权利的分析是否必然囿于某种道德体系？模式（1）与模式（4）认为道德权利应与特定的道德体系以及相应的道德原则相符合，也就是说道德权利应体现一定社会的或阶层的价值取向，反映一定社会或阶级的客观道德关系。由此可知，在集体主义原则的道德体系中，道德权利作为主体的利益表达通常是可以忽略的，如果主体在实施道德行为之时考虑行为之后的"道德权利"，就与"为人民服务"的核心理念相背离。在"以义为上"的道德评价体系中，义务之于权利的优先性标志着道德的无限崇高，其结果或者是否认道德权利，或者就是将道德权利等同于道德义务，将道德权利看作道德义务的权利形式。另外，在以个人主义为原则的道德体系中，个体利益的优先性意味着道德权利的绝对化，以道德权利的政治哲学语境掩盖了道德权利的道德哲学本质，借自然权利之名奉行道德虚无主义。由此不难发现，问题二与问题三的理论困惑之根源在于道德权利如何与道德的价值评价功能形成有效的契合，这就要求我们重新审视道德权利之于特定道德体系的理论限度，使道德权利的研究遵循具有普遍意义的哲学分析原则。

从道德权利的不同定义及其诸多疑问来看，在各种问题的争议中存在着核心概念的交集——如何认识与道德权利直接相关的利益是一个无法绕过的主题。以至于我们有必要去分析行为权利与思想权利的利益之别、道德回报的利益本质以及不同道德体系的利益向度等问题，这些问题既是对伦理学的基本问题即道德与利益的关系问题的深化，也是在伦理学基本问题的框架内探讨道德权利定义的一种全新的逻辑思路。建构新式的道德权利理论，就是要针对传统道德权利毁誉参半的困境，从道德权利的存在与实现层面确立道德权利的合法性基础，解决道德的崇高性与个体利益需求之间的一致性问题。

在问题导向中重新定义道德权利，应当遵循以下原则。首先，道德权利在理论上应当反映哲学研究的普遍性原则。道德权利理论不应归属于特定的道德体系，这并非是否认道德体系，而是说道德权利在理论上是任何道德体系都能接受的，并且作为道德体系可以兼容的道德权利只能是思想性权利。其次，道德权利理论必须能够同时为道德理想与现实需求提供可靠的论证，并且在二者之间建立以利益诉求为核心的贯通模式。基于这些原则，可为道德权利做出如下界定：道德权利是指主体对其行为应当获得社会隐性认同或显性赞誉等肯定性评价的内在诉求。显然，主体对于社会认可的诉求是一个内在冲动的概念，塞尔称之为意向性。他说，"心理状态具有意向性，意思不过就是说这种心理状态涉及了某物。例如，一种信念总是一种这样或那样事情的信念，一种愿望总是一种这样或那样可能发生或可能存在事情的愿望。意向状态的内容与类型有助于将心理状态与世界连在一起，而这种联系正是我们的心具有心理状态的原因。"① 可见，道德权利是一个把主体意向与现实社会联系起来的概念，反映了主体的道德心理。而且，对于人的行动结构的说明，塞尔认为："意向的因果关系将具有决定性的意义。意向的因果关系中基本的东西就是我们将要考察的那种状况，即人心导致它一直在思考的那种事态的状况。"② 当然，塞尔的意向性概念并非仅仅针对具有道德意义的行为，但可以看出行为的内在诉求与意向性的关联是一致的，如果行为具有道德意义，那么意向性概念的论证将有更充分的理由。这一点可以从意向状态的三个特征中看出来，第一，意向状态由存在于某种心理类型中的一种内容构成，第二，它们取决于它们的满足条件，也就是说，意向状态是否满足取决于世界与意向状态的内容是否相符。第三，它们有时导致事情发生，它们通过意向的因果关系导致一种符合，即导致它们所表现的事态，导致它们自己的满足条件。③

需要指出的是，意向性的概念只是心理过程的描述，为了说明道德权利定义的合理性，需要用分割成各个部分的办法来对待作为整体的道德权利概念，用辨识各种组成因素的办法来对待抽象性的结论，也就是需要对道德权利的存在以及与之相关的利益实现机制加以分析论证。

二 道德权利的存在论分析

作为规定个体内在诉求的道德权利，是人类理性所具有的根据道德要

① [美] 约翰·塞尔：《心、脑与科学》，杨音莱译，上海译文出版社 2006 年版，第 50 页。
② 同上书，第 51 页。
③ 同上。

求处世行事的意向性能力。权利意识通常与道德义务相伴随，既是对行为正当性的自我确证，也是对社会肯定性评价的自觉期待，反映了人类个体社会生活的理想。马克思说："在社会历史领域内进行活动的，是具有意识的、经过思虑或凭激情行动的、追求某种目的的人；任何事情的发生都不是没有自觉的意图，没有预期的目的的。"① 社会道德评价具有赋予和纠正个体的自觉意图的功能，主体在道德行为实施之前应产生对于社会肯定性评价的内在诉求。可见，道德权利的直接来源是主体的意识领域，但道德权利的真实性基地是生活世界尤其是社会伦理关系。道德权利中的善的意向与康德的善良意志是不同的，善良意志是超验的，它是"先天地存在于我们的理性中的实践原理的源泉。"② 我们有理由相信，社会伦理关系是检证个体诉求的唯一领域，是道德权利的合法性基地，离开这一基地就无法确证每一个体普遍必然的善良。

道德权利总是反思性的存在而非直接性的体验。例如我在图书馆保持安静、在购票时遵守秩序等等，这些行为是自然形成的道德习惯，符合生活中的"应当如何"的道德规范。然而，我可能从来没有思考过，我内心中隐藏着某种权利意识，我之所以做出这些行为，是因为我认为这么做可以获得他人心照不宣的赞誉，并且我有足够的自信可以产生获得肯定性评价的内在诉求。在广泛的意义上，即便我对于行为是否可以获得社会的肯定性评价难以确认，也不影响道德权利的存在。例如，我们需要在道德两难的窘境中做出充分权衡之后的唯一选择，但我们也知道无论做出什么样的道德选择都不可避免地遭受社会的非议，但任何道德选择必然可以追溯到以某种认知为基础的内在诉求。

显然，诉求权是道德权利的本质，权能是道德权利的存在方式。权能是道德主体不可转让和不可剥夺的能力，体现为权利能够得以实现的可能性，尽管它并不要求权利的绝对实现。主体对于社会肯定性评价的内在诉求是一种先在的自然事实，是处于事物本身和人们在经验这些事物时所具有的主观状态之间的领域。③ 作为对内在诉求的检证，社会评价作为价值

① 马克思：《马克思恩格斯选集》第 4 卷，人民出版社 2012 年版，第 253 页。
② ［德］康德：《道德形而上学的奠基》，中国人民大学出版社 2013 年版，第 4 页。
③ ［德］舍勒：《知识社会学问题》，华夏出版社 2000 年版，第 13 页。

判断发生于已然之后，这种评价可以是不确定的，但不能否认道德权利的实存。在此意义上，道德权利的存在与行为选择以及道德责任无关，而是否获得社会的肯定性评价是检证主体内在诉求能否成立的重要标准。因而，权能意识并非道德主观主义，内在诉求尽管意味着每一个体持有某种道德观点，但同时认为该种道德观点的有效性来自于社会评价而非自我认证。因此，仅就纯粹的内在诉求而论，权利意识应当是可以超越任何道德体系及其道德原则的普遍意识，道德权利作为哲学分析的对象是一种不偏不倚的具有普适性的意向性概念。

与囿于特定的道德体系和道德原则的传统道德权利理论不同，存在论意义上的道德权利无须介入道德相对主义与道德客观主义的论争。道德相对主义的基本立场是否认普遍有效的评价标准，认为任何理性的判定程序本身必然包含了某些根深蒂固的、规范的、历史的和文化的预设，道德正确性的标准应该按照不同社会的社会规范和道德规范加以确定，而且只有相对于那些规范才具有有效性。① 由此可见，道德相对主义在理论上关注行为，而不涉及作为个体对行为可能获得社会肯定性评价的自我意向。道德权利的存在论体现了主体形式上的自由与平等，而不能确认其行为正当性的普遍共识。内在诉求虽然是从人类生活实践的一些经验观察中产生的，但诉求权仅反映主体形式上的要求，在概念上表达了一种自然事实的存在，不牵涉道德体系或社会规范中的价值判断，这是与传统道德权利理论的一个显著区别。也就是说，道德权利只涉及诉求，道德权利的主体意义是纯粹主观性的，只有在社会中才能确证和实现。道德权利的纯粹主观性，类似于黑格尔所讲的主观层面的"任性"，必然要在客观的伦理世界中加以把握。所以道德权利的诉求可能是正当的也可能是不正当的，需要在社会伦理关系中加以检验。传统的道德权利理论有以下表述："如果我有权做某事，那么我就有做这件事的道德理由，他人没有理由来干涉我。"② 就"我就有做这件事的道德理由"而言，这一假设符合权利的意向性，是主体内在诉求的依据，这一诉求并不产生道德相对主义的诘问。

----

① 徐向东：《自我、他人与道德——道德哲学研究》上册，商务印书馆 2007 年版，第 44—45 页。

② 冯契：《哲学大辞典》（上），上海辞书出版社 2007 年版，第 842 页。

问题在于，不能从内在诉求推出"他人没有理由来干涉我"，后者显然来自于道德相对主义的宽容态度和理论支持。道德相对主义反对将某种道德准则强加于人，将特定道德共同体的道德原则和规范看作行为正当性的判断依据，因此存在着价值判断的多元化导致评价结果的不确定性。存在论意义上的道德权利是一种事实的客观描述，并不考虑行为的正当性，主体的内在诉求并不意味着社会的普遍共识。道德权利仅仅表达了主体"应当如何"的意愿，从"应当如何"无法推出"应当如何是好的"。[①]

三 道德权利的实现机制

分析道德权利的实现机制应以道德权利的存在论解读为基础，反映了道德权利的存在论要求。道德权利存在的基础是主体意识以及与主体相关的社会伦理关系，这仅仅是道德权利实现的必要条件而不是充分条件，道德权利的实现需要社会隐性认同或显性赞誉的肯定性评价。

道德权利实现的两种方式。其一是他人及社会的隐性认同。例如在图书馆里保持安静或者在购票时遵守秩序，一般而言他人对于这一行为不会公开表示认同，而是彼此心照不宣地默认。这与人身权、人格权或所有权等类似，只要非特定义务人不去侵害、干涉，就不会以要求的形式表现出来。道德权利的实现方式之二是显性赞誉，这主要是指个体或组织对道德主体精神上或物质上的褒奖。只要行为主体没有主动提出利益要求，那么该种褒奖就是十分必要的。无论是将道德行为看作绝对意义上的自我牺牲，还是对不道德行为冷眼旁观视而不见，都是对道德本身的伤害。惩恶扬善所体现的公正原则，应成为个体道德权利的基本要求。

道德权利是理论上存在的权利，其实现具有很大的不确定性。道德权利的存在只是为其实现提供一种可能性，道德权利内在诉求并非任何时候都可以获得认同，例如生活中就不乏以怨报德之人，许多被救助者不仅不言谢而且还对救助者进行攻击诬陷。此外，虽然道德主体的内在诉求没有被直接否定，但他人做出违反社会普遍准则的行为，也是对道德权利的侵犯。例如，甲正在售票大厅的某一窗口排队，同时乙在另一窗口违反排队规则，虽然乙并没有直接侵犯甲的利益，但对于甲而言，其行为引发的内

---

① 赵汀阳：《论可能生活》，中国人民大学出版社 2010 年版，第 33 页。

在诉求并未得到乙的认同。

从根本上看，道德权利无法实现的原因是道德权利得不到切实的保障，这就导致了许多见危不救的事情发生。能够得到保障的权利只能是法律权利，可以保障权利的必然是具有强制性的力量，法律权利必须能够得到实现，否则就不是法律权利；道德权利不可能得到保障，任何组织或个人只能建议而无法强制道德行为的受益者对道德行为的实施者做出肯定性的回应。在这一点上，无论是政治哲学语境中的道德权利还是道德哲学语境中的道德权利都不能得到保障，这或许就是边沁反对道德权利的理由之一。道德权利的实现基于社会肯定性评价，但这与边沁关于权利总是与社会承认相联系的观点貌合神离。边沁所认为的那种在本质上预设了社会承认和社会强化的权利是制度性的，是法定权利或制度化的权利。道德与法律的本质区别在于，道德权利是非制度性权利，如果道德权利也可以依靠强制力量得以保障的话，就违背了道德的本质。以强制的方式谋求道德权利实现的确定性，这就是道德法律化的主要依据，其目的是事无巨细地以法的形式实现社会公正。因而，道德法律化势必要求道德权利的法律化，道德权利也就被理解为狭义上的应有权利，指当有、而且能够有、但还没有法律化的权利。[①]

道德权利的实现方式及其不确定性，表明道德权利实现的客体是内在利益。美国著名法学家庞德指出："通过使人们注意权利背后的利益，而改变了整个的权利理论。"[②] 这一论断指出了利益是权利理论研究的方法论要素，但法律与道德的区别要求我们必须考虑利益的复杂性，从而把握道德权利的特殊性。道德权利的存在论表明，内在诉求反映了个体的思想主权，与思想主权直接同一的利益只能是体现道德精神的内在利益。麦金泰尔的德性伦理学关注了利益区分的问题，外在利益是基于资源有限从而成为竞争的对象，如金钱或物质财富；内在利益是从道德实践中获得，麦金太尔指出："美德是一种获得性的人类质量，对它的拥有与践行使我们能够获得那些内在于实践的利益，而缺乏这种质量就会严重妨碍我们获得

① 张文显：《法哲学范畴研究》，中国政法大学出版社 2001 年版，第 311 页。

② ［美］庞德：《通过法律的社会控制法律的任务》，沈宗灵、董世忠译，商务印书馆 1984 年版，第 46 页。

任何诸如此类的利益。"① 在道德权利结构中，个体内在利益的实现基础是内在诉求，因而在个体的内在利益之间并无冲突，内在利益是自我体验而不是分配的问题。道德权利的实现之所以是不确定的以及道德权利无法被保障，在于道德权利本身是内在利益。传统道德权利理论在很大程度上是对权利理论的一般性参照，是在道德与外在利益的关系中展开的，从而在与道德义务的对立中理解道德权利，不仅不能正确地理解这一概念，也无法找到道德发生的真正动因。从内在利益来理解道德权利，可以准确地把握个体的道德规律，道德行为的发生机制在于个体萌发内在利益的驱动，以此赋予个体不言而喻的道德动力，个体只有对行为可获得社会肯定性评价存在心理预期，这种行为才符合道德规律。

以实现个体内在利益为目的的道德权利意味着人格与尊严的自我实现。一般来说，道德行为总会为了他人的利益而牺牲了自己的某些利益，但牺牲总是财物、时间、体力等外在利益的牺牲，而不是尊严和人格的牺牲。对于那些做了好事却被诬陷的人来说，最大的痛苦莫过于心灵的创伤。无罪的人身陷囹圄，最致命的打击不是失去行动的自由而是饱受心灵的折磨。对于合法权利遭受侵犯的人而言，正如耶林指出："被害人为提起诉讼而奔走呼号，不是为金钱利益，而是为蒙受不法侵害而产生的伦理痛苦。"② 于是，权利侵犯最深刻的领域是道德领域，这就使道德权利成为不可放弃的权利。

对道德权利做出新的分析论证，是在主体内在诉求和社会肯定评价组成的两极之间以及这两者之间存在的张力的基础上，从个体的内在利益层面对道德权利的本质加以规定，内在诉求是个体实现内在利益的必要的意向性表达，对于个体内在诉求的社会肯定性评价是内在利益实现的充分条件。在道德哲学语境中，尽管传统的道德权利理论也将利益视为道德权利的基本要素，但对于道德权利的利益属性缺乏细致的识别与分析，以至于将主体对于行为正当性的诉求权这一客观事实直接等同于利益正当性的价值判断，从而在没有充分考虑利益的正当性只有在社会伦理关系中才能得

① ［美］麦金太尔：《追寻美德：道德理论研究》，宋继杰译，译林出版社2003年版，第242页。

② ［德］耶林：《为权利而斗争》，胡宝海译，中国法制出版社2004年版，第11页。

到说明的前提下，就断然做出道德权利的正当性结论，这不仅在理论上模糊了道德权利与法律权利的重要区别，同时也进一步弱化了道德的精神本质。

从主体内在利益的实现机制来分析道德权利的正当性问题，对于深入分析道德哲学领域中的主客二分问题具有重要的理论价值。政治哲学语境中的道德权利之所以备受质疑，在于自然权利、天赋权利等与之具有家族相似的概念只能表达某种"抽象的善"。由于这些概念的实质内涵无法准确界定，因而在实际生活中具有空泛的形而上学特征。有学者已经觉察到"绝对权利"带来的困扰，例如人权的绝对性违反了公正原则。的确，我们很难从绝对的人权概念中找到可靠的价值基础。如果权利可以超越任何一种生活之善，那么权利的绝对性或者说权利的压倒性优势就包含着难以避免的矛盾。如果某种权益要求以权利的方式进行展示，那么任何一种权益都可以基于这样的原则表达为权利。由于权利可以超越一切对善的追求，就可能导致社会失序以及社会价值观的混乱。

有一种极为普遍的观点认为，法律是自由的界限，通俗地讲就是法无禁止即自由。但这个观点忽视了公共利益对权利的限制，而公共利益是社会肯定性评价的一个重要的出发点。例如，某富豪突发奇想，为了验证金钱的魅力，他向本市所有出租司机承诺，如果他们停止营运24小时，那么他将向每位司机支付超过其日运营收入10倍的回报。对于出租司机来说，不劳而获确实是求之不得的好事，对于富豪而言，这部分支出也无关痛痒，而仅仅是为了满足金钱带给自己的虚荣，或者是从出租车停运中感到异常的快乐。但问题在于，富豪的行为违背了公共利益，可想而知如果第二天全部出租车停运会给多数人的出行带来不便。如果我们假定法律没有禁止富豪的行为，那么富豪的行为是不是一种不容置疑的权利？显然，这样的权利诉求不能符合社会的肯定性评价。如果说寻求快乐是一个人的绝对权利，即便这种寻求快乐的方式没有违反法律，但因为它违背了公共意愿，这种权利在道德意义上是不成立的。因此，权利的道德属性要根据社会认可来进行判断，权利也必须依赖社会关系去确定。在这里，社会是权利的本体，社会认可的标准首先是公共利益，公共利益成为权利诉求的基本指向。

　　这就表明，个体权利一旦绝对化，那么权利的逻辑起点就是纯粹主观性的个人利益，道德选择不是依据社会伦理关系而是成为个体的特殊偏好，每个人都陶醉于自我立法而变得伪善，整个社会由于缺乏可公度的价值标准从而使道德相对主义进一步庸俗化。这种情形类似于霍布斯的自然状态，在自然状态中，正义行动和非正义行动的区别，完全依赖于个人良知的判断。① 在黑格尔看来，"这是主张自己为绝对者的主观性的最高度矫作"②，"良心如果仅仅是形式的主观性，那简直就是处于转向作恶的待发点上的东西，道德和恶两者都在独立存在以及独自知道和决定的自我确信中有共同根源。"③ 与政治哲学语境中的道德权利理论不同，以主体内在诉求与社会肯定性评价为基本要素的道德权利理论，一方面承认主体内在诉求的客观性，另一方面将内在诉求何以正当的评价权让渡给社会，所以道德权利不是行为主体自以为是的任性，它只有在客观必然性中才能真正实现。在此意义上，唯有客观伦理才是永恒的，并且是调整个人生活的力量。④ 如果我们认同社会肯定性评价是道德权利的实现条件，那么任何权利都必须有其社会基础。在某种情况下，选择自我牺牲也是人的道德权利，比如为了他人利益或者信仰自愿献出生命，就是道德人格的彰显，同样表达对社会认同的诉求意向。与这种道德权利相比，霍布斯那种从自我保全的层面讨论的生命权或财产权的自然权利，就不能是绝对的权利。因此，我们可以从道德权利的概念中发现更深刻的问题，就是道德权利以善的期待方式表达了人与人之间的互相尊重。

　　由此可见，道德权利进一步明确了社会伦理关系的本体意义，成为使"道德哲学清晰起来"的一个必要的说明。道德权利是一个与行为相关的意识范畴，它置身于规范伦理和美德伦理的纷争之外，无须卷入与道德价值有关的思辨性的复杂理论领域。

---

　　① ［德］施特劳斯：《霍布斯的政治哲学：基础与起源》，申丹译，译林出版社 2001 年版，第 27 页。

　　② ［德］黑格尔：《法哲学原理》，范扬、张企泰译，商务印书馆 1961 年版，第 146 页。

　　③ 同上书，第 148 页。

　　④ 同上书，第 165 页。

第二节　道德规范与道德行为策略

一　道德规范的权利基础

道德权利可以被看作个体的内在利益和外在利益之间的一个重要思想环节。如果说道德规范是与外在利益相关的，那么人们在赞同和允许某些行为时，并不是由于它是高尚的而只是因为它合乎自己的意志和利益，所以伦理赞同在本质上是出于私利。[①] 不过，善良意志是否存在的论证将会变得更加困难，因为要确证善良意志的存在，就必须证明私利是不存在的，但是证明私利是否存在以及考察私利因素在道德评价中的真实比例，也是一个属于意识内部的问题，因而和善良意志一样无从判断。私利是因为经验主义的缘故而无法被否认，而善良意志是因为形而上学的缘故而无法被相信。如果不能从善良意志来解释道德行为，就只能求助于行为与道德规范的相关性。此处所要揭示的问题，正是道德权利赋予了道德行为产生的理由，因为我们可以否认善良意志甚至否认道德价值，但不能否定行为主体对社会认可的诉求，诉求的指向是他人和社会，缺乏建构社会伦理关系的内在倾向，道德行为就不能发生。

当一个人的行为可能对他人的道德意识产生影响的时候，表明了一个人的存在是与他人的存在相关的，任何人不能单方面地要求对方承认其权利，否则权利就失去了社会的意义。正如有学者指出，"当我们进入社会生活并产生了相互交流的需要时，倘若我们只是从我们自己所占据的特殊观点去评价别人，而我们所作出的评价与事实不符，那么，不仅我们无法合理地把我们的评价和判断交流给别人，而且还会激起他人的反感和愤怒。在一个社会中，如果每个人都从自己特殊的观点、按照自己任意的倾向去看问题，那么社会就会一片混乱，甚至于最终就会解体"[②]。因此，每个人在与他人交往中都必须考虑他人的态度，每个人都必须在与他人的共在状态中才能实现自我。这样，道德权利就可以解释人类为什么要遵守

---

① 赵汀阳：《论可能生活》，中国人民大学出版社 2010 年版，第 141 页。

② 徐向东：《自我、他人与道德——道德哲学研究》上册，商务印书馆 2007 年版，第 201 页。

道德规范的原因，因为没有他人的认可就不能实现共在状态中的合作。相反，违反道德规范就是对他人存在的否认或蔑视。可见，道德行为不是没有条件的，行为在开始的某一时刻必须意识到他人的评价和判断。康德无条件的道德行为是不存在的，道德行为可以拒绝利益但不能排斥他人。例如面对老人摔倒的问题，如果"在保证自己权益的情况下，扶起老人"就是基于社会和他人认可的客观条件，也就是说在可能不被帮助者认同（内心认同与外在认同是不一样的）的条件下，一种道德行为必须被第三方所认可，也就是必须寻求某种公共性的认同。在这种情形下，保证自己的权益不被误解或侵犯就是为了获得社会的认可。当然，就"即使被诬陷，也要搀扶老人，相信迟来的正义"而言，做出道德行为的人坚信一种道德行为必然会被社会认同，是对内在的道德权利的一种信念。如果按照道德的本身要求——严于律己，宽以待人，那么道德就意味着牺牲。但是牺牲总是意味着心甘情愿的牺牲，违背意愿的牺牲显得太过于苛刻和残忍。道德行为中的自我牺牲一般来说是物质的、体力的或时间的牺牲，倘若一个人对道德的追求被社会误解，道德就失去了应有的价值。所以，当我们说人的最大的悲哀莫过于被人误解的时候，就是说一种道德行为的本来真相被刻意或者选择性遮蔽。在此意义上，道德权利被侵犯是最令人苦恼的侵犯，如果某种道德行为违反了人们的这种预期，就会使这种道德行为昙花一现。

从道德权利的社会功能而言，该权利所指向的社会认可是对个体权益的保护。当然，在不同的社会历史状态下，社会认可的依据和原则也有特殊和复杂的一面。例如，在中国社会，社会认可包括对"关系""人情"等交往逻辑的认可，当然我们不能简单地对"关系""人情"进行道德上的分析，只有当借助"关系"或"人情"谋取不正当利益的情况下才产生了不道德的行为。不考虑这种复杂情形，就无法实现与中国社会伦理关系的本质对接。道德权利强调对社会认可的诉求权，从道德权利的诉求出发，有诉求才有行为，有行为上的道德判断才形成道德规范。

在广泛的意义上，身体、财物、心灵都属于私有权利的范围。黑格尔就是从人格权以及作为人格权外化的财产权来阐述道德概念的。"私有"表明了一种属于"我"的意识。对于每个人而言，都有一个"我"的存在，这是一个人与人互相认可的状态，是恶意不能逾越的边界。迄今为止的历史表明，每个人都有可能遭遇身体、财物、心灵等私有权利的侵犯。其中，财物侵犯可能是最普遍的行为，也是按照某种理论（例如对共产主义的某种理解）最有希望解除的危险。对于身体的侵犯，如攻击、强暴、性骚扰以及由此导致的心灵创伤，即便是在毫无财物侵犯之忧的情况下也难以避免。此外，任何一种侵犯都必须被理解为撕裂社会伦理的行为。比如侮辱为什么是不道德的行为？人们为什么感觉到被别人侮辱是一种对自己的伤害？这不仅因为侮辱是对私有权利的侵犯，而且侮辱不能被社会所认同，人们只有在社会关系中才能认识到侮辱是一种伤害。如果世界上只有一个男人和一个女人，那么这个男人对女人的"非礼"就很难被认为是侵犯，因为侵犯的概念是在社会关系的认知中产生的，对于什么是侵犯的判断需要社会的认可。社会认可对于每一位个体而言，实际上反映了人的道德认知，通俗地讲就是实践领域中如何做人的问题。对此，有学者指出："人就是关系的存在，依照儒家思想的仁与伦的观点，人只有在关系中才能证实自己的存在，才能实现自己，这就是学会做人的问题。"①

如果说道德权利表达了人类个体对于社会认可的内在诉求，那么正是社会认可解释了道德规范的历史演化逻辑，"不准说谎""不准侮辱他人""不准违反市场经济规则"等等作为道德规范是以社会认可为前提的。可见，如果要从一个人可以做什么和不可以做什么出发制定行为标准，道德规范就是可以运用语言来表达的约束力量。道德规范意味着为社会成员制订了权利清单，相当于现代政府在宪法和法律框架内的权力清单，规定了什么可以做什么不可以做。道德规范规定了人的行为选择范围，"应当如何"不仅反映了社会的要求，还体现了一个人的权利，权利一定是属于"应当"范围之内的权利。道德规范作为非强制性的规范为人们自觉遵守，不仅是因为道德规范就其所维系的社会安全而言还没有必要加以强制服从，而且还在于道德规范是人们在长期的相互博弈中达成的共识。人类个体要在社会中生存，就必须和他人进行合作，合作是建立在双方尊重、友善的基础之上，生存状态如何不是自己单独建构的，而是要依赖于别人

---

① 翟学伟：《中国人的关系原理——时空秩序、生活欲念及其流变》，北京大学出版社2011年第1版，第88页。

是否愿意与我们交往，因此就必须遵守基本的道德规范。违反道德规范，无论是与陌生人交往还是与熟人交往都是不可持续的，即便是亲人朋友之间也必须以规范为交往基础，否则就会落得众叛亲离的下场。不遵守道德规范，就不可能与他人实现生活所必需的合作，在这个意义上遵守道德规范是人们趋利避害的要求。如果说遵守法律可以使人类个体免受刑罚之苦，或者是可以延续自己在社会活动空间的人身自由，那么遵守道德规范则使人在社会活动空间中获得以交往为前提的社会归属感，从而使自己不再孤单。当社会交往已经成为人类的基本需求的时候，即便是乞丐，如果对行人恶言恶语也不会有人同情。人类个体与他人建立合作关系是为了谋求生存所必需的基本利益以及自我实现的高度，人与人之间的名利之争尽管是矛盾的体现，但竞争需要智商和情商，尤其是情商意味着合作的必要性。合作体现了人我互惠的现代原则，与"推己及人"的相同点在于尊重别人的利益，但人我互惠不去假设先验的善良意志，它不管人性如何都必须认识到彼此合作的意义。这种交往原则不是基于同情而是基于合作，其特点是不能基于自己的偏见去理解别人的欲望。

二　道德规范的权威性和普适性

道德规范具有权威性和普适性的特点，同样的道德规范拒绝人我之间的双重标准，要求符合不偏不倚的原则，对处于相同情形中的理性个体而言具有同等的约束。道德规范作为调节性规则，应对个体之间、个体与组织之间可能存在的物质利益、荣誉、人格等引起的纠纷。

传统观念与现代思潮的碰撞在政治生活、经济生活、文化生活中成为常态，现实中依然存在善恶评价的逻辑混乱，核心价值观的实际影响还停留在概念表层，这些现象和问题导致了中国现代社会的复杂性，社会公众在许多方面还没有形成完整的集体态度。这种复杂性在互联网上表现得尤其醒目，有些问题已经超出文化相对主义的论争。例如，对破坏规则的人实施暴力是否合理、卖淫嫖娼是否应当合法化、现代化进程中的中国社会是否需要西方家庭理念等等，这些问题已经使人们重新反思相对固化的社会规范。

复杂的社会生活是道德哲学家强调规则的理由，他们认为过一种统一的道德生活的要旨就是遵守和服从基本的道德规则，而且这样做仅仅是道德生活的最低要求。由于规则的意图首先是调节社会秩序，这符合人的理性思维。后果主义的伦理学强调，道德上正确的行动就是能够产生最佳结果的行动。由于现代道德哲学把关注的焦点放到了如何行动的问题上，现代道德理论也倾向于为行为者制定如何行动的决策程序。道德规范是为了化解人际利益冲突从而解决人与人的合作问题，人类只有在合作中才能生存乃至生活得更好。遵守道德规范体现了个体对自由和行为的自我导向性约束，显示出愿意与他人合作的意向。有人指出，道德规范是以非集中化的方式执行的，一种不合作行为即使能逃脱法律的制裁，也不一定能逃脱所施加的惩罚。假定合作是一种人们普遍接受的社会规范，那么，如果一方合作而另一方不合作，不合作的一方就会受到社会规范的惩罚。这种惩罚表现为信誉的丧失，未来合作机会的损失或社会地位的下降，甚至仅仅表现为别人的鄙视而遭受的心理成本。社会惩罚很大程度上依赖于当事人对惩罚的敏感度，如他是否有其他的外部选择，是不是一个脸皮厚的人。①

因此，出于合作而被社会认同的道德规范必然在人类社会发展中成为一种演化稳定战略，这种演化稳定战略具体化为复杂的社会交往策略，归根结底是人的利益需求。不论人们是否接受或承认，道德规范本身具有激励功能乃至强烈的功利取向，尽管我们根据严格的义务论对道德规范本身的价值可以另当别论。在人类的利益格局中，希望他人对自己认同与物质需求是相互交织的。遵守道德规范和违反道德规范都可能获取利益，但遵守道德规范所产生的利益是正当的，通过侵犯他人权益而中饱私囊会受到他人的鄙视和憎恨，并且很难剔除这种行为导致的内在不安，名望和声誉的减损或许对于某些人而言并不在意，但不等于他不去承受这种压力。因此，在许多情况下，尽管人们明知道违反道德规范能够获得短时的利益，但他们也愿意遵守道德规范。

遵守道德规范应当成为每个人基于自身利益的承诺。人与人之间的承诺就像开车一样，一般不会有人故意和别人的车相撞，除非人为制造车祸。我们知道无论是开高级轿车还是开普通车，如果驾驶员都保证自己谨慎驾驶，保证不撞到别人的车或非机动车和行人，如果每个司机都这样想

① 张维迎：《博弈与社会》，北京大学出版社 2013 年版，第 339 页。

这样做，首先自己在驾驶中做到中规中矩，事故的发生率就会极大降低。因为没有人愿意拿自己的生命开玩笑，即便是市区低速行驶过程中发生擦碰也会让人心悬。因为只要发生交通事故，无论是否承担责任都会有所损失，比如修车要浪费时间而且在修车期间无法使用车辆，如果殃及行人的话后果就更严重了。在驾驶行为中每个人的自我承诺都意味着对社会认可的诉求。如果每一个人在和别人交往时都首先做到自我承诺，同时也预期别人会有相同的承诺，就会促进双方的合作。

以社会认可为前提，可以解释道德规范的权威性和普适性。现代科学意味着，人类借助于理性就可以认识和理解自然界的根本奥秘，因此现代科学的产生和发展也就昭示了人类理性的至高无上的地位。结果理性不仅被重新确立为人的本质特征，而且也被普遍化，成为一种相对超越与人类相关的特定传统和实践的东西。现代道德哲学家倾向于按照一种普遍主义的方式来理解和设想道德，例如义务论、后果主义就是以普遍的思维方式理解道德，在分析道德问题上遵循一个统一的原则。例如，规范伦理学的一个重要原则就是，同样的道德规范就处于相同情形中的理性个体而言具有同等的要求，这种要求不能以不同的性别、利益取向、价值观念以及社会地位的不同而发生改变。如果有人提倡"女性要比男性更符合宽容的要求""为了集团利益可以允许违反规则，为了个体利益不允许违反规则"等等，就违背了道德规范的权威性和普适性。再如，"不准侮辱他人"这条规范，无论对任何人都是成立的，这体现了一视同仁的人道主义原则。

道德规范的普适性拒绝人我之间的双重标准，规范要求必须符合不偏不倚的原则。如果某种规范系统地偏袒特定的人群，那么这个规范就难以获得普遍的认同和遵守。但在生活实践中，一部分人总是在认同道德规范的普适性要求下把道德评价仅仅看作对别人的评价而不是对自己的要求，总是在具体事务上进行变通，奉行双重标准。例如，有的人痛恨别人考试作弊，但如果自己有机会作弊就会心安理得；有的官员在台上振振有词地要求下属，却不注意对自己行为的约束。他们用道德规范去要求别人，对自己而言视具体场景灵活变通运用。这种道德与利益关系上的双重标准，在很多情况下还体现为对事实的认定。由于道德规范的权威性和普适性不能被质疑，一些人通过改变事实的"真相"或隐瞒真相来占据道义的制高点。如果事实究竟如何取决于利益的博弈，那么就会使事实的认定成为强者的逻辑，强者可以按照自己的利益取向来谋求事实的"真相"。在做出所谓的事实判断上，实际上已经预设了符合自己利益需求的价值标准。如果说从事实可以推导出价值，那么其前提必须是事实的可靠性。由于强者可以随意地制造"事实"，这种"事实"必定导致不公正的利益归属，因而会颠倒是非和扭曲价值判断。在很多社会质疑的事件处理中，人们并非不能从真正的事实出发进行价值判断，而是对事实本身的可信度存疑。由于事实如何取决于强者的利益，因而道德规范的功能最终成为强者一方的利益显现，整个社会生活的规则不得不由强权全面统摄。

由于每个人都可能是被侵犯的对象，因而道德规范反映的是人们对理想生活的基本要求。道德规范的权威性和普适性是为了寻求公正，而不是为了发现美德。霍布斯的自然状态理论，在现代意义上是对社会秩序的底线反思，也可以反映现代转型过程中人的焦虑。当社会中的侵犯与伤害成为常态的时候，个体对他人的伦理要求必然是基础性的，表现为免于侵犯的自由。每个人在遭遇不幸的时候都希望得到他人的援助，但最起码的是不能被落井下石，雪上加霜。另外，道德规范也是保证社会秩序的技术性策略。每个人都在追求利益，为了在冲突中避免各方蒙受损失，人们决定分别获得大体上的可以接受的利益。所以，道德规范实际上只是抑制过分的欲望，同时确保每个人应该得到的利益符合分配正义的原则。试图以善良意志的标准去讥讽道德规范的底线标准，或者根据底线标准的维护来塑造理想道德要求都与实际生活难以一一对应。人类在道德规范的约束下进行行为选择，道德规范表达的不仅是要求，也是行为价值与意义的指导。规范的意义体现了生活的价值，它与人类行为之间是一种因果关系。当然，任何时候总会有个别人不遵守规则，而且这种现象非常普遍，但个别人违反道德并不能改变人们对道德规范的有效预期，因为道德规范一旦在社会领域获得普遍认同，个别人的破坏并不会导致它的瓦解。

三　道德规范的规则属性

塞尔从行为事实出发区分了两种不同的规则，这就是调节性规则和建构性规则。他举例说，有些规则是对先行已经存在的行为形式进行调节的。例如，"靠右行驶"的规则。行驶可能发生于道路的任何一侧，但是由于行驶的事实是既定的，因而要有某种方式对它进行调节，这是很有用的，于是，我们就有了"这样做或那样做"这种形式的规则。一般地说，我们有一些对独立于规则而存在的行为进行调节的规则，诸如此类的规则是调节性的（regulative）。它们对先行存在的行为形式进行调节。①

与调节性规则不同，塞尔认为建构性规则"对于所要调节的行为形式不仅进行调节，而且还进行建构，或使之成为可能"。典型的例子就是下棋的规则。并不是先有人们在一块木板上来来回回地挪动一些小木块，然后最后才有人说："为了避免互相碰撞，我们需要有某些规则。"下棋的规则同行驶的规则不一样。毋宁说，正是下棋规则的存在才决定了有下棋的可能性，因为下棋就是按照某个确定的一大套棋类规则来行事。我把这样的规则称之为"建构性规则"，因为按照规则行事就是在建构由这些规则所调节的活动。②

那么，道德规范是调节性规则还是建构性规则？我们从塞尔的分析中可以找到一条核心标准，就是行为能否独立于规则而存在。单纯调节性规则针对的是那些独立于规则而存在的行为。比如汽车行驶在客观上是独立于规则的，没有任何规则并不影响汽车的行驶，因为汽车行驶的客观条件是汽车本身可以行驶以及行驶所需要的道路。在这种情形中，可以不考虑汽车行驶可能产生的后果，比如车辆之间的碰撞或者交通堵塞等等。在夫妻关系上，有爱情自然就有忠诚，忠诚是由于爱情而对其他异性不感兴趣，不是因为遵守忠诚的规范所以保证了爱情。调节性规则的作用是为了避免可能存在的伤害，本质上是对人与人的关系的调节。在人类社会发展过程中，物质生产方式决定了法、道德、制度、哲学等上层建筑或意识形态的形式和内容，引起了人们行为方式的变化，随着新事物的出现就会产生新的规则和规范，例如金融业与相应的行业规范、互联网的普及与相应的网络道德规范等等。例如不准杀人和不准污染环境，前者是历史延续的传统规范，而后者则是资本主义工业化以来的新问题。

对这个问题的说明，除了历史唯物主义的原则，还有哲学本体论的阐

---

① ［美］约翰·塞尔：《心灵、语言和社会——实在世界中的哲学》，李步楼译，上海译文出版社 2001 年版，第 117—118 页。

② 同上书，第 118 页。

释。道家学派的老子认为，只有在那种自然而然的道德被破坏的情况下，道德规范才成为可能。例如，在人与人之间的自然亲密关系破坏时，才有忠孝的规定。这一点与马克思对感性活动的阐述是相似的。感性对象性关系是人与自然、人与人之间的理想状态，在这种关系解构之后，也就是本体论解构继而认识论路径开启之后出现了主客之间的对立。老子的人与人的关系是本体论的状态，而道德规范是认识论形式加以规定。这些规范就是调节人与人之间利益关系的规则，因而道德规范是调节性的规则而不是建构性规则。建构性规则强调的是如果没有某种规则就没有行为事实，或者这种行为是毫无意义的行为，例如塞尔所说的下棋。同时，下棋是遵循一定规则的行为，这种规则在以后的对弈中起着调节作用。正如塞尔指出，建构性规则也进行调节，但它们所起的作用不仅仅是调节；如我所提示的那样，它们建构了它们所调节的活动本身。①

在考察道德规范的形成和作用方式上，塞尔关于调节性规则和建构性规则的区分或许不应限于行为能否独立于规则而存在。道德规范针对的基本问题是人与人之间可能的侵犯，即对财物、身体和心灵的侵犯。与建构性规则相比，调节性规则的作用范围正是社会侵犯领域，例如劝止人们放弃暴力、盗窃、欺骗、毁约、人格侮辱等行为或意向。按照塞尔的理解，建构性规则产生于行为事实之前，没有规则就没有真正意义上的行为，此类行为大多不具有社会危害性。人们既然参与建构性规则的行为，已经表明对规则的认同。例如，象棋规则规定了车、马、炮等棋子不同的走棋路线，一些不懂象棋规则的人违背象棋规则只能是无知而不是无耻。因此，建构性规则一旦形成，就会在历史发展中相对固化并形成共识，人们一般不会无缘无故地违反。例如在棋类比赛中，干扰对手思考甚至威胁对方，或者利用高科技手段作弊，这是对调节性规则的违反，而不是违反建构性规则。或者说，这是在遵守建构性规则的前提下对调节性规则的违反，是对诚信的违背，属于道德规范的约束范围。这同时也表明，作为调节性规则的道德规范，是建立在利益之争的基础上，只有存在着有价值的东西可以竞争，才需要道德规范来调节。人们不会因为建构性规则而产生冲突，

① ［美］约翰·塞尔：《心灵、语言和社会——实在世界中的哲学》，李步楼译，上海译文出版社2001年版，第118页。

反对建构性规则的人只能选择放弃利益之争，因而也就不存在侵犯他人利益的可能。

四　道德规范中的声誉机制

在现实生活中，道德规范是人们普遍认可和遵守的行为准则，它的作用机制主要包括两个方面。其一，是自我执行，也就是人们通过长期实践把道德规范内化为道德信念，实现对道德规范的单方执行。这是道德规范作用机制中无须监督的最佳方式，意味着个体"不想违反规范"，并通过最低的成本促进与他人和社会的合作。其二，道德规范通过人与人的交往中的声誉机制来发挥作用，或者通过社会力量对当事人的行为进行质疑、讥讽或羞辱，以此实施惩罚，使个体"不敢违反规范"，从而维护道德规范的权威。道德规范是社会规则的一部分，是社会良性运转的一个技术性措施，它考虑的是像这样一些源于"应当"的规定是否有利于一个社会的合作和秩序。因而，道德规范首先是基于社会利益的考虑而不是为个体道德意识的提升制定的。在现实中，道德规范的作用机制可以是同时发生作用的，如一个人诚实守信，可能是出于自身的道德良心，可能是担心如果自己不守信的话对方将不再与自己交往，从而失去未来合作的机会，或者不遵守道德规范无法承受相应的社会压力。在道德规范的作用机制中，道德规范的自我实施完全依靠个体良知，但严格地说，良知、善良意志等等是既不能证成也不能证伪的概念，自我执行的方式可能是最不具有确定性的方式。因此，个体良知并非一定是康德无条件的绝对义务，而是当事人出于自利的原因自觉执行，而无须通过任何的强制力。为了客观反映现实道德生活，我们把分析的重点放在道德规范的作用机制的第二种方式——声誉约束。与自我执行相比，声誉约束更容易显现道德规范作用机制的确定性。由于道德规范与法律规范存在根本的区别，在分析这一问题之前，我们首先考察作为道德规范之效力背景的社会力量这一概念。

社会力量与国家力量的根本区别是它不具有强制性，不能通过法定权力对个体的不道德行为进行惩罚。博格森在《道德与宗教的两个来源》中把社会力量看作人们对习惯的服从，他说："在这个多少是人为的有机组织中，习惯就会发挥像必然性在自然物中所起的那种作用。由此观之，社会生活就表现为一个多少是稳固的习惯的系统，与共同体的各种需要相适应。这个系统中的一些是有关命令的习惯，绝大多数是有关服从的习惯，无论我们服从的是执行社会命令的某个人，还是来自社会本身的命令，我们都能模糊地感到其间发散着一种非人格的强制。所有这些服从的习惯都会对我们的意志产生压迫。"①

可见，作为社会力量的道德规范尽管没有强制力，但并不意味着道德规范的作用机制没有制裁效果。道德规范的执行力的基础是社会的普遍认可，这种方式的惩罚实际上是一种全民的惩罚，因为道德规范在根本上立足于社会共同体的价值共识，这一点在集体主义原则中更为明显。集体主义的集体不是个人的简单集合，它是一个共同的价值观念的集体，这是集体概念的最重要的内涵。规则、共识和共同的价值观念和需要维护的秩序构成了共同体的核心。正是价值观念和共同秩序的必要性，使得道德规范的执行成为社会共同体的多数执行。多数人对少数人的社会监督会极大提高违反规则行为被发现的程度，将对少数人的不道德行为的监督分摊到多数人身上，因此在某些情况下道德规范成为一种成本低廉的社会执行机制。社会秩序的力量显然可以迫使个体正确应对与他人关系，正如博格森指出："一切事物都尽量促使社会秩序成为对在自然中所观察到的那种秩序的模仿。显而易见，我们每个人当其只想到他自己时，都感到可以随意遵循他的爱好、欲望或幻想、而不考虑他的同伴。但这种倾向一旦形成，就会立即碰到由所有社会力量的累积所形成的某种力量：不像一意孤行的个别动机，这种力量会最终形成与自然现象的秩序相类似的某种秩序。"②

与国家力量的强制性不同，社会力量的制裁效果是通过巨大的声誉压力体现出来的。声誉是一个人社会生活的重要方面，是人格的核心要素。人们愿意和声誉好的人打交道，远离那些声名狼藉的人。买家总是选择那些声誉好的卖方，声誉差的企业会在市场竞争中被淘汰。因此，为了让他人愿意和自己合作，必须向外界展示良好的声誉。相反，为了制裁那些违反道德规范的人，利用声誉机制的惩罚就是非常有效的手段。声誉机制把

---

① 万俊人：《20 世纪西方伦理学经典》第 2 卷，中国人民大学出版社 2005 年版，第 111 页。

② 同上书，第 112 页。

道德本身看作一种制裁的工具，这也是后果主义的思路。例如，把罪犯游街示众是为了震慑犯罪，而不顾及义务论所考虑的行为本身是否正当。在后果主义者看来，严格的义务论所坚持的"正当性"经常限制了那些有利于社会秩序的实效性方案。在人类社会领域，人格羞辱比罚款和限制人身自由甚至是处以极刑等法律惩罚更让人感到难堪。正因为如此，从传统社会到现代社会始终注重声誉机制的惩罚功能。例如，中国古代的法律中有刺字、游街、流刑等对罪犯的羞辱性惩罚。当代社会也存在这一现象，如果人们不考虑严格的义务论所要求的正当性原则，那么声誉制裁就体现了后果主义对社会治理的实效性要求。例如把嫖客和妓女、小偷等人游街示众、举行公审大会，或者是在处理贪官的同时揭露其生活腐化、道德败坏的行为，目的是使之斯文扫地，要让公众在情感上对其进行羞辱，不仅在法律公正的意义上让犯罪分子感到罪有应得，还要让他们承受长期的社会压力。

可见，在毁损名誉的惩罚方式中，羞辱是比讥讽、嘲弄更为严厉的手段。法律制裁恢复了理性的公正，而羞辱性惩罚对个体心灵的纵深性震荡更加强烈，它在情感深度层面试图置人于无限的心灵奴役，使人处于无处可逃的境地。把那些欠债不还的老赖公之于众，这有助于威慑其他不讲诚信的人。特定组织内部的惩罚往往要严于国家法律，因为集团内部的惩罚具有很强的羞辱性，使那些背叛组织的人名誉扫地。在可承受的金钱损失范围内，名誉毁损的压力更大，那些被设局偷拍不雅视频的官员如果不是实在无法承担巨额的金钱敲诈，也不会选择公开性的处理方式，从而使自己的丑行公之于众而声名狼藉。可见道德规范的制裁有时候要比法律惩罚更为严厉。戴震在《孟子字义疏证》中指出："人死于法，犹有怜之，死于理，其谁怜之？"显然，在很多情况下违反道德规范的后果更严重。一些违犯刑法的犯罪行为，如过失杀人罪、交通肇事罪要比违反诚信、生活作风问题的惩罚力度更大，但在名誉压力上远远不及后者所产生的社会效果。所以，声誉约束是一种防止人们违反道德规范的重要力量，一个社会注重声誉的人越多，社会规范执行的就越好。尤其在重视"脸面文化"的中国社会里，声誉机制的作用效果会更加显著。当然不可避免的是，在声誉机制作用效果显著的社会，伪善的人也会变得多起来。

此外，声誉机制也是对集体的道德约束。对个人的不道德行为进行制裁，同时产生与其所在集体相关联的连带责任。比如某医院的个别医生声誉不佳，就可能使人们认为这个医院的医德医风也不怎么样。在医院与患者的冲突中，许多患者家属认为医院的声誉是其软肋，所以对医院的报复往往采取一种公开化的行为。有时候个体违反道德规范不仅使自己名誉扫地，也会使组织的声誉蒙受损失，从而牵连组织内部的其他成员，这样组织就会对个别行为不良者进行惩罚。所以，声誉机制不仅可以约束集体行为，也会使这种惩罚定向传导给违反道德规范的个体，从而迫使每一名组织成员遵守道德规范。

从约束对象分析，声誉机制有以下显著的特点。

第一，声誉机制对于公众人物来说要比普通人更有效力。许多公众人物如官员、歌星、影星、知名节目主持人、知名企业家等等，都在社会上具有一定的影响力，是人们广泛关注的对象，人们对公众人物的道德期望值较高。儒家"刑不上大夫，礼不下庶人"通常被批评为儒家反对法律面前人人平等，这也许是误解。由于大夫的道德期望值要远超于普通老百姓，因此大夫对自己的名声非常重视，而老百姓的道德水平要低一些，只有靠法律约束才能有效。在现代社会，如果政府官员和精英人士都不在乎自己的声誉时候，这个社会就不可能有良好的合作精神和社会秩序。[①] 因此，公众人物应当珍惜自己的身份，维护自己的道德荣誉，并且为全社会做出榜样示范。

第二，与违反公德相比，违反私德的人如果被曝光，其所承受的社会压力更为沉重，道德风险更大。这就是为什么在揭露官员腐败行为的同时往往把他们的生活腐化、道德败坏问题公布于众，就是要把他们从名誉上搞得一败涂地。利用声誉危机来制服对方，也经常被用于构陷栽赃的伎俩中，比如别有用心的人通过引诱他人嫖娼并录像来实施敲诈勒索。这样，对那些道貌岸然的人以及本来不准备违反道德规范的人来说会造成沉重的心理负担。

第三，声誉机制在熟人社会中的执行效果明显。在很多情况下，人们不愿意违反道德规范是担心同事、亲戚的讥讽，面子上感到难堪。因为大家彼此熟悉，更易于互相监督。因此，在很多情况下，对个体行为的约束

---

① 张维迎：《博弈与社会》，北京大学出版社 2013 年版，第 176 页。

并不需要刚性的制度，而是通过舆论来制造声誉压力。而在陌生人社会，做了不道德的事情不会被熟人发现，所以会肆无忌惮。由于社会流动程度越高，人们进入陌生环境的机会增多，陌生人交往的比例越大，违反道德规范的情况就会越多。因此，如果违反道德规范的行为越容易被发现，声誉机制的效力就越明显。在熟人社会，每个人的行为很容易成为公共信息，重复博弈的声誉机制就足以约束个人的行为。在陌生人社会，相互之间重复博弈的机会就减少了，个人的不合作行为也很难变成公共信息。在现代社会，道德危机的起因是道德的外部环境发生变化，陌生人社会中的人们经常处于生活共同体之外的空间，人们的行为缺乏熟人环境特有的道德制约，从而使声誉机制的约束力鞭长莫及。因此，在陌生人社会中建立熟人约束机制就是必要的手段，例如建立各种纵横交错的熟人小区，逐步使人们熟悉适应社会公共生活，并建立和普及各种公益及互助组织，强化生活共同体意识，使外部治理转化为内部治理，重树共同体内的道德舆论力量，让原子化的个体重新恢复与周遭环境和人的深厚联系。

另外，我们也应当注意到声誉机制在现实生活中的局限性。例如，对于那些无所顾忌、不知羞耻的人，声誉机制很难产生应有的效果。只有当绝大部分人具有荣誉感和耻辱感的情况下，声誉机制才能起到激励或者制裁的作用，对于那些毫不知耻的人来说无济于事。我们在生活中或许可以发现这样有趣的现象，对于那些毫无道德观念的人而言，他们可以接受道德谴责却不能接受智力蔑视，这些人在生活中对德性的真实含义产生严重的偏见。德性是古希腊伦理学体系中的根本概念，德性就是人的特有的优点，包括理智德性和伦理德性。例如，智力、理性能力、技能等就是理智德性，节制、勇敢、正义是伦理德性。但现在人们已经把理智德性排除在德性之外了，智力、能力、技能不属于现代意义上的德性要求。例如，我们并不能对知识性问题进行道德评价。休谟认为理性不能成为道德的依据，一个不懂医学的人选择祷告的方式救治自己的疾病，并不能说这个人不道德，但人们不会原谅一个智力过人的人犯道德性的错误。

一般情况下，人们不仅要求别人承认自己是道德的，而且也希望获得别人对自己智力的赞美，例如夸赞一个人很聪明在对方看来是十分荣耀的事情。反过来，对一个人进行智力蔑视或道德谴责都是难以接受的，同时智力蔑视和道德谴责对不同的人的心理压力也存在较大的差别。任何有理性的人不会否认自己的智力，但不是所有的人都畏惧道德的谴责。一些毫无羞耻感的人宁愿被别人说不道德，也不愿意被人说弱智，没有智商意味着一个人很"笨"，这种"笨"不仅意味着低水平的智商还包括低水平的情商。在他们看来，智力蔑视是比道德批判更难以接受的侮辱。现实生活中很少有人认为自己是弱智，如果一个有正常智力的人甘愿认为自己是精神病患者，那么可能的解释就是以此为借口为自己的不道德行为进行狡辩。因为一个丧失意志自由的人在客观上无法排除犯错的，不仅无法排除知识性错误，而且无法排除道德性错误乃至违法犯罪，因此不承担道德责任和法律责任。

　　人们会从某种超人的能力中体验幸福，这是一种对他人的超越。例如一个人可以从科技创新中体验知识与技术赋予自身的优势，从高超的棋艺中感受登凌绝顶的豪气，从娴熟的车技中感受技能的魅力。但美德不具有这种意义上的内在超越，因为任何人不能证明自己的美德比他人美德更加卓越，因而道德不具有像知识与技能一样的超越性，一个人可以通过知识与技术获取名利，但不能以仅限自己确认的美德作为名利之争的条件或依据。因此，不难发现理智德性比伦理德性具有更大的吸引力。同样，对一个人的理智、智力的蔑视要比对他道德的蔑视更为严重。在我看来，古希腊哲人说"无人故意犯错"的前提是对作为德性的智力的敬重，当一个人把道德谴责看作与智力蔑视一样难以接受的时候，把道德理论知识看作与认知能力、推理能力、技能、艺术等等一样不容别人轻视的时候，无人故意犯错才有可能。

　　因此，一个人道德理论与其行为表现没有直接的相关性。道德规范是道德理论中最具有普适意义的内容，但道德规范只是增进知识，而不必然增进美德。道德领域中最紧迫的问题不是创新道德理论知识，而是如何应对明知故犯。罪犯也清楚什么是违背伦理道德的事情，而那些短期行为的支持者把可以很快生效的利益看作行为关注的焦点，并以各种不确定性为由否定长远利益的预期，这种思维显然是智力的应用。对于那些毫无羞耻感的人，故意破坏公正的规则，故意通过不公正的手段谋取私利，故意在公共场所放纵自己甚至对道德谴责抱有敌视的态度，这些人并不是没有道德理论，而是对道德规范的蔑视。同时，这些人没有把对道德规范的蔑视看作是对知识和智力的蔑视，例如他们并不承认自己是一个愚蠢的人，并没有把对道德的蔑视看作是愚蠢的行为。对于在社会生活中产生不良影响的个别社会精英、公众人物来说，这种现象所产生的社会冲击力更加显著。因而我们会看到，当一个人没有把道德看作人的智力结构的必要因素，也没有把智力看作德性培养的重要内容的时候，就会把破坏道德规则看作与道德无关的聪明之举。可以容忍道德谴责但同时不能容忍智力蔑视，这本身是矛盾的，或者说对智力的蔑视不仅是对理性的摧残，在一些人看来还是对反道德这种"智商"的蔑视，从而使理智德性和伦理德性之间产生人为的断裂。

因而，把美德看作某种智力、能力甚至是智慧，要比把美德仅仅看作道德精神更具有现实意义，作为智慧的美德反映的不仅是人的理性认知，还是现实生活的技能。正如苏格拉底所指证的那样，一切美德都是源于实践智慧。他说："公正和所有其他的美德都是智慧，这毫无疑问。"① 作为道德精神的美德属于形而上学，尽管形而上学试图研究任何事物存在理由和最终原因，但道德精神的衰弱正如形而上学所面临的挑战一样难以避免。美德作为一种智慧，并不局限于某一道德行为与利益的直接相关性，而是说明美德是像智慧那样不容蔑视。如果我们认为情商在社会交往中具有极端的重要性，那么美德一定是最重要的情商。

第一，如果社会中违反某种道德规范的人很多，那么一些人就不会觉得羞耻。例如，如果绝大部分贪官都存在生活腐化、道德败坏的现象，那么很多没有被揭露出来的贪官就会认为这种现象太普遍而不以为然。一般而言，严重的羞耻感总是产生于个案而不是现象，一种行为如果普遍化就会降低人们对于羞耻的感受，个案性的不正当行为要比普遍性的不正当行为更加使人羞愧。

第二，在不同的社会阶层中，如果上层的人在某些事情上不知廉耻，那么下层的人就会对做同样的事情无所顾忌。人们在生活中不仅在比较谁更有道德，而且还比较谁更没有道德，尤其是后者很容易成为下层人不讲道德的理由。例如，有些人会振振有词地说，那些明星、官员等公众人物

① Xenophon, *Memorabilia*, *trans. E. C. Marchant* (Cambridge: ity Press, 1938), Ⅲ, 7, 1—9, 1; cf. Hilda D. Oakeley, *Greek Ethical Thought from Homer to the Stoics* (New York: Dutton, 1925), p. 50.

都能厚颜无耻，那么社会中的普通群众犯错就无法苛求了。可见，上行下效是整个社会道德变好或变差的重要原因。孔子说"君子之德风，小人之德草"（《论语·颜渊》）就是对这一问题的回应。

第三，在某些涉及当事人核心利益的情况下，声誉机制也可能屈服于当事人承受的特定人员的压力，这种压力一旦大于社会压力，当事人就会选择违反道德规范甚至违犯法律规范。例如，下属有时候不得不以违反道德甚至违犯法律来体现对上级的忠诚，这在盘根错节的系统性腐败集团中最为常见，一些人奉行"和领导一起做一件坏事胜过做十件好事"的逻辑，选择铤而走险，接受一荣俱荣一损俱损的原则和结果。这种权力的压力对于下级执行者而言往往是政治前途的赌注，甚至是险象环生的生存抉择。或许很多人可以应对在正常环境下的道德考验，却无法应付一个不太正常的甚至是扭曲的环境，其人性弱点就因缺少相应的约束而膨胀。由此可见，生存与道德之间的矛盾或许是一个影响道德的重要的因素。由于这种利益得失直接关系着个人的前途甚至是安危，或者是一种来自生存、家庭子女利益的压力，攸关命运，因此对于人的基本生活要求而言，显然任何的道德压力都化于无形。因此，官德问题有一部分来自政治压力，是在仕途生涯节点上的一种充满政治风险的赌注。在政治领域外，黑社会性质的帮派也对新入伙的人进行投名状的考验，一个人必须做一些坏事才能被帮派容纳。

事实上，除了道德规范的自我执行和声誉机制之外，还有某些手段或措施能够达到"不敢违反规范"或"不能违反规范"的效果。为了使人们"不敢违反规范"，一些出于公共责任意识的情绪化行为具有明显效力。例如，某些人担心会被他人实施暴力或者暴力威胁而放弃不合理的行为。"不能违反规范"可以通过某种生理限制来实现，例如通过对身体行为的控制来达到个体无法违反道德规范的目的。这种作用方式实际上不能被看作道德规范的作用机制，它并不考虑个体"不想违反"或"不敢违反"的情形，而是使人类个体在客观上没有能力去违反规范，是对行为而不是对内心的控制。显然，相对于自我执行和声誉机制而言，这是一种成本较高的作用方式。例如，为了使车辆遵守规则和交通安全，避免逆向行驶以及行人随意横穿马路，在双向道路中间安装隔离栏杆。在不影响美观的情况下，栏杆的高度需要有一个合理的标准。那么，为了使行人不能横跨栏杆，就必须使隔离栏杆尽量达到一般人难以跨越的高度。再如，为了防止有的人排队加塞，火车站售票窗口都安装栏杆通道，并安装只能出不能进的环形门；为了防止盗贼，人们在住宅楼窗户上安装防盗网，等等。当然，不是任何一种阻止人们违反道德规范或者法律规范的设施都是可行的，比如不能在自家院墙上安装高压电网，也不能为了防止司机超速行驶，设计一种装置可以在超速的情况下导致汽车自动故障等等。所以，通过控制身体行为使人"不能违反规范"，必须以不产生任何身体伤害为前提。

需要指出的是，无论多么烦琐而严厉的规范，也会由于人的行为选择的不确定性而使其作用机制难以产生普遍效用。伦理学、法学的关注点是社会的基本秩序，是关于如何建立正义的社会秩序、社会伦理关系的研究，道德是研究人类个体为什么要自觉维护伦理关系的学问，是从个体的视角出发研究如何自觉维护社会秩序，从而获得幸福生活的问题。例如，在声誉约束和对惩罚感到恐惧的状态下，许多人不敢失信于人，不敢实施欺诈、不敢对他人实施身体、财产侵犯，这就形成了基本的社会秩序。但在社会秩序的背后显然存在着大量的伪装，人们在道德选择上或许不是心甘情愿的，如果问题一旦进入心灵层面，或者对社会秩序建构进行道德价值的考察，就会使问题变得十分复杂，尽管这种考察仅仅是道德哲学的理论任务。

五　规范和美德的纷争

在道德哲学的发展史上，围绕规范伦理学的争议肇始于康德的严格义务论。例如，按照严格的义务论或绝对命令，一个人在任何时候都不能说谎。然而，我们在实际生活中有必要说一些善意的谎言。就规范伦理而言，道德哲学理论与生活实践有着不同的认识原则。规范伦理作为普遍的行为原则，有必要规定"应当如何"或"不应当如何"，但不可能事无巨细地规定在什么情况下有必要"应当如何"或者"不应当如何"，因为道德规范不可能穷尽生活中所有的行为条件以及未来可能出现的行为价值判断。因此，在道德哲学与生活意义的关联上来看待规范伦理学，道德规范的作用机制就绝非是完美的。这并不是因为道德规范可能存在的道德相对主义，而是由生活世界的意义所决定。不过，道德规范与法律不同，法律的目的是维护基本的社会秩序，法律不能变通，法律原则不能被选择性运用，但道德规范可以根据生活需要进行策略转化。

道德哲学的复杂性往往体现在当一方对另一方的伦理观点进行驳斥时，被批驳的一方会对自己所持的理论观点进行伦理辩护。由于伦理辩护涉及社会领域中的道德判断以及道德价值问题，因而是所有社会科学论争中的基础性问题。例如，义务论与后果主义以及规范伦理与美德伦理之间围绕道德行为价值的争论，呈现出道德哲学发展过程中的复杂图景，以至于个体在行为选择上无所适从，甚至诱导人们为自己的行为进行各种辩护。路德·宾克莱引用亚里士多德的话指出，"一个人不应当过早地接触道德哲学的研究，因为这种研究很可能会使人受到腐蚀，并学会为个人所企望的那种生活方式进行狡辩。他认为，事实上我们很早便在自己的日常生活当中，从我们的父母、老师以及那些经常接触到的人那里承袭了传统的道德品德。"① 在亚里士多德看来，美德伦理学的判断原则是以品德为中心，在"善"的概念中已经包含了正当或规则的含义，正当的行为就是有美德的人在社会实践中的行为倾向。道德哲学的基本任务是指引人们认识生活世界中的自我，并为实现善的生活理想而培养人的道德品格。20世纪以来，美国伦理学家麦金太尔继承和发展了亚里士多德的美德伦理学，试图从理论上解决现代社会基本道德问题上的伦理论争。

支持美德伦理的人认为，现实生活不能完全在道德规范系统的预设中展开。如果人的行为必须遵循严格符合理性的道德规范，道德哲学就完全可以按照自然科学的方式来进行研究，但生活事实证明康德伦理学的这种显性特征已经遭遇了道德风险。涂尔干说："康德的道德律令，或边沁、穆勒或斯宾塞所构想的功利法则，认识或认可不了任何规范或社会规定。所有这些都不过是哲学家的概括、理论家的假说。人们称之为道德普遍法则的东西，也只是一种能够采用近似的和图式的办法来表现道德现实的多少有些准确的方式罢了，根本不是现实本身。它只是一种采用速记的办法来论述所有道德规范之共同特征的多少令人满意的方式，而不是一种现实的、既定的、有效的规范。哲学家针对道德现实所做的假设，目的是要表

① ［美］路德·宾克莱：《二十世纪伦理学》，孙彤、孙南桦译，河北人民出版社1988年版，第213页。

达自然的同一性，所以也是针对自然本身的假设。它是科学的秩序，而不是生活的秩序。"① 在美德论看来，生活世界的秩序永远不可能像自然秩序那样消融人的存在，道德规范也不可能对所有的生活世界的理由和价值拥有排他性的解释权。美德伦理不再把人的行为以及行为对社会的作用作为其理论关注的中心问题，其理论关注点转向了人的意识，因而在主题上不断深入人本身。

美德伦理学认为，以行动为基础的伦理学缺乏一个动机的成分。道德应当有一个积极的具有内在价值的方面，而不仅仅是在行为上符合道德原则，现代道德哲学对道德的理解过分狭窄，道德概念是预防性的不是积极的。以行动为基础的伦理学建立在一个神学和法律的模型上，道德原则表现为上帝对人类个体的律令。现代道德认为，道德是为了人而被制作出来，而人却不是为了道德被制作出来。行动的伦理学把所有的道德判断归结为行动的判断，忽视了各种道德情感例如感激同情和自尊等具有的内在价值。与规范伦理不同，美德强调品格的塑造和个体美德的培养，重视人格问题。与美德伦理学不同，规范伦理学几乎不去思考人本身是怎样的问题。

美德伦理学最深刻的理由在于，一旦人类个体拥有良好的道德品质，那么这种品质就与人浑然一体，成为稳定的和不容置疑的美德，美德伦理学的支持者还认为从人的道德品质出发可以解释一切可能的道德问题。例如只要一个人拥有了美德，那么"应当如何"或者"不应当如何"就会不言自明。在美德伦理学看来，规范伦理的约束力具有内在的分裂，一个人是否具备道德品质与道德规范的完美没有兼容性，道德规范的约束作用的逻辑前提是人们必须具备道德品格。同样的问题是，法律规范能不能发挥作用，取决于一个人是否拥有正义的美德。然而，我们还是认为，拥有道德品质确实是道德规范能够产生作用的理由之一，但不是全部，只不过美德伦理学所强调的是道德品质在所有能促进道德规范的效用的结构中是最理想、最令人陶醉而且是实施成本最低的因素。在这里，争议的焦点在于分析道德规范作用机制的前提。美德伦理学抛出了一个致命的理论选

---

① ［法］涂尔干：《涂尔干文集》第 3 卷《道德教育》，陈光金、沈杰、朱谐汉译，上海人民出版社 2001 年版，第 28 页。

择，道德品质是任何伦理学理论都不能怀疑的，以至于美德伦理学认为道德规范的作用只能是内化性的，因为任何人都不能否认美德的存在。

但反过来，不能说道德规范、法律规范对于约束不具有道德品质的人没有作用。例如，对于"应当爱护环境"的道德规范，要使这条规范真正产生效果，按照美德伦理的要求，一个人必须首先具备"爱护环境"的真实意愿和道德品格。但问题在于这种真实意愿是如何形成的？假如一个人深切感受到"爱护环境"会损害自己的利益，比如某一化工企业的负责人对利润的渴望具有绝对的超越性，那么即便他认为"爱护环境"在道德上是正确的，也会违反这一道德规范。因此，美德伦理学过分追求道德实践中的人的因素，并未考虑道德规范对人类行为的制约功能。事实上，人类个体的美德意识在很大程度上来自于道德生活中对于道德规范的体认，美德是由行为体现出来的，而行为总是与"应该如何"的道德规范相一致。

在现实生活中，人们遵守道德规范和法律规范的理由是多元的，例如对名誉扫地的担忧以及对法律制裁的恐惧，但美德伦理为我们提供的理由是最理想的，例如有人不去做违反道德规范的事情，唯一理由是他是一个具有美德的人，因而绝对不会作恶。这种否定性来自于自身的理由，而不会说如此会损害我的名誉甚至会锒铛入狱等等。美德伦理确实提供了人们不去违反道德的最佳说明推理。然而，反过来看，美德伦理的弱点恰恰在于无法完整解释遵守规范的多元化理由。虽然正确的选择来自于一个人对义务的正确理解，但这种正确的选择不能必然地表明他是具有美德的，我们无法判断一个人选择道德行为的原因是固有的美德还是义务论或者是社会舆论压力。而且，即便一个人服从义务是利益考虑，他可能对义务并不认同甚至内心中充满痛恨。美德论则完全排除了这种分析所具备的可能性，按照美德论而言，只有人本身才能成为道德行为的始因。不过，这一点恰恰意味着美德论必须经受本源性的哲学质疑。一个人遵守道德规范，当然会得到社会共同体成员的赞同，但遵守道德规范并不意味着行为主体是一个有卓越道德素质的人，实际上讨论一种行为究竟能否达到美德的标准极有可能陷入形而上学的思辨困境。

在美德伦理学的形而上学理解中，美德伦理的依据只能是个体对自我美德的无限确证，但是德性、品格本身既不能证成也不能证伪。例如人们会说，一个人有同情心但没有能力去帮助别人，如清贫的人没有能力做慈善，这就反映了美德并不是一个心理层面能够直接认定的品质，美德必须依靠行为才能形成。然而这种推理并不能对美德理论构成本质的威胁。因为如果一个人声称自己拥有不容置疑的道德品质，这与心理利己主义者主张的任何道德行为都是基于利益的表达一样都是难以反驳的。

从道德哲学理论与社会发展的实际来看，规范伦理是社会力量的产物，凝聚了植根于人类交往发展史上的必要规则。功利主义者和义务论者所设想的道德哲学和道德要求则是相似的，其相似之处在于：伦理学以原则和规则的形式为行为提供普遍的行为指导。规范伦理认为道德要起到调节人与人关系的作用，就必须依靠各种规范，例如应当如何或者不应当如何等等，以此来节制人们的欲望，把人们的行为约束在一定的社会秩序的范围内。在规范伦理学的支持者看来，美德并不仅仅是一种心理状态，更重要的是一种活动，假若有一个人从来不展示慷慨的行为，就很难说他有慷慨的美德，不管他如何声称自己毫无吝啬之心。在这种逻辑的推演中，美德可以被理解为一种与相关的道德原则一致的行为意识，是行为正当性的辩护基础。

此外，美德伦理的支持者所担心的问题是道德规范的不确定性，如果社会文化结构变动不居，例如道德规范会因为统治阶级的偏好而更改，道德对于政治、法律不具有最终解释权，道德规范存在的理由不是来自于道德辩护，这一点从先秦的礼乐崩坏可以明显地觉察到。因此，美德似乎具有先天的稳定性和延续性，但美德同时也只能是抽象的东西。美德论所说的道德品质只能是抽象的而不能是具体的，比如什么样的道德品质是一个难以言说的问题。美德伦理专注于人类个体的品格意识，而不关注政治、法律的因素。如果道德品质来源于变动不居的理解，那么人们对义务的理解就不能以纯粹的道德品质为依据，而是道德品质背后的历史和经验论原则。因此，如果政治、经济和法律是生活的本质，由此生成的生活世界是真实的世界而不是可能的世界，美德也一定是具体的、可以言说的美德，而不能是抽象的精神产品。同样，在抽象的意义上，美德被理解为人类内在的道德意识，因此美德伦理学的支持者认为捍卫美德可以消除道德相对主义的干扰，这主要是美德具有超越文化相对主义的理由，因为对于任何一种道德规范而言，都必须自我承认其行为选择在道德上是正确的，因此美德对于任何道德主体而言都可以是理所当然的东西。

在规范伦理学看来，美德不是专属于美德伦理学的概念，而是所有道德理论都关注的问题。如果美德不是抽象的，那么它必然具有生活基础。美德伦理必须假设每个人都是可以有美德的，否则就不成立，但这种假设就像人性善恶一样不具有实际的说服力。从人的道德发展来看，首先是对道德规范的认识。每个人在成长中都要接受教育，来自家庭和学校的教育首先是规范性的，包括了应该做什么和不应该做什么，而美德是从道德规范中逐渐培养的，也就是说美德是从道德规范和道德行为中产生的一个概念。徐向东认为，"行动的评价逻辑上先于对道德品格的评价。如果我们认为道德的根本目的就是要促进人类幸福和缓解痛苦，那么我们就可以认为正确的行动具有根本的重要性。对应每一个美德，都有一个相应的道德原则或道德责任与之对应。美德就是自觉地按照这些原则或责任去行动的习惯。"① 如果说美德属于道德精神领域，那么规范伦理仅仅是从行为方面来认识道德吗？事实上，美德与道德规范一样都离不开生活利益的博弈，美德也是从人们的利益关系中产生的。黑格尔指出，"在现存伦理状态中，当它的各种关系已经得到充分发展和实现的时候，真正的德只有在非常环境中以及在那些关系的冲突中，才有地位并获得实现。"② 因为人与人之间的合作才能有利于社会发展，每个人都不能接受他人的伤害，因此每个人要形成尊重他人的美德。社会成员为了生活都无法远离名利之争，但名利之争的基础是公正原则而不是丛林法则，否则任何一个竞争者都无法保证自己的利益。因此，每个人都要心存正义，才能增进社会合作的共赢。恩格斯在《反杜林论》中批判了杜林的道德永恒性的错误观点，指出了道德规范也不是永恒的，例如"不准盗窃"在未来的某一天会被遗忘。显而易见，如果道德规范不存在了，那么美德也失去了存在的基地。

尽管规范伦理学有其理论局限性，但这种道德规范的功能需要更加具有实际效力的外在手段来加强，而不能依靠个体美德来充实。另外，规范

---

① 徐向东：《自我、他人和道德——道德哲学研究》下册，商务印书馆 2007 年版，第 639—640 页。

② ［德］黑格尔：《法哲学原理》，范扬、张企泰译，商务印书馆 1961 年版，第 169 页。

伦理学在行为原则方面的局限性要依靠道德行为策略。道德行为策略在根本上是由生活的意义决定的，道德策略不是对道德规范的否定，而是以策略的方式体现道德规范的适用性。

六　道德行为策略

对于不同道德规范之间可能存在的冲突，体现为人们对康德理论的质疑，例如不应说谎和应当关爱生命之间的矛盾。执意坚持履行某一道德规范，就可能与另一种道德规范发生冲突，但这种情况不是规范本身的问题，而是由冲突境遇导致的问题。例如，严格的义务论要求"不许说谎"，那么能不能对歹徒说谎？作为道德规范，一个根本的特点是普遍性，不能既规定不许说谎同时又规定在某种时候可以说谎。如果我们试图规定何种情形可以说谎的道德规范，那么道德规范就成为具体的行为方式而不是普遍准则。总之，道德规范之间的冲突并不在于何种道德规范更具有优先性，我们不能因为规范之间的冲突来否定道德规范的价值。在价值意义上，好的生活或者对幸福的追求在特定情况下是超越道德规范的，但这并不意味着好的生活或幸福在很大程度上不依赖规范甚至排斥规范。

为了他人正当利益违反道德义务，集中体现于他人的生命权高于观念意义上的道德义务。道德义务的确定性，表现为此种义务在观念领域中的确定性，而不是义务与行为之间的一致性，因而道德义务在生活实践中并不可以机械性地一以贯之。道德义务不能和生活本身需要尤其是生命权利发生冲突，所以是不确定的。例如，见义勇为的行为是维护弱者的合法权益，此时我们可以通过对侵害者实施"侵害"来保障被侵害者的安全。

在道义的领域，生存权利不能是一个人违反道德的理由，例如为了某种崇高的理想就不能贪生怕死。如果说生存是违反道德的理由，更多地体现为一些道德两难问题的假设，如一贫如洗的人为了救治亲人不得不去偷窃唯利是图的药店老板的药。这种行为在生命的价值意义上是被允许的。道德与生活中利益的博弈，显然是道德不能高于生活的基本价值，尤其是生命的价值。生活无疑可以成为道德选择的基地，道德生活并不是对生活的限制性概念，道德作为把握世界的方式只能是所有方式中的某种选择。

在涉及道德与生活之间那些令人感到困惑的两难问题中，涉及的主要是道德与生命的关系。也就是说，道德难题一般存在于道德义务与生命权利之间，道德难题只有在生命价值的意义上才能符合难题的标准。例如，医生对患者有时候不能说出真实的病情，是为了避免病人因情绪变化而痛不欲生，我们不能把受害者的真实去向告诉歹徒，是为了保护无辜者的生命。在科尔伯格列举的海因茨偷药救妻的例子中，也是因为要挽救生命垂危的妻子。在电车假设中，也是设计了铁轨上的人的生死命运的问题。在这些道德两难问题中，之所以要违背道德义务来维护生命权利，一个必要的前提是以恶制恶的逻辑在人类行为观念中的作用。例如，在海因茨偷药的道德两难问题上，必须假设药店老板是唯利是图的人。这一设定的必要性在于，如果药店老板是一个乐善好施的人，那么就不会有偷药的行为，老板一定会积极援助海因茨的妻子，另外如此的设定已经把偷药这一行为建立在对方对生命无视的基础之上。之所以不能告诉歹徒真实信息，因为歹徒的行为本身是一种恶行；医生或者患者家属之所以不能告诉患者真实病情，因为这种谎言的依据是减轻患者的精神压力，而精神压力对于患者而言是一种对生命有害的恶的因素。

　　为了应对规范伦理在道德实际生活中可能产生的困惑，我们有必要提出行为策略这一概念。对于上文中关于生命权利的例子来说，行为策略的目的就是为了维护无辜者的生命这一绝对价值。当我们说在特定的情形中需要拒绝道德规范的时候，并不是在普遍的意义上反对"应当诚实"，而是把这种选择看作一种行为策略。行为策略在道德意义上是与生活本身融合在一起的。如果行为策略不具有任何价值，我们就无法理解《孙子兵法》的实际价值，例如我们不能说瞒天过海、暗度陈仓、假道伐虢是不道德的行为。行为策略不能成为一般意义上道德评价的对象，比如你能离开特定的倾向或语境对反间计、美人计等计谋做出随意的善恶判断吗？在这一点上，行为策略是非道德的东西，是中性的，正如饮食喜好、生活计划、做事方法一样，行为策略本身是以生活为依据，行为策略只有成功和失败的问题，是技术性的，策略的道德意义仅仅在于人类的用途，正如科学技术的应用有助于人类进步一样。

　　对于行为策略的概念认知建立在道德规范或道德原则的哲学理解上。道德规范或道德原则具有两种形态，一种是作为抽象的、道德知识领域中的道德规范，另一种是可感知的、与具体的行为实践直接对应的道德规范。在行为的道德价值层面上，行为策略在特殊情况下体现为对道德目的的把握，策略选择及其实践是生活意义所规定的，是对抽象的道德原则的驾驭。路德·宾克莱说："在品德不断完善的过程中，道德原则具有一种变化转折性——从那些已经熟悉的不甚严格的原则转化为包含例外情况的更为精确的原则。在特殊情况下，一个人必须自己做出选择，以决定是否要更改那些处理类似情况的普遍原则，因为推理无法告诉他在这种情况下应当如何行动。譬如，为了救人一命你就可能说假话，还有其他一些例外情况，你也肯定承认这个事实。因而在道德原则的这些例外情况中，这个原则本身的适用范围不是扩大而是缩小了，因为这时它被更加准确地表达为'除非在某种情况下，绝不说谎'。总之，在一个特殊环境中，这种无法遵守道德原则的行为选择本身就是一个原则性决定，因为在处理例外情况的时候，其实已经对原则进行了修改。"①

因而，行为策略是基于生活事实对严格义务论的超越，体现了务实的功利主义倾向，或者说行为是否符合道德义务在于人们与生活的各种要素相权衡而产生的价值优势。这也意味着，道德行为的选择是与利益相博弈的结果，否则道德选择在人类生活中就无法产生真实的作用。如果说生活事实的存在是道德选择的前提，是以自然权利为基础的价值判断，例如维护生命权（死有余辜者除外）必须是行善的基本要求。如果某种道德义务在特定情形不能被证明对每个人都有利，那么在实际生活中就不能被机械地认同。如果生活事实必然存在，以及这一事实对于人类生活的必要性是绝对的，那么事实与价值就在生活存在的基础上实现了两者之间的关联。此处的事实给我们的第一印象就是生命，因为只有生命本身才可以成为价值转化的基础性事实，因而生命权利才能在解决生活中的秩序、自由、权利等涉及价值的问题上具有足够的理由。

道德领域中的行为策略在罗斯那里被称之为直觉。在罗斯看来，"道德规则的特点之一就是道德规则不是绝对的，在一个特定的情况中，每个规则都有可能被另一个原则所推翻。"② 当然，直觉主义者并不去追究直觉判断的事实基础，因为他们本来就认为道德判断终止于我们的直觉，从

---

① ［美］路德·宾克莱：《二十世纪伦理学》，孙彤、孙南桦译，河北人民出版社 1988 年版，第 156 页。

② 徐向东：《自我、他人和道德——道德哲学研究》上册，商务印书馆 2007 年版，第 365 页。

而认为道德规则不是绝对的。虽然道德规则具有客观的有效性，但具体情形中任何道德规则都不能被决定性地应用。在此意义上，行为策略是对道德规范在特定情形下的变通。这就是为什么生活本身除了道德规范之外，还需要行为策略的理由。行为策略的本质是基于善的自由，而人的义务是与自由相联系的。道德义务如果在任何情况下都是必需的，就失去了它的特殊性，它只是存身于最一般的生活现象中。涂尔干说："有一个事实是确凿无疑和无可争议的：如果对不利后果的考虑决定了行为，那么即使这种行为从根本上符合道德规范，它也不是道德行为。"① 总之，行为策略并不意味着道德规范不是一个有效的道德规范，而只是表明道德规范不是在任何情况下都必须遵循的。

行为策略的意义以及与之相关的道德评价仅仅立足于这样的价值基础，例如向往和平、社会和谐、人类幸福，这些看起来确实是超越抽象理性的道德事实。所以行为策略的基础是运用策略之人所具有的善的目的。绝对主义的义务论对道德困境无计可施，后果主义通过选择较好后果的行动以避免更大的伤害。一个人做一件事情符合道德规则，不能推导出他是因为不能违背规则才这样做的，他可以出于自利或良知，但事实上也可以说他确实没有违反规则的意愿。一个人无论出于什么理由来做道德规范允许的行为，有理由推导出其行为符合道德规则。但一个人选择行为策略原则，不能被认为是不懂道德规则，也不能说他蔑视道德规则，行为策略原则恰恰是以认同道德规则为前提的。

我们也应注意到，行为策略不同于境遇伦理学观点。境遇伦理学强调个人行动的特殊境遇，反对用某些已经规定好的道德原则和规范约束人的行动，而应当使原则服从情境、理论服从现实，境遇伦理学是与特定情形相联系进行判断的方法，体现了实用主义的道德方法。实用主义道德原则在本质上是个体主义的，把道德看作个体应付环境的工具，否认道德规范和原则的意义，把道德仅仅看作个人利益的工具，使社会道德陷入道德相对主义和非道德主义。与境遇伦理学不同的是，行为策略不是个体之间可能具有的差别选项，而是在生活事实和生活意义上体现出来的道义原则。

①　［法］涂尔干：《涂尔干文集》第 3 卷《道德教育》，陈光金、沈杰、朱谐汉译，上海人民出版社 2001 年版，第 32 页。

七 道德价值的社会认可

一般认为，规范伦理和美德伦理的边界是责任，例如规范伦理所要求的行为对于每个人来说是道德责任，而美德伦理学并不这样认为。既然是道德责任，那么就是人们应当而且能够承担的义务。美德伦理以"做人"的要求超越了"做事"的责任，也就是说道德行为选择不一定是我的责任，责任本身不是行为的理由，之所以做出某种行为，是因为行为符合做人的要求。因此，对于人们的行为而言，美德具有比道德义务更高的内在价值。在严格的义务论层面，会发生道德规范在实际应用中的僵化。因此行为策略成为必要。在道德规范、美德、行为策略之间，道德规范所体现的严格义务论有必要实现从抽象向具体的转化，美德需要从主体意识领域关照人的行为，行为策略是对特殊情形下的善的认同。三者的共同点在于，其价值意义都来自于社会认可。

从现代伦理学达成的基本共识来说，道德的社会认可是指道德是一种共同需要或共同价值，凡是被公认为符合共同需要的（具有共同价值的），因而是应当的、合理的个人行为，即道德的行为或善的行为，就会得到社会认可。斯密所说的"同情心"是理性人具有的一种设身处地为他人着想或换位思考能力，也就是一种推己及人的伦理方法，反映了每个人对社会认可的需求。

寻求社会认可的主体意识是道德权利，道德权利是行为者对他人和社会认可的诉求，这一点在先前已经详细阐述。一般而言，当个体的行为符合道德规范的时候，对于他人和社会认可的诉求充满自信。由于坚守某种道德规范也未必会产生善的后果，这是社会对道德规范认可的例外。可见，道德权利概念的一个重要的理论优势就在于，社会认可不仅是权利诉求的目标，也是行为评价的基本标准。社会认可显然有助于我们认识作为策略的行为与作为规范的行为之间的界限。医生没有告诉患者真实病情，是为了减轻患者的思想压力，有助于患者病情的稳定甚至好转。如果该患者奇迹般地战胜了病魔，那么也就会认可医生的谎言，同时患者家属以及一切善良的人都会认可医生的行为。可见，遵守道德规范是实现社会认可的可能性要求，但不是必然性要求。严格的义务论所要求的遵守道德规范不一定被社会认可，社会认可的行为也不一定是遵守道德规范。

　　无论是遵守道德规范、坚守美德、还是采取行为策略，它们的相同点都具有行善的道德价值。人们为什么要行善，主要有以下几种理由。其一，对于个体而言无利可图的行善，这主要是基于每个人天生拥有的爱的情感，尤其是对于亲人、朋友和许多需要援助的弱者而言，行善具有完全利他的特点，至少是没有行为者本人的物质利益可言。其二，是为己利他的行善，因为通过行善可以获得良好的声誉甚至一定的物质或精神回报，这是行善中最常见的情形。其三，是出于维护公共利益的行善，这是对于行善而言较高的要求，不仅需要善的意愿，而且还要有善的勇气。例如，为了公共利益就可能要牺牲自己的利益甚至是生命。这三类行善，不论是出于道德规范的要求还是道德策略的需要，行善的动机都是来自于社会认同。美德伦理学认为行为的动机是道德品质，实际上道德品质也必然是社会意义上的存在物。美德伦理并非是个体意识内部的价值体现，而是深刻蕴含在社会关系之中。美德的确是自我实现的重要标志之一，但对自我实现的道德认定最终需要社会认可的验证。美国伦理学家米德认为，伦理学是建构于"自我"这样一个概念的基础之上，"自我是逐步发展的；它并非与生俱来，而是在社会经验与活动的过程中产生的，即是作为个体与那整个过程的关系及与该过程中其他个体的关系的结果发展起来的。"[1] 米德认为，自我"是一个社会的自我，它是在它与他人的关系中实现的自我。它必须得到他人的承认，才具有我们想要归之于它的那些价值"。[2]

　　社会认可的标准是社会利益或者是公共利益。某种行为的良好效果具有显性的公共性特征，也可以反映为潜在的公共利益的行为，例如发生在个体之间的道德行为，之所以被社会认可，是因为这种行为具有的良好示范效应。马尔库塞从人的需求、人的行为层面阐释了社会对个体的要求。马尔库塞说："人类的需求，除生物性的需求外，其强度、满足程度乃至特征，总是受先决条件制约的。对某种事情是做还是不做，是赞赏还是破坏，是拥有还是拒斥，其可能性是否会成为一种需要，都取决于这样做对现行的社会制度和利益是否可取和必要。在这个意义上，人类的需要是历

---

　　① ［美］乔治·H. 米德：《心灵、自我与社会》，赵月瑟译，上海译文出版社 1992 年版，第 120 页。

　　② 同上书，第 182 页。

史性的需要。社会要求个人在多大程度上作抑制性的发展，个人的需要本身及满足这种需要的权利就在多大程度上服从于凌驾其上的批判标准。"①

在弗洛姆看来，社会制度、社会利益对个体的抑制作用所导致的个体对社会认可的诉求，来自于法律和伦理的制裁，这是一种充满恐惧的压迫感，在这种压力之下形成弗洛姆所说的"权力主义的良心"。弗洛姆认为，"权力主义的良心是一种内在化的外在权力、父母、国家、或在一种文化中所发生的不论什么权力的声音。在人与权力的关系仍为外在性的情况下，没有伦理制裁，我们简直无法谈论良心；……在良心的形成中，人们有意识或无意识地把诸如父母、教会、国家、舆论之类的东西作为伦理的和道德的立法者来加以接受，人们采用了它们的法律和制裁，因而把它们内在化了。"②

---

① ［德］马尔库塞：《单向度的人》，刘继译，上海译文出版社1989年版，第6页。

② 万俊人：《20世纪西方伦理学经典》第2卷，中国人民大学出版社2005年版，第422页。

第六章　法治意识与道德生活

　　社会道德建设是综合性系统工程，道德的形成机制不仅是道德理念的自身逻辑生成，而且与法治意识密切相关。法治意识不仅是现代道德教育的基本内容之一，也是现代道德发展走出困境的重要策略和道德教育的方法论原则。在依法治国方略的框架内探讨社会道德问题，核心是以法治推动"权利—义务"这一辩证关系为核心机制的伦理关系建构，从而以法治意识、权利意识推动个体道德意识，形成与现代伦理关系和交往理念相协调的个体德性。在法的实施过程中，具有经常性保证作用的是法自身的道德力量，是人们对法律的认同、尊重和信仰，这就是法治与道德培养的内在联系，体现为从新型伦理关系的建构来研究个体道德培养规律。当代中国社会道德观念和新型伦理关系的建构依靠权利意识和责任意识，这就要以法治观念为基础，使抽象德性转化为实践德性，在道德领域实现规范伦理与德性伦理的统一。

第一节　法治何以支撑道德

　　深入分析法治意识对现代道德的涵养，有助于我们对法律与道德、法的理念与道德理念以及法治与德治的关系理论的认识，为道德理论研究提供了新的维度和解释视角，有助于把握现代道德的发展规律以及个体道德意识和道德行为的发生机制。这一思路，为推进法治教育融入国民教育提供理论论证和策略指导，有助于建立一个与当代中国社会转型中的道德生活相适应、与政治制度和法治进程密切配合的分析和解决当代中国道德问题的理论模式。法治意识涵养现代道德，也有助于在生活中塑造以法治实体价值为基础的伦理关系，削弱"人情"异化对规则意识的消极影响。

一　法治的重要价值

在人类社会发展史上，法律和道德作为调节社会成员之间、政府与社会成员之间关系的重要方式，其有效性总是与一定历史阶段的现实状况密切相关的。一般而言，太平盛世是道德发挥重要功能的时期，而在太平盛世转向社会动荡的时期，法律成为控制社会的有效手段，所谓"乱世用重典"。刑法的作用不仅是对犯罪行为的严厉制裁，也在于威慑潜在的犯罪，从而使社会风气在短期内恢复到正常状态，这对于国家利益和社会利益都是必要的。此时，法律意识就会被塑造为整个社会意识体系中极为强烈的因素。另一种情形是，社会没有因为暴动而陷入动荡，而是生产力的迅速发展导致了生产关系格局的重大变化，社会关系、伦理关系的变迁导致了现有道德规范的滞后，人们感觉到缺少必要的规范和判断标准来化解人与人之间的交往风险。例如，我们可以从利益、价值等观念的改变尤其是互联网引起的生活变化中获得深刻感受。同时，社会变革的速度与道德规范的有效性成反比，而与法律的有效性成正比，这是因为新的道德规范的形成和普及是一个循序渐进的自然过程，而法律的制定和强制实施依靠国家力量可以迅速见效。

社会发展动力结构的微观层面是组织与组织之间、人与人之间的名利之争，例如市场经济条件下的企业竞争、以选拔人才为目的的各种考试以及通过竞争来谋求相应的职位和职称等等，体现了社会成员对自我利益乃至自我实现的追求。基于自我实现的合理竞争，事实上否定了道德意义上的"辞让之心"；另外，具有恶意侵犯性的竞争也同样否定了人们对道德的自信，导致了泛道德主义理想在现实利益追求中的幻灭。在现代社会，离开强制性的法律约束只能使人们沉浸在道德幻觉之中。例如，如果政府不能实现教师的平均工资水平不低于或者高于国家公务员的平均工资水平，这就不只是政府的公信力问题，而是违反《中华人民共和国教师法》的问题；如果一个人在驾车行驶中随意变道、超速，就不只是道德素质问题，而是违犯了《中华人民共和国交通管理条例》。但是在现实生活中，许多人并没有意识到这些不作为、不道德行为的属性就是违法，不仅是没有道德观念而且没有法治观念。这样的指证，绝不是对不道德行为的上纲上线，而是确确实实的违法行为。违法行为不一定是犯罪，这是立法本身的问题，但这种观念导致的后果却是中国传统法文化中"法"等同于"刑"这种法理规则的历史延续。在当代中国社会，"只要没有触犯刑法就是没有违法"的观念依然具有很大的思想市场，整个社会还没有形成足够的法治信念。

　　正是由于不属于犯罪的违法行为在很大程度上违反了道德，所以社会道德治理不仅要有道德教化，而且应当重视法治观念的培养。事实上，宪法明确对社会成员的道德提出了要求。例如，《中华人民共和国宪法》第51条规定，中华人民共和国公民在行使自由和权利的时候，不得损害国家的、社会的、集体的利益和其他公民的合法的自由和权利。[①]《中华人民共和国宪法》第53条规定，中华人民共和国公民必须遵守宪法和法律，保守国家秘密，爱护公共财产，遵守劳动纪律，遵守公共秩序，尊重社会公德。[②] 这里，公民的道德义务是在宪法的高度上规定的，但把宪法束之高阁的人却不在少数，而缺乏法治意识和规则意识的人浑然不知、自以为是。例如，一些人认为权利是个体在法律框架内的自由选择，我们看到某些人基于报复心理，不顾公共利益而长时间霸占银行窗口，或者在发生自然灾害的时候囤积居奇甚至哄抬物价等等。可以说，社会成员法治意识薄弱的根本表现首先在于其行为实践与《宪法》的要求有很大差距。例如，《宪法》规定的每个人的权利和义务是不偏不倚的，"任何公民享有宪法和法律规定的权利，同时必须履行宪法和法律规定的义务。"[③] 另外，人们对于法律和道德的认识受到自我利益的局限，较高的道德要求对个体利益的限制尤为明显。与法律不同，道德规则对社会成员的引导必须是基于个体的积极意识而不是消极意识，而且道德不能被强制，只能被提倡，从提倡的角度说"责任先于自由，义务先于权利，社群高于个人"在当前我国社会具有根本价值，但在实践层面上还难以符合社会个体的微观利益取向。

　　从本源上看，法治是针对历史上的人治而产生的，它的基本含义是依法治国，力图实现国家和社会的公共秩序。法治的实体性基础是法制即作

①　《中华人民共和国宪法》，法律出版社 2014 年版，第 14 页。
②　同上书，第 15 页。
③　同上书，第 12 页。

为制度形式的法律，法治在任何时候都离不开法律的作用。在权利法学领域，法治的指向集中体现为"治吏"，也就是说法治主要是针对掌握公共权力的国家公职人员。这种理解没有问题，但并不全面。在法治意义上，每个公民应当关注并通过他们选举的代表有效地参与立法过程，这样国家治理就不仅仅是国家公职人员的义务，也是所有国民的义务。社会成员也是国家治理体系中的重要组成部分，他们主要是通过自觉维护社会秩序来夯实国家治理的社会基础，而法治观念是社会成员承担国家治理义务的基本前提。

社会成员的法治观念主要包括两个方面：（a）守法观念，不侵犯国家、社会和他人的利益；（b）根据法律赋予的权利保护自己免于侵犯的自由。其中，（b）是以（a）为前提的，如果每个人都能守法，就不会发生对自由和利益的侵犯，因此在理论上法治观念的核心是（a）。但是在实际生活中由于（a）具有不确定性，所以（b）是矛盾的主要方面。在法与道德的直接关系上，（b）涉及法律制裁，（a）与现实道德生活紧密相关，因而是需要重点分析的问题，这一问题的核心是以法治涵养道德，以人们对法治观念和法律制度的高度认同来实现道德规范的社会自觉。

在某些观点看来，单纯的法治思维与道德情感之间是对立的，法治的权利理念、自利取向与道德主张存在强烈的反差。但是这种观点忘记了，法律原则的基本出发点是建立公正的人际关系，法律做出的判断必须得到全社会的认可，而不是少数人的偏好，因此法律裁决是以明确当事人的责任、义务和权利为基础的。诉诸法律意味着当事人专注自己的利益，体现了当事人在确定责任、维护权利方面的自利性。从这一点上说，法律不可避免地使人们变得心灵机巧，每个人基于利益的考虑势必要从法律的规定中寻找对自己有利的因素，在法律的范围内尽可能扩充权利要素并收缩责任的限度。法律原则体现的是人的理性意识，而不是发挥人的情感功能。对法律的这一特点，表面上看好像是法律与道德的对立，实际上并非如此，而且我们恰恰需要把法律原则以及人们在法律的框架内维护自己的权益看作是道德上正确的行为。这就意味着法治原则本身就是道德的，而违背法治原则是不道德的，这是现代法治的基本精神。我们很难想象受害人在合法权益上显得大度，奉行宽容原则，如此一来损害的不仅是个体权益和公平正义，整个社会都将面临法律风险，甚至使法律失去了存在的必要。即便是真的存在一些对权利侵犯宽容的人，宽容原则也不能被普遍化。在生活中，宽容、忍让有时候表现为对威逼利诱的让步，在荣誉、利益上习惯性的吃亏也让人感到不公正的对待。因此，最好的做法还是建立某种规则，每个人维系这种规则的时候避免道德牺牲的考虑，比如不能把一些人对本应属于的荣誉和利益的推辞看作谦逊的美德，每个人也不要把其他人对荣誉与利益的正当占有而未能表现出谦逊的情形进行言过其实的道德评价。法律的价值在于维护个体的人格与尊严，不能从法律的自利性推导出法律湮灭了道德。法律起源于无政府状态，起源于对无序的治理，符合公民的最低的道德要求，而不是承诺友善互助的最高要求。法律的基本功能不仅是防恶惩恶，法律的初衷也包括通过谴责和阻止作恶来弘扬社会道德，这是古今中外法律的共性特质。例如，中国古代的唐律就有官员见死不救要承担法律责任的规定，这种规定难道不是以君子行为来进行道德失范和劝人行善吗？唐律规定了不孝是十恶不赦的大罪，难道不是劝导人们要遵守孝道吗？因此，法治意识对道德的促进作用，并不是法律的冷酷和威严，而是法律的表述本身体现了对不道德行为无声的谴责。

依靠法治推进社会道德领域突出问题的治理，意味着法治意识具有建构道德主体意识的功能，敬重法治、自觉守法是社会个体最基本的道德责任。法治主体意识赋予个体处理利益关系中公正、平等、自由的责任意识，是道德主体意识的基础和前提。一般而言，社会成员应当承担的道德责任大致分为两种，一种是关于社会基本秩序方面，如民众恪守国家法律，不侵犯他人的合法权益，这就是孟子讲的"恒心"，是关系到国家和社会秩序的基本道德责任。孟子认为，国家力量必须使社会成员有稳定的产业和收入，社会成员才能有平和的社会心态，从而使社会保持稳定有序。正如他说："民之为道也，有恒产者有恒心，无恒产者无恒心。"（《孟子·滕文公上》）从本质上讲，"有恒产者有恒心"以及"衣食足则知荣辱"等反映了国家力量对于增进社会福利与社会和谐的基本责任。但这里还有一个重要的问题容易被人们忽视，孟子讲"有恒产"不仅是衣食无忧，还包括社会不存在严重的贫富差距，反映了社会财富分配要符合公平正义的原则。至于"无恒产者无恒心"，是说如果社会成员缺乏基本的生活资料，或者社会存在严重的贫富差距，就会影响社会的稳定。"恒心"是对国家和社会秩序的尊重，是社会成员对国家力量建构公平良序的社会环境的信心。

第二种道德责任是对良好社会秩序建构锦上添花的行为，所反映的是人们的道德素质和传统文化延续下来的道德修养，如尊老爱幼、以诚相待、为人友善、公道正派、遵守社会公德等等。例如，我们认为在公共汽车、地铁上给特殊群体让座是道德要求，人与人交往要做到不歧视、不傲慢，在处理人际关系纷争时不偏袒，在公共场所言语文明、爱护环境、遵守秩序等等。这些行为具有历史传承的特点，每个人都应当在成长的过程中模仿和塑造，体现了社会成员的基本道德素质。这些对他人和社会的道德责任，与一个人的生活处境并不存在必然的相关。一个生活贫困的人也可以做到"贫贱不能移"，一个养尊处优的人也可能破坏规则甚至飞扬跋扈。但总体说来，一部分人不去承担积极援助的责任还不至于对社会秩序构成严重的威胁，还不至于引起社会动乱。人们的道德素质体现了社会文明程度，起相关约束作用的道德规范不是国家的制度性规定，而是长期以来社会自治文化的历史积淀。

因此，从广义上看，道德责任是指一切遵守道德规范的责任，其中维护社会基本秩序的道德责任是通过法律责任表现出来；狭义上的道德责任是指法律之外的应当承担的积极责任，如上述第二种道德责任。在社会变革和转型时期，为了实现国家治理和社会治理的有序性，需要把一些道德要求及时上升到法律规范，其必要性在于：（1）某些违背道德的行为极有可能或者已经危及社会基本秩序。（2）违背道德的行为在社会上造成严重影响，虽然不至于危机社会稳定、导致社会解体，但有损于社会良好的道德风尚。在道德责任问题上，积极责任（积极援助的义务）的滞后会导致人们消极责任（不侵犯他人权益）的弱化，以至于危及社会稳定。为此，针对严重违反道德责任的问题，要从我国社会实际出发，借鉴国外相关治理经验，把实践中广泛认同、较为成熟、操作性强的道德要求及时上升为法律规范。同时也应当认识到，道德规范上升到法律规范的比例不断扩大，实际上是社会秩序变差的表征。

此外，法治在解决囚徒困境中的不合作问题、建立信任机制方面体现出相对于道德规范的优势。道德规范的价值是实现社会成员的彼此尊重、信任与合作，但正如前文指出，道德规范无法解决囚徒困境，无论是利己主义还是利他主义都不能实现最优的结果。在这种情况下，道德规范所不能达到的目的要依靠法律的功能来实现。与道德规范相比，法治是解决囚徒困境、激励当事人选择合作的手段。如果说社会发展的预期是人与人之间的良好合作，那么能够推动合作的力量正是法律规范，法律规范的力量旨在限制人们非法利益的选择和改变其对于诱惑的偏好。法律规范是以禁止的方式在社会中体现激励功能，使人们放弃那些不利于人与人合作的行为。正如有学者指出，"激励问题的核心是将外部性内部化为个人的成本与收益，从而使每一个人对行为的后果负有完全的责任。例如，合同法确保了交易双方都有利的合作，解决了囚徒困境，确保了社会效率的实现。环境保护法也是一样。由于空气的流动性，企业对向空气中排污并不承担完全的后果，因此企业的最优选择是过度排放，环保法通过对超过一定标准的污染排放征税，从而使企业有积极性降低污染排放。法律在解决囚徒困境的有效性上依赖于当事人对法律是否得到有效执行的预期。如果当事人预期法律不能得到有效执行，法律成废纸，又回到囚徒困境。"[①]

二　法治、道德与规则

由于道德要求高于法律要求，一般情况下不违反道德就不会违犯法律（也有例外，一些不是出于故意的行为比如过失伤人等违犯法律的行为），所以人们不屑于降低标准来标榜或宣扬遵守法律。但遵守法律和遵守道德，在本质上都是对规则的敬重和服从。区别在于，人们对规则的敬重并不是首先从道德规范中产生的，而是来自于社会敬畏程度更高的法律规范。就两者对人们的心理冲击而言，法律体现的规则意识要强于道德规范的规则意识，这主要不是因为法律具有强制性，而是因为遵守法律要比遵守道德更加容易，法律的威慑力要超过道德的说服力，因而守法观念要比道德观念更容易培养，这一点从中国传统法文化对现代生活的深度影响中体现出来。

中国社会对法和法律的认识在很大程度上仍然局限于与刑法直接相关的历史传承。现代法的观念在中国的产生仅仅百余年，清末之前的法实际上指的是"刑"。中国古代文献中，"法"与"刑"通用，例如《说文解字》中说："法，刑也"。汉代思想家桓宽在其所著的《盐铁论》第 10 卷

① 张维迎：《博弈与社会》，北京大学出版社 2013 年版，第 338—339 页。

中说："法者，刑法也，所以禁强御暴也。"触犯刑法的成本很高，几乎可以使人抱恨终身。直到今天，许多中国人在谈到守法的时候，总是指向刑法。如果把敬畏刑法和尊重道德相提并论，很容易得出守法是一件较为容易的事情，另一方面也导致了遵守道德变得十分困难，因为违反道德的后果在人们的印象中总是微乎其微，对道德过错的承受能力要远远高于违犯法律的成本。如果我们对法、法律等概念做出准确分析，那么因法治意识薄弱引起道德衰弱的原因正是在于部分社会成员没有准确把握法的理念。具体而言，部分社会成员对"法"的认识依然沿袭传统社会"法即刑"的观念，把法治意识片面地理解为刑法意识，导致刑法意识强而法治意识薄弱，其道德水平维持在刑法威慑的状态，对规则的蔑视较为普遍。

由于违犯刑法和违反道德的后果如此明显，使得两者的约束力天壤之别，一些人把是否违犯刑法当作行为选择的前提，而不会考虑行为是否违反道德，以至于当守法（刑法）变得容易的时候，游走在法律边缘的现象就逐渐增多，同时违反道德日益成为一种社会常态。社会的道德水平仅仅维持在刑法威慑的状态，对于那些不敢违犯刑法但轻蔑道德规则的人，尤其是那些厚颜无耻的人丝毫不顾及社会声誉，这种情况成为中国社会治理的难点。

造成这种结果的一个重要原因，就是人们没有把道德行为的依据理解为规则意义上的法的理念。在中外法学研究历史中，法的定义是一个非常复杂的问题，但这不影响人们对法的价值的认可，法体现了永恒的、普遍有效的正义原则和道德公理，为了实现正义从而在本体意义上把法看作规则或命令。在法的理念而不仅仅是法律的意义上，违法的范围不仅仅是指触犯刑法，还包括违犯国家制定的其他法律，例如公务员法、教师法、物权法等等明文规定的法律，以及政治经济活动中违反行业制度、公共场所规定、合同契约、与社会管理有关的所有规则。有学者指出，法治的实质是每个人都按照社会公认的正义的游戏规则行事，这里的游戏规则不仅包括国家制定的正式法律条文，而且应该包括人们普遍认可的非正式规则——社会规范。① 遵守道德规范和遵守法律的原因不同，因为

---

① 张维迎：《博弈与社会》，北京大学出版社 2013 年版，第 359 页。

后者的约束力更强；违反道德规范和违犯法律的后果不同，后者对社会的危害更大，但两者的相同之处都是违反规则和违反正义原则。守法的本质是维护规则，而不是把守法和遵守道德规范截然分开，或者在做出不道德行为时进行轻重权衡。

规则意识是法治意识涵养现代道德的中介因素。法治的规则范畴不仅包括正式法律条文，也包括人们普遍认可的社会规则。法治作为理性精神和文化意识，具有信仰性的意义，规则意识体现了道德信念中的法治信仰。规则意识有助于人们在平等性、可预期性的程序规则下解决矛盾和形成共识。法治意识涵养现代道德的过程就是规则理性、规则需要向规则习惯的转化，通过规则之治的自我威慑形成道德压力。道德责任主体将道德压力作为道德意向性的动力，建构行为实施与社会认可的关联，从而发挥社会声誉机制的效力。因此，如果我们对法的敬畏不仅限于对刑法的恐惧，而是对规则、正义的尊重，那么遵守道德规范就有了区别于传统的理由，法的理念就成为道德规范的约束力在思想意识上的重要依托。这样，人们对道德和法的敬畏感是一致的，因为守法精神不仅来自于对法（刑）的恐惧，而主要是对规则的敬重。中国社会有必要把对刑法的敬畏扩展到对一切规则的敬畏，使规则意识成为人们遵守法律规范和道德规范的内在依据。

通过对规则的敬重使法的精神融入道德意识领域，从而提升道德观念，也存在一定的阻力，这主要是法律与社会规范之间难以协调，从而使"有法可依"与"有法必依"之间出现断裂。法律规定与法律的执行是两回事，我们可以规定全国范围内公共场所禁止吸烟，但不意味着所有公共场所都能令行禁止。例如，在小城市、县城、乡镇的公共场所，禁烟令的实施就有很大的难度。在英国等西方国家，无论是城市还是乡村，室内都是禁止吸烟的，而且执行的效果很好。但在中国社会，如果禁止居民在家里吸烟恐怕存在很大的阻碍。归根到底，规则的执行必须建立在相应的社会规范、历史习俗的基础上，如果大部分人认为在室内吸烟不是什么道德问题，那么禁烟规定就会受到强烈的抵制。如果大部分人对于红灯时穿越马路习以为常，或者交通警察对于这种现象也"予以理解"，那么交通法规的执行力就会减弱。这些现象表明，很多人不仅没有把公共场所吸烟、闯红灯等行为看作违犯法律的行为，也从来没有把这些行为看作违反道德的行为，而是将其视为生活习惯。在很多情况下，法不责众就是因为法律和人们对日常行为的价值判断不一致，尤其是一些稳定性的传统习俗观念与现代社会的价值观存在不可避免的冲突。如果法律能扩展道德规范的约束范围，道德规范就被赋予法的权威，对社会成员形成有力的约束。

因此，法律依靠国家强制力发挥作用，并不意味着法律制度悬浮在社会之上、与社会相隔离。不仅法律文化、法律制度的形成离不开社会伦理、历史习俗等所有的社会规范，法律的执行效果也会受到社会规范的限制。虽然自然主义法学以道德的理由反对实证主义法学，但实证主义法学并非与道德彻底绝缘，完全与道德脱离的法学事实上并不存在。任何一种法学理论，只能是在道德与法律关系的解读上存在差异，而不能否认道德与法律的关系。因为无论是法律还是道德，本质上都是调节国家与社会的关系以及社会成员之间关系的规范，区别只是在于法律和道德的分工不同，在道德不足以发挥作用的领域依靠法律，而在法律不必要介入的领域依靠道德。正如学者们指出，"法律和社会规范的执行机制不同和对信息结构的要求不同，意味着它们可以在不同的层面上发挥作用。国家不可能替代小区，法律也不可能消灭社会规范。主要是因为法律和社会规范在很多方面是互补的，合理的法律可以降低社会规范的实施成本，而社会规范也有助于降低法律的执行成本"。①

三 公正、权利与道德

以法治应对道德问题，除了通过法律威慑和惩罚严重的不道德行为的刚性力量之外，还体现为通过法治实体价值的道德培育方式来发挥法治的柔性功能。在法治促进道德建设的功能结构中，道德法律化偏重于道德的法律强制，与我国现代道德理念难以完整对接。法律化道德中的人类自觉意识也是一个涉及道德法治化的复杂问题。如果作为社会规则的道德尚未从法治意识方面获得基于规则意识的真实信念，道德就不能成为具有现实效力的概念，这是法治意识涵养现代道德的本质要求。法治作为基本的社会治理方式，意味着法治是国家力量推进社会道德发展的基本方略，是主体普遍道德需要的制度安排和规范表达。在当代中国，现代道德需要法治

---

① 张维迎：《博弈与社会》，北京大学出版社 2013 年版，第 358 页。

意识的涵养，道德法治化应当成为现代道德的基本特征之一。与道德法治化相比，道德法律化对于社会的直观印象仍然是威慑效应，其结果依然是"民免而无耻"。法治意识对现代道德的涵养是道德法治化的基本要求，体现为以公正、平等、自由等法治的实体价值与社会主流价值观念、公共道德愿望之间的契合，是对社会道德运行的法的理念的设计和安排，致力于形成以法治思维为主导的有序化的伦理秩序和道德状态。

在法治的实体价值中，公正是道德动力结构中的持久因素。例如，当我们回答人类个体的道德行为是有条件的还是无条件的时候，对公正的反思就在所难免。在严格的义务论看来，道德行为是无条件的绝对义务，道德行为的理由就是服从规范，不能因为利益得失、喜怒哀乐或任何的外在因素而放弃道德。例如，一个人不能因为可能失去某种利益而不去做道德的事情，甚至不能因为可能的侵犯而对他人不讲道德，例如明知询问自己财产存放地点的人是盗窃者，也不能向对方说谎。虽然义务论的支持者试图说服人们接受该理论的普遍性权威，但严格的义务论在很多情况下显得笨拙甚至迂腐。严格的义务论必须回答，一个人在可能遭遇侵犯的情况下是否有必要遵守道德规范？抑或说，道德选择是否要立足于起码的公正？如果说一个人连自己的安全需求都不能满足，何以扶危救困帮助他人？这的确是严格的义务论无法回避而又难以回答的问题。这种困惑事实上说明了道德行为不是无条件的，行善的事实起点和逻辑起点是现实社会的公平正义，是人与人之间、个体与组织之间权利和义务的对等。当然，我们不否认存在这样的人，无论处于什么境遇都能按照道德规范的要求行事。

如果一个人对正当的权利漠然视之，那么他也不会尊重别人的权利。可能会有这种情形，一个人在痛苦的时候，他希望别人和他遭受同样的苦难，一个对生命心存厌倦的人也对别人的生命漠不关心，一个人认为自己接受侵犯就认为别人也会宽容侵犯。当一个赌徒输钱的时候，他希望输钱的人更多而不是赢钱的人更多。人总是希望找到一种平衡感，中国古代就有不患寡而患不均的思想。只有权利意识深入人心，每个人才能首先做到在对待他人的时候有所不为，在此基础上有所作为。换句话说，对权利的重视是常态，而牺牲权利去奉献并非是一个人生活中的常态，如果我们鼓励每个人都毫不利己去做奉献，那么商人就都不必赚钱了，所有的人都可以接受最低限度的工资而去资助本来不需要救助的人。同时，法治观念强调个体的合法权利，但并非主张为了权利而斗争。国家公民拥有宪法赋予的神圣权利，这种权利的来源是宪法，而不是那种需要通过斗争才能拥有的权利。依法治国首先是依宪治国，这就决定了个人在权利问题上本来不应当存在与公共权力机构的斗争，而是按照宪法的要求，权力依法保障个体的权利，为社会和谐奠定了坚实的基础。

法治对个体道德培养的作用方式就是以公正激发人的道德情感，以正义促进美德的实践。休谟的正义论思想，为我们描绘了社会生活中的正义何以能够激励每一位社会成员对道德生活的向往。他说："当人们通过足够多的经验认识到，不管单独一个人所作出的单独一个正义行为会有什么后果，但整个社会共同奉行的全部行为体系对全体和个人来说都具有无限多的好处。"① 因为道德生活不仅仅是一个人自己的事情，而且也是一个社会问题。一个社会如何安排它的机构是与生活在该社会中的人们的道德意识和道德水平密切相关的。有些社会可能会使人在道德上麻木不仁，但一个好的社会则有助于促进人的道德。② 如果不公正的现象随处可见，人们就不可能得到社会氛围的道德塑造和善意的鼓励。

公正是体现社会制度的首要价值，只有在"正义"和"公正"全面深入到社会生活观念的时候，社会成员才可能有义无反顾的崇高的道德实践和精神体验。为此，法治应当发挥对社会公正的引领作用，致力于道德与利益的良性互动，以法治意识凝聚人际之间的积极援助动机。道德意向需要实际的社会激励，社会激励必须是公正而且具有可以信赖的民意基础。法治意识实现有效社会激励的根本前提是法治建构的公平正义。公正原则反映了对积极援助者的合法利益的认同，消除积极援助者的顾虑，激发社会的道德情感。

国家应当重视广大社会成员对公平正义的强烈要求，并且将推进社会公平正义作为深化改革的基本目标。可以说，从传统朴素的公平观念到现代文明社会的公正理念，在中国社会历史发展中给人们留下深刻的烙印。对于国家和政府而言，全面推进社会公平正义是最根本的责任意识，也是

① David Hume, *A Trestise of Human Nature*, Oxford：Clarendon Press, 1978, pp. 497—498.
② 徐向东：《自我、他人和道德——道德哲学研究》上册，商务印书馆 2007 年版，第217 页。

社会成员围绕这一问题展开的最切合实际和最应期盼的共识。同时，中国社会的复杂性表明，如何理解公正的概念以及如何在全社会实现公平正义，这些具体性的、需要进一步细致思考和规划的问题在社会成员中还难以形成微观层面的共识。一般而言，弱势群体强调结果公正，而精英群体更注重机会公平。但无论他们在这一问题上存在何种分歧，社会整体对公正的共识在于，公正是社会发展进步的最根本的理念动力。人们缺乏工作动力、满腹牢骚，并非是用缺乏职业道德就能简单地回答和解释，能激发个体勤劳美德的是生存处境的改变和社会中的和谐气氛。在失去公平正义的情况下，谈论个体美德无疑是极度牵强的，而且外在的、牵强的道德行为并不能掩饰内在的抱怨，这样的美德是一种虚假的美德。人与人之间表面上一团和气，下级与上级之间表面上的顺从与尊重，很难形成真正的伦理关系。从整个社会的公平正义，到社会成员之间的友善互助，最后形成个体美德，这是道德的发展规律。在复杂的社会中，提高道德观念的前提是要提高法治观念。总之，公民的权利只有受到法律的保护，才能合法地行使权利。只有合法的权益真正得到维护，人们才愿意做出奉献，这是权利与义务相统一的要求。另外，在现代社会，一个人是否是道德的，不仅是说这个人是否遵守道德规范，而且也包括这个人是否具有法治观念和崇尚法治精神。反之，如果一个人缺乏法治观念甚至是蔑视法治，很难认定这个人是一个讲道德的人。

第二节　法治共识与道德共识

一　法治共识的优先性

为了考察社会成员的法治意识，我们结合问卷调查的结果进行了详细的分析。其中一项问题是：对于"官员贪污5000万元"与"入室持刀抢劫50元"这两种犯罪行为，14%认为"与贪污罪相比，持刀抢劫罪更应严惩"；22%认为"持刀抢劫数额小，贪污罪应当严惩"，而认为"主观上无法比较，依照刑法判决即可"的人占64%。这虽然是一个相对客观的法律判断问题，但也引起了不少争议。

显然，这个调查题目包含着关于个人权益、公共利益以及官员腐败等一系列复杂的社会热点问题。而其中关键的区别在于法治思维抑或是情绪化判断的问题，但调查结果体现了大多数人基于法律的客观性判断。但从回应这一问题的比例来看，倾向于以主观判断代替法律判决的人的绝对不在少数，有将近三分之一的人对这一问题的判断表达了不同于法治思维的意向。

就"与贪污罪相比，持刀抢劫罪更应严惩"以及"持刀抢劫数额小，贪污罪应当严惩"而言，双方都体现了直觉判断、情感判断对法律裁决的影响，并且可以明显地觉察出人们对个人权益的不同认识。贪污罪的犯罪主体是官员，犯罪客体是公共财产，而持刀抢劫的犯罪客体一般是私有财产（此处不考虑抢劫所得是公共钱财，仅考虑犯罪行为本身）。认为"持刀抢劫数额小，贪污罪应当严惩"的人大致有以下几种理由：（1）从犯罪所得财产的数量来衡量罪行的轻重，这是依据题目本身透露的信息。之所以做出这样的判断，与本题中5000万和50元两个天壤之别的数额有关。（2）贪污罪应当严惩并非仅仅因为其数额巨大，而是因为贪污行为针对公款，是对公共利益的侵犯，而持刀抢劫的对象是个体，是对个人权益的侵犯。在一些人看来，损害国家利益要比侵犯个人利益严重。（3）做出这种选择应该还有一种来自于痛恨腐败的意识，尤其是近几年的反腐风暴使人们对贪官的态度更加严厉。其中，也凸显了部分社会成员对于财富的态度，其引发原因并非是对官员以及富人的财产数量以及所造成的贫富差距的不满，而是对其财富来源的合法性强烈质疑。一般来说，我们对于那些拥有天文数字资产的富豪像比尔·盖茨充满敬佩，对于那些买彩票一夜暴富的幸运者感到羡慕，对于那些受到国家重奖的科技工作者感到欣慰。这些都属于合法收入，体现了社会成员之间的有序竞争对社会发展的推进作用，而不合法收入摧毁了公正和信任等基础价值理念。

就"与贪污罪相比，持刀抢劫罪更应严惩"的选择而言，最重要的理由大概是认为侵犯个体生命比与贪污国家财产在犯罪性质上更加恶劣，更具有社会危害性，因为任何一个人都可能成为被持刀抢劫的对象。我们可以进一步考虑，即便是持刀抢劫的数额与贪污所得之间的差额无限增大，也对该选择不构成任何本质的影响。从感性直观上看，选择"持刀抢劫数额小，贪污罪应当严惩"的人大概从未受到危及生命安全的恐怖事件，事实上这类恶性事件无须亲身体验，也应当能对其危害性一目了然。主要的问题不在于从数额上来区分两种犯罪的差别，而在于考察人们对个人权益的认识程度。后果主义理论则是从两害相权取其重的角度，比较两者对社会的危害程度之深浅。然而这种比较的难度在于，贪污罪和持刀抢劫是两种不同的犯罪，而不是同一种犯罪的不同结果，后果主义很难在两者的比较上建立公允的标准。侵犯公共利益和个人利益的孰轻孰重的对比恐怕是当代中国乃至世界的一道集体难题，因为很难在判断主体之间、在具体分析中达成一致。基于法治的理由，最佳的选择应当是基于法律的公正判决，而不是在公共利益和个人权利的轻重比较的纠缠中忽视了法治的根本意图。民粹主义言论很容易从政治道德的视角评价官员的贪腐行为，也很容易从天赋人权的层面认为尊重生命是压倒一切的选择，但我们需要从法治层面回应现实争议。主张"主观上无法比较，依照刑法判决即可"体现了法治观念，这种观点看起来很简单，甚至很单纯，但具有客观的说服力。而无论主张贪污罪比抢劫罪严重还是抢劫罪比贪污罪更为严重，也不论这些主张为我们提供了多少发人深省的理由，对于国家治理和社会治理而言，首要的问题不是争议而是寻求一致的价值观和判断标准，这就是法治存在的理由。

此外，在我们的调查中，68%的人认为"在中国社会，律师作用将逐渐增强"，32%人认为"在中国社会，律师作用非常有限"。总体来看，认同律师的作用还是社会主流观点，同时也有三分之一的人感到并不乐观，这对于庞大的中国社会来说是一个不小的比例。

律师辩护是司法活动中的重要环节。无论一个人是多么罪恶滔天，在法律上都有为自己申辩的权利，所以在需要专业辩护援助的时候，律师的作用就显得必不可少。由于法的问题非常宏大，因此从社会成员对律师的态度，可以客观地反映他们对于"法"的认识状况以及围绕"法"这一概念所展开的不同思维方式，并且就当代中国社会对于人治与法治的态度做出基本判断。这一判断对于当代中国伦理学研究绝非可有可无，人治意识还是法治意识，对个体处理人际关系的方式具有不同的思维导向，具体体现为个体关于权利与义务的内在观念。

当社会成员法治观念较弱的时候，律师的作用就不被看好，甚至轻视律师的作用乃至轻视律师这一职业，因而律师的地位也较低；当社会成员法治观念较强的时候，律师的作用会受到社会的广泛关注，随着律师职业的收入增长，自然其职业地位也在上升。例如，在西方法治发达的国家，律师属于社会地位很高的职业。当然，前提是我们必须假定大部分律师都是严守职业道德的律师，那些甘于充当司法掮客的律师则应当被清除出去。

在律师作用这一问题上存在分歧，表明法治意识还没有成为当代我国引导社会有序发展的常态性价值观念，这不仅因为现代社会存在司法不公，也与我国历史上对于律师的漠视有关。一是中国人自古有无讼的习惯。例如，孔子说"听讼，吾尤人也，必也使无讼乎"。（《论语·颜渊》）从历史上看，中国人处理人际关系的特点是协调，比如私下解决纠纷就在民间广泛存在。二是在实际的司法活动中，律师与法院之间不对等的地位，使人们认为律师的作用难以得到完整的体现。三是一些人认为请律师是一种不认错的表现，辩护不是一种权利而是变成某种形式的对抗。例如，有些违法官员并不愿意请律师辩护，认为辩护是一种对抗组织的行为。在这些官员的潜意识里有权大于法的认识，既然辩护不起什么作用还不如放弃辩护，这样可能因为态度较好而被从轻发落。

对律师作用的轻视是与法治精神背道而驰的。由于中国社会存在普遍的权力信仰，这种信仰不仅流行于体制内部，在民间也有很大的市场。老百姓对律师的漠视也是一样，他们认为律师的作用比起权力来说弱小得多。许多申冤上访的人不是走司法程序，而是寄希望于更高级别的政府官员，由于不相信法治，也就不善于用法治来维护自己的权益。此外，部分司法官员对于律师的态度也是极其冷漠，这源于权力大于法律的思维定式。当然，这种情况也与法治本身的发展程度相关。在这种思维的前提下，不仅是社会成员还包括政府部门乃至司法人员对于那些推崇和实践"有法必依"的律师还没有完全适应。从调查可知，68%的人认为"在中国社会，律师作用将逐渐增强"，32%认为"在中国社会，律师作用非常有限"。这样的判断比例大致反映了人们对法治价值的认同以及对社会公正的期待。律师所产生的作用虽然与司法公正尤其是实体正义并不具有必然相关性，也就是说一个案件判决的正确性并不完全取决于律师的辩护，但律师的参与一定是司法公正的必不可少的因素。

从以上调查分析可以看出，当代中国社会的一个重要问题就是法治观念还没有形成全面覆盖。这不仅是说有的人没有法治观念，而且还体现在法治意识还没有成为平复社会争议的重要标准。尤其是社会存在很多道德争议的情况下，就会引起不同的价值判断，甚至以各种理由违犯法律。例如，2015 年 5 月 3 日发生在成都的女司机变道被打事件，因为女司机卢某违规变道干扰张某驾驶，随后被张某暴打泄愤。然而，事件在互联网上发布以后，对张某暴力行为的认同成为很多围观者的主流意见，试图形成一种陪审团形式的司法导向。如果我们理性地分析这件事情，那么对暴力的认同是十分危险的社会信号，如果人和人之间的冲突都要靠暴力解决，这就回到了自然状态下的丛林法则。在无政府的自然状态下，任何一个人都不能保证自己生命财产的绝对安全，即使你武艺超群也有睡觉的时候，不能避免别人的侵害或暗算。所以需要在社会关系之上建立凌驾于社会成员之上的政府，并要求政府依靠法律来调节人与人的关系。法的价值之源不仅是国家力量，也是社会的普遍共识。我们经常说"是非曲直自有公论"，所谓"公论"就是社会共识，在社会评价中具有权威性，"公论"在现代文明社会就是每个人都应当认可的法治观念。

在当代中国社会，因为法治观念的缺乏，人们在很多问题上价值紊乱。例如，许多人把盗窃贪官财物的人看作"侠盗"，并为之拍手叫好。人们并非认为盗窃就是对的，而是认为盗窃的行为原则有所不同，盗窃贪官财产在道德评价上很容易符合"盗亦有道"的观点。但事实上，盗窃本身就是违法行为，如果不从法治上分析和判定，类似这些问题很难有一个令人信服的结论。再如，市场经济规则下的民间融资行为，反映了现代契约观念，融资的去向是投资，既然是投资就可能盈利也可能亏损，所以融资的获益与风险是并存的，不能因为事后风险而违反当初的契约。但我们社会中的很多人没有把逐利的风险与市场规则、契约精神相联系。对于合法的民间借贷，一些人认为获利是理所当然的，融资时候只想着盈利，而正常的投资亏损却被看作对方的欺骗行为，于是一旦资金链断裂就向政府求援索要。这些人在融资的时候是自愿的，而在没有收益的时候就找政府控告，没有把正常的、合法的融资行为看作是风险与机遇并存。由于中国社会的融资行为很多依靠熟人关系运作，熟人关系的运行原则不是法治而是传统的信用体系，法治及其契约观念在市场经济活动尤其是民间金融关系中还没有成为社会交往理念的支柱性意识。

社会快速转型的一个显著变化是，日常生活中的许多冲突并不通常表现为非此即彼的判断，比如"为了救人能否不择手段""在什么情况下才需要表达宽容""报复是否具有正当性"等等问题经常产生严重分歧。由于我们在面对这些问题的时候不能久拖不决，而是需要事先的"判例"来应对将来可能发生的类似问题。那么，"判例"的标准就不能再次引起争议，这个标准必须是唯一的，它可能依然无法实现真正的说服力，但它的解释必须有足够的权威性。在现代社会，法治观念在所有的判断标准中具有优先性，法治体现了人们对规则的绝对敬重，这一点应当在法治观念和道德规范之间形成强烈的传导效应。

社会转型的根本问题是人的变化。中国的社会转型是一个复杂的动态过程，作为现代社会产品的个人还没有具备独立人格，更多的人在生活实践中体现出双重人格和双重身份，在事务处理上奉行双重标准。许多人对什么是正义、什么是应当、什么是合法、什么是共识等根本性问题，有着参差不齐的认识，导致了传统思维方式和传统观念与现代文明、现代法治意识的冲突。总之，法治意识不强是当代社会道德问题的主要原因之一。中国共产党十八届四中全会《中共中央关于全面推进依法治国若干重大问题的决定》专门讲到了这一点："部分社会成员尊法信法守法用法、依法维权意识不强，一些国家工作人员特别是领导干部依法办事观念不强。"① 从这个判断中的"部分""一些"等限定性词汇，可以发现当前我国社会缺乏法律信仰问题的严重性。

法律活动中的程序正义是法治的基本精神。但在我国传统司法文化中，实质正义是关注的重点，而程序正义被边缘化。这种观念在当代司法实践中的严重后果就是有罪推定以及对刑讯逼供的认同。从根源上看，刑讯逼供不仅是因为警方急功近利，而且也有广泛的民意基础，反映了全社会法治意识的脆弱。事实上，刑讯逼供表面上看是有法不依，实质上是中国自古以来就有的"对于坏人而言怎么做都不过分"的思维定式，这种思维定式表现了道德制高点的思维任性。此外，一些人之所以认同刑讯逼供，实际上只是对别人做出犯罪假设，而从来没有对自己进行这样的设定，也没有对自己的亲人和朋友做出犯罪假设。这也反映出人与人之间的冷漠。实际上，任何人对自己的未来都具有不确定性，任何人都可能在将

---

① 《中共中央关于全面推进依法治国若干重大问题的决定》，《人民日报》2014 年 10 月 29 日第 1 版。

来某一天会被不公正地对待。所以，一些人对于"刑讯逼供"的认同实际上是自相矛盾的。

二　法治共识的价值功能

以法治意识化解道德判断的分歧，主要是通过发挥法律的规范、引导、保证和促进作用，为社会主义核心价值观和社会道德提供良好的法治环境。正如习近平总书记所强调的，"要用法律来推动核心价值观建设"，"使符合核心价值观的行为得到激励、违背核心价值观的行为受到制约。"在社会共识体系中，政治价值观是核心，是联结国家道德和社会共识的核心介质。缺乏政治制度自信和国家发展理论自信，不仅国家道德失去重要依托，而且社会价值共识也因为缺乏最根本的前提而无法聚合。国家力量必须致力于推动社会共识，这是国家的秩序本质决定的。道德哲学关注社会问题，就是在社会多元化的条件下寻求和凝聚社会共识。社会共识凝聚着社会成员的价值判断并且决定社会意识的本质，现代精神创立了一个新的文明时代，就是因为社会共识通过某种普遍性的解释和某种真理观点，为这个时代的本质形态奠定了基础。社会共识及其核心价值完全支配着构成这个时代的所有现象。同样，一种对现代文明的深刻沉思，必定可以让人们在这些时代精神中认识社会共识与价值的基础。在建构社会共识和价值共识中，最基本的是法治共识。因此，有必要立足于法治意识和法律规范推动社会价值观建设，进而提升全社会的价值判断水平。

在这个意义上，法治共识理所当然是首要的道德共识。现代道德只有符合公正、平等、自由等法治的实体价值才能形成对社会成员的普遍约束感。法治作为社会治理的顶层设计，表明法治共识支撑道德共识。法治意识在社会行为判断中具有优先性原则，致力于消除价值观念多元化导致的社会争议。法治是"是非曲直自有公论"的现代标准，有必要在应对舆论分歧和价值多元对社会事务形成争议的问题上发挥权威认定和公正裁决的功能。

法治共识意味着对社会基本正义制度的信任，对社会基本行为规范的尊重，以及建立在这种领悟、认肯与尊重基础之上的自制、自律精神。一个和谐的社会并不意味着没有矛盾冲突，而只是意味着这个社会有一个良好的解决矛盾的机制。这个社会中所有参与契约商谈的成员总是以法治为共识，并在法治的结构框架中通过正当的途径与程序解决这些矛盾。在一个多元社会，对于社会各方或任何一个社会成员而言，敬重法治是现代人的基本美德，法治是后发国家在现代化过程中维护社会秩序、调节各种利益关系的基本原则。在国家和社会领域中的各种规章制度、组织纪律、道德规范、风俗习惯、乡规民约中，法律必须成为最高的规范，一切与法律相抵触的规则或规范都不应当发生效力。归根到底，只有在法治共识的基础上才能形成可靠的道德共识。

在路德·宾克莱看来，道德哲学研究的任务之一是消除道德判断的混乱，他说："我们可能再不会感到由于道德判断不能通过一种自然科学的方式加以证明而使道德哲学显得大为逊色。假如某些标准确实被我们的社会所认可，那么道德判断就能通过一种适合它们功能的恰当方式得到证明。我们最好是把这种效用做这样的概括：它可以帮助我们消除思想中人们关于道德行为谈论的许多混乱，或者说消除那些人为的关于道德判断的混乱分析。"① 我们知道，道德判断的混乱很难通过道德本身的力量加以消除，毋宁说这种无谓的努力会增添新的难题。如果有必要让某些道德判断形成社会共识，那么最有效率的方式就是把道德思维转化为法治思维。这种转化的前提事实上是已经存在于法治社会的观念领域，即法治意识的道德属性。

由此可见，尽管法治思维不能代替道德规范思维以及风俗习惯，但法治思维是基础，是现代社会的重要特征。社会道德治理的目标并非是形成一个完美的道德社会，而是以法治观念逐渐促进整个社会道德思维方式的逐渐成熟，以法治意识带动道德意识的突破，极大降低社会犯罪率。如果社会不注意制度建设，不尊重人权、财产制度，仅仅依靠道德说教，最后恰恰是人人都变得虚伪。法治观念首先强调的是"不能做什么"，而不是"一定要做什么"，使人们不去做某些事情，而不是无所不为和肆意妄为，这是应对人与人侵犯问题的首要原则。

由于法的理念是建构和谐社会的基本前提，法律是维护社会公平正义的基本制度，这使得法治意识对道德的涵养成为必要。法律的基本功能是

---

① ［美］路德·宾克莱：《二十世纪道德哲学》，孙彤、孙南桦译，河北人民出版社1988年版，第216页。

为了定分止争，但不意味着法律规范凌驾于其他社会规范，特别是道德规范之上，成为全部正当性的来源。法治观念的优先性原则，意味着规则在处理社会事务中的权威地位，法律应当是裁决某些社会事件引起的重大争议的第一标准。法治观念的优先性并非强调法律中心主义，也不会瓦解法治赖以生长的社会道德基础。个人权利在法律范围内是无可非议的，只有超出法律范围才可能与集体主义产生冲突，同样集体主义原则也必须符合法治原则，集体行为也必须以法律为准绳。社会和谐与个人权利并不矛盾，而是以后者为基础的，社会关爱和救助与权利义务明确的职责主义之间也没有任何矛盾。

从根本上讲，道德是法律的基础，法律规定要符合道德上的正确性。由于历史文化传统与现代格局的叠加，道德理论中的义务论和后果主义的分歧，围绕法律的道德辩护在客观上存在分歧。但不能说由于道德意见分歧、自然法原则的存在，人们就无法制定法律。道德分歧的客观存在，以道德的理由否认法律规定，并不利于社会的整体利益。从法律本身是否具有道德性，也就是说，尊重恶法也是道德的要求对不对？当然不对，亚里士多德关于法治的定义已经指明了这一问题的要害。亚里士多德指出，"法治应包含两重含义：已成立的法律获得普遍的服从，而大家所服从的法律又应该本身是制定得良好的法律。"① 那么，只要遵守法律就是道德的，还是只有遵守道德的法律才是道德的？道德上是否要求我们遵守现在的法律或风俗习惯，是伦理与法律之间难以一致的表现。这里面的核心问题是规则本身是否能被接受，规则是不是正义的，规则的制定过程是不是符合正义原则。而更重要的是，规则是不是正义的，还在于制定规则的人是否在立法的知识领域达到了无可挑剔的程度。这一点确实重要，但任何事情一旦进入知识范畴，局限性就会难以避免的产生，从而产生好心办了错事的结果。这就是规则本身存在的困惑，世界上不存在最好的规则，而是只存在不断改进的规则，法律规范和道德规范都存在同样的问题。因而以存在最好的规则为理由反对实际上被认同的现行规则，是思辨形而上学的讨论范畴，在相对知识论上不具有合法性。因而，发挥现实世界中法治原则和法律规范的作用，目标都是为了人类社会的发展秩序。另外，由于

① ［古希腊］亚里士多德：《政治学》，吴寿彭译，商务印书馆1965年版，第199页。

世界上不存在绝对性的最佳规则，同样由于法律具有国家属性，道德是人类属性，因此国家之间可以通过道德理由来比较国家制度和规则的优劣，这也为个别国家干涉他国内政提供了说辞。

当自由主义认为道德至上，道德超越法律时，道德是抽象的。尽管我们承认法律具有道德性，同时也要注意法律必须有确定性的威慑，没有法律的确定性就没有社会秩序，而没有秩序，就谈不上基本的正义。法律当然会随着人类文明的发展从而不断完善，但未完善的法律不等于没有价值，否则人类就会陷入失序的社会状态。在某些情况下，道德分歧需要国家力量解决，这是国家意识形态的需要，法律是国家力量化解道德分歧的专业性手段。由于法律的必要性在于维护社会秩序，因此尽管人们在法律是否合乎道德的问题上存在争议，但没有人会因为这种争议否定法律的必要性。

依此来说，法治共识的基本要求是对规则的普遍敬畏和执行。其一是规则本身是否合理，这是程序正义的问题，我们可以在这个前提下尽可能制定良好的规则，但不能保证所有的规则都是毫无疑义的。规则的合法性一方面是实质正义，另一方面是程序正义。例如立法机关通过的法定规则，就必须维护其权威。对规则、对制度的尊重，并不意味着这个规则和制度就一定是正确的合理的。但没有这种规则和制度的权威，结果会不堪设想。敬畏规则和遵守规则，本身就是一个道德问题。没有规则，最后就无法裁决谁是谁非，整个社会就会陷于无休止的价值争议。经过民主程序通过的规则，并不能说完美，但规则既然已经落地就必须显示其权威性。在制定规则并且在社会公布以后，人们就必须按照规则的要求选择行为方式。规则意味着信任，这是"徙木立信"的道理，这一点对政府来说非常必要，规则的制定者没有任何理由朝令夕改甚至违反规则。

从以上分析可以看出，法治共识的主要价值在于：其一，有助于增强社会成员的法治意识，维护公共秩序；其二，在舆论分歧和价值多元对社会公共利益形成负面影响的时候发挥权威的认定功能，将多元思维整合成每一利益集团都可以接受的标准。寻求法治共识，不是否认人们的偏好和观念差异，而是强调社会成员之间有着共同的价值追求，这些共同的价值追求是社会交往得以实现、社会生活得以协调的价值基础。反过来，只有法治意识才能在根本上巩固社会共识，促进人与人的交往与合作。合作和交往的前提是权利、利益不受侵犯，这一承诺的维护者是法律。法治共识是法治观念优先的前提。法治作为优先原则的意思是，对利益冲突做出是非判断，首要的标准是法律而不能是权力和利益。如果法律在国家治理、社会治理过程中退居幕后，那么法律的权威就不复存在，法律的执行力就无从谈起。还需引起重视的问题是，法治原则不能被选择性使用，不能有的问题靠法律解决，有的问题靠权力解决。标准不统一，就损害法治精神，从而无法回应社会成员的质疑。

中国是一个超大型国家，社会思潮和价值判断常常展现对立的一面，为了凝聚社会的基本共识，只能以法治意识作为最基本的标准。我们今天面对许多严重的社会事件，在互联网上出现不同的声音。对于火锅店服务员浇汤事件、暴打女司机事件、为一些贪污腐败叫屈的事件等等，如果我们没有一个基本的判断标准，社会价值导向就会混乱无序。互联网上一些人推崇的"侠盗"，以专门盗窃官员财物为目标的盗窃者，受到一些网民的追捧。国家当然不能认同"盗亦有道"，问题首先在于对盗窃行为的共识，而不是基于"道义"为盗窃进行辩护。如果说因为盗窃是出于"道义"的缘故而被认同，这绝非是社会的整体共识。人们痛恨贪官，希望以各种方式揭露贪官以及惩治贪官的诉求都是合理的，但要以事实为依据对道德评价和法律评价做出严格的区分，社会成员要以法治意识作为社会热点事件的评价标准，用法律来平息社会领域中的思想观念的分歧。

法治原则之所以能化解社会纷争，建立社会秩序，是因为法治的基本功能是建立社会公正，公正是防止社会解体的重要底线。由于资源有限的原因，人们无论多么宽容友爱，生活的幸福必须考虑物质利益的因素。社会公平正义最终需要制度来建立标准和规则，作为应该得到的正义，"何为应得"不是单独个体之间的友善与妥协就能做出的判断。在法治原则的框架内，权利意识极有可能导致道德冷漠。然而，如果每个人都没有权利意识，就会使人与人之间的侵犯更加普遍。侵犯是比冷漠更严重的事情，侵犯的本质是不承认他人的权益，这不仅仅是道德的问题，还是法治的观念问题。没有了侵犯，自然就没有作为侵犯之结果的冷漠。例如，如果法治能够保障施救者的合法权益，道德冷漠的问题自然会大量减少。当然，以法治思维解决道德问题，并不是不重视也绝不是不承认道德本身的作用，例如舆论声誉机制、良心对人的行为是有规范作用的。

三 陌生人社会的法治意识

客观而言，研究中国社会的道德问题，除了要有学术热情外，还需要有驾驭复杂性的智慧和诚意。这一点主要是由解决中国社会道德问题的复杂性决定的，例如社会思潮多元化、熟人社会关系和陌生人社会关系相互交织、法治观念在社会领域中的不平衡性、一些人明知故犯、投机取巧与公正与仁爱之间的复杂认识态势等等。

在中国传统的熟人社会中，道德的社会治理作用大于法律，但其有效半径很小。儒家道德学说的教化作用被限制在熟人社会，当人们进入陌生世界，先前的交往习俗就难以适应社会转型的要求。在这种情况下，法治原则应当在全社会形成强有力的覆盖，以适应当代中国社会道德治理的需要，从而有效应对迅速连成一片的陌生人社会。另外，熟人社会向陌生人社会演进过程中的人格特征和利益关系的复杂化、个体自主意识、权利意识增强，也为法治意识涵养现代道德提供了社会基础，实现了法治的实体价值和现代道德之间的内在关联。陌生人社会交往注重底线伦理和规则意识，为发挥法治的作用提供了前所未有的社会基础，也为法治意识涵养现代道德赋予了时代要求。

然而，法治原则在当代中国社会依然面临着巨大阻力，例如熟人社会对法治的准入门槛有很大的限制，这决定了道德治理的复杂性。当我们说树立法治意识是道德治理的根本路径和长效机制的时候，并不意味着是一蹴而就的过程。在社会道德领域，既有陌生人社会关系也有熟人社会关系，既存在法治意识较强的社会精英、知识分子，也有许多法治观念滞后的群体，既有市场经济体制，也有传统经济模式，这就使中国社会的道德治理需要采取多样化的治理策略，而不能采取整齐划一的模式。当我们说法治原则的优先性时，是说法治在解决道德争议问题上的判断标准，并不是说法治原则在任何情况下都毫无例外地可以发挥应有的效力，这与社会的伦理关系的结构和传统交往方式的固化有很大关系。法治原则在熟人社会里还不存在强制推行的社会基础，它在常态性的交往中并非是第一原则，例如法治原则在常态性的熟人社会中客观上受到"关系""人情"的排斥，这是现代中国社会法治与人情的普遍博弈。可以预见的是，法治原则很难在短时期内解构"关系""人情"的法则，法治所维系的正义原则在实际社会中还未能触动熟人社会的"合理性"基础。当然，熟人社会中"关系"和"人情"的负资产也并非是法治的域外之地，其特点在于公序良俗在正常状况下是熟人社会的调节机制，在习俗无法化解利益纷争的情况下就需要依靠法治原则。法治原则对于熟人社会也是必不可少的，因为熟人社会中也存在利益侵犯，如果利益侵犯、不公正的程度超越了"关系""人情"的忍耐范围，法治势必成为人们共同接受的化解原则。法治的必要性在于应对熟人社会非常态的利益调整机制，利益矛盾化解无论是熟人社会还是陌生人社会都必须以法治为基本处理原则。

　　一般认为，"人情""关系"是中国法治意识社会化的传统障碍，这个判断基本成立，但还需要进一步引申。"人情"在中国具有深厚的社会基础和历史惯性，短期内无法消除，熟人社会与陌生人社会并存是当前我国社会的基本特征之一，情理法交融是当代中国人际观念的基本架构。熟人关系的思维定式是在生活中积淀而成的，他们对于一切事务依照政策法律和规定来办理的原则也持有双重标准，他们都希望事关自己利益的时候能够借助于快捷方式的机会主义模式，对于其他人的遭遇视而不见。这就是把某种价值选择实用化。从中国社会历史发展来看，"人情""关系"等社会交往特征是历史文化传承的结果，是"日用而不察"的社会生活逻辑。在现代性理念深入社会的过程中，很多人开始对"人情""关系"进行道德评价和深刻反思，但事实上"人情""关系"就像中国特有的饮食、服饰等生活习惯一样，是一种客观的社会文化现象，不会自动退出历史舞台。有许多人认为，建立公平正义的社会是中国现代性的要求，为了实现这一使命，必须首先根除人情观念、关系原则等等根深蒂固的传统观念。可以说，这个方案触及了问题的本质，但正因为是本质性的问题，在解决上是一个漫长的过程。事实上，我们不可能在剔除人情、关系之后再去选择新的道德治理方案，不能等到某种良药妙方发明以后再去治疗已经出现的病症。尽管现代社会的使命之一就是革除陈旧观念的社会基础，从而使这些陈旧观念不再成为人们印象中的天经地义，但应对与此相关的道德问题时，并不能在彻底消除旧观念之后才开始解决，正如我们不能等到人们守法以后才要求人们遵守道德，不能等到全社会的法治观念成熟以后，再进行社会道德治理，也不能等到现代性问题解决之后，认为道德问题是水到渠成的事情。这样分析问题的方式，实际上是加大了解决问题的难度，同时也没有找到解决问题的最佳方案，看似抓住了核心东西，其实是理论上不成熟的表现，从而陷入理论研究的惰性。中国社会的伦理本位特征在可预见的期限内仍然在社会生活中起着决定性的强势地位。既然熟人社会不可能在可预见的未来消逝，陌生人社会的规则还要有待成熟，那么就要寻找熟人社会和陌生人社会沟通的内在架构，寻找它们同构性的一些因素。

从另一方面来看，中国人崇尚礼尚往来，把"关系"看作自身社会能力的拓展，但人情和关系并非完全没有积极意义。海外华人企业的成功经营表明，当人情关系在制度力量的范围内发生积极作用，对于企业管理具有重要的意义。例如，企业经营中的制度规则和人情关怀相结合，不仅削弱了关系寻租的影响，也强化了企业内部的凝聚力。当人们反感人情与关系的时候，是因为人情和关系极易引发社会资源分配不公和腐败，但这不是"人情""关系"本身的问题。在中国现代化过程中，人情社会具有转向法治社会的可能，这种可能性来自于每个社会成员在人际资源的使用上的不平等，他们同样攀附各种人际资源，但利益实现上存在巨大的差距。比如，低端阶层与社会上层相比，可以利用的社会资源就十分有限，这是中国社会的不公平的重要特点。每个人同样"拼爹"，但在利益实现目标上千差万别。在这一问题上，尼采说弱者才青睐公正，事实上已经成为许多人心照不宣的观念。正如我们发现，熟人社会的逻辑表明，不仅是社会上层享有更多社会资源的优势，弱势群体也在争取从人情关系中受益，他们之间的区别只不过是利益的多少不同。人们总是在自己没有实现人情利益的情况下反思人情与公正的问题。所以，中国社会反对的并非是人情关系的存在事实，而是这种人情关系机制引起的不平等。人情社会表明，人与人之间可以在某件事情上成为为对方个人利益而私人定制的朋友。但如果人情介入了法律和权力领域，就会引发各种利益争端，甚至带来严重问题。在一些人看来，熟人关系的滥用是社会资源畸形配置的结果，熟人关系规则的弥漫将损害社会的公平肌理。由于绝大多数人是"人情逻辑"的弱势群体，因此人们普遍追求一种非人情化的公正。这一点是中国社会追求法治、规则、公正的社会基本心态。罗尔斯无知之幕的理论所揭示的也是这种逻辑，如果人们在一开始不能确定自己是否拥有社会资源，那么人们就会选择不受社会资源影响的那种正义原则。

由于公正表明一种应得，是权利和义务的对等性，所以公正并不能均等地体现利益分配的地位和身份，公正只能有助于激发竞争有序的社会的文化心理。能否在伦理本位的文化背景下建构公平社会，是中国与经历一千多年基督教观念洗礼的西方社会在国家治理方面的重大差异。近年来，强力治贪虽然是针对官员，但事实上也深刻地触及积重难返的人情逻辑。但另一方面，国家治理的目的并非是彻底颠覆伦理本位的文化，而是要基于社会公平祛除现代社会与传统伦理本位观念中的不合时宜的东西。

总之，我们必须把公正看作陌生人社会交往的基本原则。熟人社会更多地可以通过道德来实现个体自律和他律，而在陌生人社会中，彼此不熟悉、人员流动性强等因素会削弱道德的调节作用。这时就需要建立起法治的权威以规范社会成员的行为。陌生人社会应当是法治社会，法律制度凭借其中立性、公正性、权威性承载着社会成员最普遍的信任。道德意味着牺牲和宽容，但牺牲和宽容不能是常态，权利与义务是社会交往的基础性因素。道德的崇高性当然超越对权利和义务的计较，但没有权利和义务作为最基本的原则，高尚的道德无从谈起。

因此，法治观念融入社会伦理关系中，最主要的就是建构互相尊重对方权利的意识结构。谈法治社会很容易使人联想到自由主义。自由主义认为个人是建构社会伦理和社会秩序的基座，推崇个人优先于集体，权利高于义务，关心每个人的生活如财富、教育、居住环境等等，强调从个人利益出发安排社会结构和社会正义。从人的需求来讲，不能否认每个人都有一种自由主义情结，每个人都关心自己的收入、住房、教育、医疗等实际的需求。自由作为价值观，实际上就反映了这一需求以及以这种需求为动力的发展自己智力、能力的自由、创业自由、竞争自由等等。自由主义的道德逻辑是这样的，每个人如果不关心自己的利益，也不会关心他人的利益，这是典型的权利意识。权利意识体现的道德逻辑是重视社会成员个人的权利，由此引申出每个人必须尊重其他个人的权利。如果说每个人应当增进个人幸福，而不说增进个人幸福应当以不损害他人追求幸福的权利为前提时，就是在宣扬一种极端利己主义道德观。但反过来，不能说权利意识是自由主义的专利，毋宁说它是人类生活中的常识性观念。同样，也不能说义务的理由是社会主义或者权利的理由是自由主义，如果这样去推导，那么就必须去比较社会主义和自由主义谁优谁劣，但这个比较仍然需要理论前提，因而会在追本溯源上无限倒退，因为你必须找到最终的理由。跳出这个无限倒退，也就是跳出形而上学的怪圈，就必须面对现实生活世界。那么，就需要根据现实社会公共利益、现实的人的生活意义来分析。在社会关系中，以权利意识建构的交往状态呈现为扁平化的结构特征，在这种情况下就无须考虑传统等级观念所导致的权力干预问题。此处，我们有必要对国家统治和国家治理加以区别，前者注重国家权力对社会的控制作用，后者虽然并不排除国家权力的干预，但其主要是通过平等的社会成员权利关系来处理冲突和矛盾。从历史发展规律来看，社会文明的进化体现在人与人之间关系的变迁之中，呈现为从不平等到平等，从身份到契约的发展过程。社会关系中的法治观念，就是把法治所要求的自由、权利、责任、义务作为处理人际关系的原则。

陌生人社会中的权利与责任，有着不同于传统熟人社会的新内涵和新特点，有着不同境遇中的理解差异。在自然灾害发生时可以一方有难八方支援，而在需要见义勇为的场合中却见危不救，就反映了这一问题。调控陌生人社会伦理关系，要注重积极责任（分内应做之事），避免消极责任（违反义务应承担的责任）。陌生人社会中人的权利与责任，源自法治观念的培养和实践。责任与信任的产生源于权利，而权利源于每一个体的利益，许多人由于正当权益的缺失而德性沦丧。例如分配不公是导致社会矛盾、增添社会戾气的致命性因素，一些受到不公正对待的人很容易侵犯他人和报复社会。

解决陌生人社会的道德问题，不仅要强调个体德性的发展，也要在新的伦理关系嬗变中把握道德规范之合理性的转换和增进，即伦理制度的历史性所体现的道德价值的继承和发展。伦理机制是个体德性发展的制度支柱，个体德性是伦理机制发生作用的精神支柱，法治观念则是二者共同的支柱。在当代中国社会尤其是陌生人社会关系密度增大的情况下，熟人关系的处理方式难以适应现代生活要求，因而培养人们的法治观念成为首要方案。陌生人之间的合作不同于熟人之间的情感维系，而是以法治为基本的共识。陌生人之间的权益不受侵犯与人际冷漠的特点，使权利与责任成为人际信任的重要环节。陌生人关系的规则首先是相互尊重互不侵犯，这是交往的心理底线。

法治既表达了现代对传统的观念渗透，也显示了某种中立的价值，因而能够导向公正。中国道德必然要在熟人和陌生人两种模式关系中分别寻找解决的方案。现代社会的复杂性，价值观念在社会成员中较为分散，具有道德相对主义特点的辩解和说辞十分普遍。市场经济条件下的商业性生活以及城市化进程，使陌生人关系的比例增大，为了使社会交往更有规律以及解决社会问题更有效率，就必须要求行为标准尽可能是确定的而不是争议的。因此生活的确定性需要有权利边界的设定，社会交往中的权利和义务只能靠法律来维护，否则人们对幸福的理解和追求就失去了前瞻性。

因此，法治优先对于陌生人社会交往而言更有针对性。陌生人社会的基本交往规则是公正，公正最终依靠法治来建立和维护。在系统性制度保障的市场化进程中，人们对于契约观念的认同程度在逐渐提高。一般而言，市场经济愈是成熟，契约观念和法治观念愈是深入人心，就愈有利于消弭信息不对称引起的诚信危机。在现代陌生人社会，我们有必要用法治来弥补传统道德资源的缺乏，以适应时代的嬗变，同时也要有符合当代中国道德治理的具体策略。例如，削弱人情关系对社会公正的影响，必须重视制度伦理和法律规制的作用。

第三节　现代社会中的公正与仁爱

一　公正对仁爱的优先性

某一价值观念或道德原则是否在社会中体现最基本的承载作用，主要看这一价值观念或道德原则在时间和空间上能否普遍化，以及是否能够促进社会的发展以及增强促进社会持续发展所必需的活力。按照这个标准，对于公正、仁爱、慈善、宽容而言，何者是最基本的道德原则呢？

最基本的道德原则意味着，如果没有这种道德原则，整个社会就有解体的危险。如果每个人都不愿意对他人进行援助，就会导致全社会的冷漠，尤其是对于那些如果不及时救助就会危及其生命的人而言，冷漠无疑是对死亡的默许。但这种情况还不是社会中最危急的情形。可以假设，如果社会中每个人不仅相互之间冷若冰霜，而且可以任意侵犯他人的权益，可以谋杀、盗窃、抢劫，所有这一切如果常态化，其危害程度远远超过冷漠，人类在这样的社会里就失去生存的信心，即便是最强势的人也难免遭遇不幸。正如康德指出："如果每个人都能够充分尊重他人的权利，并且在个人幸福的追求上实行自我管理，那么即使他们互相没有慈善与同情，与个人权利受到普遍违反的情况相比，他们会过得更好。"① 因此，国家和法律应运而生，法律的功能就在于解决公正问题，因为每个人的第一需求是安全，而安全必须建立在人与人之间的权利不受侵犯的基础上，维护这种基本权利的原则就是公正。法律为什么没有强制规定人们之间互助友善，就是因为没有互助友善的社会虽然是冷漠的、自私的社会，但还是有序的社会。因此，社会中最基本的原则是公正而不是仁爱。此外，公正是一种能够激发社会活力的最重要的原则，公正意味着每个人不可以不劳而获。社会发展如果仅仅依靠仁爱、互相帮助，那么这个社会就会因为广泛的惰性而难以存在。尽管仁爱在理论上可以普遍化，但是整个社会秩序的维系绝不可能依赖仁爱的行为，仁爱原则有其特定的适用范围和关系范畴。这也同样说明，利他主义不是一个可持续的道德哲学理论。当然，没有仁爱，可以是没有人与人之间的仁爱，但是不能没有来自国家的仁爱，比如国家福利政策是必要的，这是国家道德的重要使命。

公正往往体现为规则的平等，意味着人与人之间的合作必须认同规则的普遍性，不会受到个体偏爱的干扰。例如，允许规则平等基础上的自由竞争，为权力的介入制造了障碍。问题在于，一个人不可能在任何方面都是强者，每个人都有一种对他人比较优势的情结。例如，慈善事业不具有普遍性的原因在于，如果社会成员都寄希望得到慈善的眷顾，那么整个社会就可能缺乏活力，因为每个人都想不劳而获。无论这种慈善是个人行为如慈善家或者是政府行为如社会福利。作为政府行为的福利，只能满足最弱势群体的需求，否则就会造成整个社会的惰性。甚至在康德看来，道德不是来自我们想要帮助他人的倾向，如果一个社会仅仅是按照慈善和仁慈的原则建立，那么这个社会不仅可以要求不平等而且也可以要求屈从。②

道德规范会为了对某个群体提出特殊要求而做出新的规范规定，比如公务人员、党派成员需要从新的道德规范中感到压力。人与人之间在法律上是平等的，在道德上可能是不平等的，例如职业的特征对一些人有高的

---

① Immanuel Kant, *Groundwork for the Metaphysics of Morals*, Cambridge University Press, 2002. 4：423.

② 徐向东：《自我、他人和道德——道德哲学研究》上册，商务印书馆 2007 年版，第 374 页。

道德要求。但高的道德要求首先要建立在公正的基础上，才可能使这样的道德要求具有实践意义。比如我们认为公职人员要比普通群众具有更高的道德水平，但两者之间发生冲突之后，首先是基于是非对错的分析，而不是让道德高的人去宽容另一个人，没有公平的处理，很难有持续性、普遍性的宽容。我们应当承认一部分职业人员必须拥有较高的道德素质，但这不等于胁迫别人放弃公正与权利。

在此意义上，法治意识的优先性原则也意味着公正优先于仁爱，违反公正的后果要比失去仁爱严重得多。例如，存在着穷人借富人的钱但没有能力偿还的问题。这些钱可以让穷人延续生命，但失去这些钱并不影响富人的生活。但正义要求必须偿还，除非债务人主动免除债务。如果做到司法公正，那么即便是富人打官司赢了穷人，也是必须尊重的事实。如果关爱、救助和宽容可以在社会中发挥协调预期的普遍作用，每个人都能够关心他人而对自己的权利不做细致的计较，这样的社会当然是美好的。但是，这样的社会状态在历史上从来没有存在过，在历史过程中宽恕和友善并非人们的常规意识。这就提出了一个问题，如果自然情感和正义发生冲突，我们的自然情感（慷慨与吝啬、感恩戴德和忘恩负义、善良与残忍）如何能够成为正义判断的基础？休谟认为，正义的原始动机是人们的长远的经过启蒙的自我利益，是理性的自我利益。人们通过实践认识到，假若他们遵守和尊重在社会实践中确立起来的某些规则，他们的个人利益就会更好地发展。① 这意味着正义的观念和相互信任有本质的联系。如果人人都遵守某些规则，例如关于财产的规则，那么每个人的利益追求都会获得尊重，因为人们都遵守正义规则符合公共利益。在这一问题上，康德认为，法律规则是我们在任何一个社会中都必须遵守和服从的规则，正如他说："要是没有了正义，那么地球上人的生活也就变得毫无价值。"②

在人类的道德生活中，与公正相关的一个重要概念是仁爱。公正与仁爱在人们日常的行为选择中普遍存在并发挥着重要的价值导向作用。那么，在实际生活中，如何把握公正与仁爱的关系呢？

----

① 徐向东：《自我、他人和道德——道德哲学研究》上册，商务印书馆 2007 年版，第 206—216 页。

② Immanuel Kant, *Metaphysics of Morals*, *Cambridge*：Cambridge University Press, 1996.6：331.

在实际生活中，仁爱必须以公正为条件，否则就可能会产生被误解的仁爱，并使某种行为对仁爱产生最大的伤害。在问卷调查中，面对街头摔倒的陌生老人，6%的人选择"不去搀扶，但也不感到内疚"；20%的人选择"不去搀扶，但深感同情"；61%的人选择"在保证自己权益的情况下，扶起老人"；还有13%的人选择"即使被诬陷，也要搀扶老人，相信迟来的正义"。对于"是否应该扶起街头摔倒的老人"这样一个在多年前根本不是问题的问题，在近年来竟然引起了极大的社会关注。原因在于，不敢做好事不是因为好事不应该做，而是因为做好事会产生误解甚至诽谤。如果人们做一件好事却对事后的情况不确定，就不会去做。不去帮助别人并非是人们缺乏同情心和友善，在我们的调查中，61%的人选择"在保证自己权益的情况下，扶起老人"，体现了公正对于仁爱的优先性。可以说，信任、同情、友善无疑人类社会长期以来形成的道德常识，但信任、同情和友善需要公正的依托，否则这些美德是不能持续的。

仁爱作为道德情感是人类永恒的诉求，但仁爱一定有其发挥作用的局部空间。如果一味放大其作用范围，甚至认为在任何情形下都"放之四海而皆准"，就有可能会背离其当初的良好愿望和假设。我们往往从道德的角度出发，忽略了规则的存在。例如，对于城管查抄壮汉的摊位和年老体弱者的摊位的问题，人们的道德意识就会产生分化，认为后者应当获得特殊的对待。这其实就反映了一些人对规则的漠视。因为无论是壮汉摆摊还是老人摆摊，只要是占道经营就都违犯了相关法律规定。对老人的同情与公正原则之间本来不应存在必然的价值冲突。

宽容在社会的应用也具有和仁爱同样的限定。宽容的理由是任何人都不能避免犯错，但并不意味着任何犯错都允许宽容。亚当·斯密在《道德情操论》里说的，道德是锦上添花的东西，是把你放在别人的位置上产生的情感。宽容意味着情感上的理解，但不意味着理性的包容。人类社会的历史是一个不断反思错误的过程，对于每个人而言，没有人能避免犯错，例如我们不能要求飞机、轮船、火车永远安全正点，不能要求政府行为永远没有失误。然而，我们不能宽容任何人、任何组织在犯错之后仍然为犯错进行辩解，也不能宽容一些人用一件不太坏的事情去比较很坏的事情，坏事的比较无非是替一件还不算太坏的事情进行辩护，目的是减弱甚至取消自己的责任。宽容之所以不能成为普遍化的原则，是因为每个人都可以根据个人利益来进行理性假设，如果别人都能宽容我，但我不去宽容别人，那么我的利益就是最大的。而且，当人们感觉到社会上"好人多"变为"坏人多"的时候，宽容就成为一种奢侈的行为心理。在现实中，人们这种感觉与新闻媒介的报道也有很大的关系，当一个社会被认为犯罪率很高的时候，人们的不信任感和不安全感就会增强。因此，仁慈、宽容是在特定范围的关系中才能产生作用的道德原则，并不具有普遍性，因为这些原则的随意性很强，在道德生活中无法做到一视同仁。

综上所述，公正是比仁爱更基本的道德原则。事实上，社会中具有卓越美德的人的比例也是很低的。我们知道，商家在销售产品时要将产品划分为各种不同的档次。例如，为了使包厢能够获取更大的利润，必须同时设置公共的就餐席位。为了销售更优质的产品，必须将普通的产品同时陈列，后者的作用主要不是自身的销售而是为了衬托优质产品。在道德领域，高尚的人总是和普通的人并存，否则就谈不上任何的高尚。因此，一个社会不会成为每个人都高尚的社会。在陌生人之间，不可能没有丝毫友善，但友善仅仅被限制在不会对自己的利益构成严重损害的基础上。比如，牺牲自己救助落水的陌生人这种舍生取义的行为，是属于公正之上的高尚。但同时要注意的是，倡导高尚、仁爱不等于认可理想主义的道德要求。理想主义道德极力推崇人的超越性，把个体生命权利置于规范伦理的约束范畴，隐匿甚至是蔑视个体真实的生活价值。这种道德教化的理念在社会中一旦盛行，就会成为人们道德生活的精神压力。在这种情况下，势必出现道德伪善的普遍化甚至严重的社会心理失衡，以至于合法的利益和权利在道德理想主义的操纵下被进一步污名化。

二 仁爱是公正的必要补充

单纯的法治不足以形成完美的国家与社会。正义的社会不一定是良好的社会，但一个不正义的社会一定不是良好的社会。规则关注的问题是规则的效力，是对人的行为的约束和整体秩序的建构。法律和规范是针对社会整体的，它为个体的自我实现提供保障，但不能增加自我实现的程度。法治国家强调国家治理和国家权力的法治原则，法治社会体现出社会关系的处理方式发生了重大转变。但法治力量维护的是社会的基本交往秩序，是社会稳定的底线和堤坝。人类社会迄今为止的历史表明，正如民主只能是最不坏的制度一样，法治国家是必要的但可能不是最理想的国家。同样，法治社会也不是最理想的社会，最理想的社会是道德社会。法治社会的可能问题，是否在于如果人们把法律要求看作行为的最高要求，那么只要不违犯法律的事情就在所不惜了。因此可能出现这样的情况，那些没有违背任何义务的人却很可能表现出一种极不人道的令人厌恶的方式行为。只要没有触犯法律，一个人无论多么冷漠、狭隘、自私、阴暗、无情，别人除了谴责之外无法达到干预的目的。这样的结果，虽然在社会生活可能没有犯罪，没有对生命和财产的侵犯，但人与人之间同样也没有了友善、温馨、互助，这样的社会也是失败的社会。所以，法治观念很重要，但不能成为唯一的思想观念。法治社会的提出是为了达成社会秩序优先的共识，这也是底线道德的理论前提。

公正在具体的行为选择上也并非是排他性的。社会规则的柔性体现了交往中复杂的伦理关系。一般而言，社会规则是维持社会秩序的基本方式，比如就医、购票要遵循次序性规则，这种规则体现了公正的伦理关系。但在特殊情况下，例如就医患者中有急需援助的情形，那么按照资源分配的原则就要允许最需要救治的人先看病。当然，秩序是常态性规则，关注弱势群体是秩序中的正义。但需要注意的是，仁爱必须建立在集体认同的基础上，仁爱不能被权力所驱使。例如，排在后面的急需救治的病人可以在征求他人同意的情况下优先就诊，而且"他人同意"决不能为权力所驱使。

等价交换既是经济交易活动的基本规则，也是经济活动中最重要的公正原则。如果严格按照这一原则，那么卖主对于弱势群体的馈赠或者故意向某些人低价销售就是不公正的。但是在特殊情况下，这种行为在道德上是正确的。如果一个贫困大学生在校园里做生意是为了凑足学费，那么道德的原则就要求人们以高于市场价格购买他的商品。在这种情况下，买方与卖方不仅是经济关系，而且在经济关系中还有伦理关系。只有在伦理关系层面，才能理解什么是道德上应当如何的问题，而仅仅从经济关系上就不能解释为什么要使公正让位于仁爱。公正是直接性的公共利益，仁爱和宽容是潜在的公共利益，因为任何一个人都可能成为弱者。例如，某个职位对所有人开放，必须遵循选拔人才的公正原则，不能为了照顾某一不符合职业要求的弱者而降低职位竞争的门槛，否则会损害与该职位相关的公共利益。而与此同时，国家应当制定相应政策为弱势群体的就业提供可能的绿色通道。

公正的要求是正当权利不受侵犯，但权利意识还只是完美社会建构的初始因素，它仅仅形成秩序但还不够高尚。秩序是基本要求，是对公正原则的基本遵循，但和谐的目标要比秩序更高。自由的边界是不侵犯他人和社会的利益，但没有表达奉献的意图，而道德可以是伴随着自我牺牲的奉献。权利意识是一种底线思维，是社会秩序的基本定位，但秩序并不意味着完整的社会要求，秩序只能是一个关于社会状况的中性表达。因此，我们仅仅停留在秩序状态中显然不够，这种秩序的坐标是法律而不是道德。人与人之间互不侵犯，不去损害别人的利益，不把自己的利益建立在损害他人的基础上，这是有所不为。所以，权利还无法解决友善的问题。当人们需要帮助和救济时，秩序或许意味着人际之间的冷漠。权利观念的致命缺陷是，有不被侵犯的权利，也有不侵犯他人的义务，但没有帮助他人的义务。比如，一位老年人在派出所办理户政手续，被告知还缺少某个材料，但这位老人离家较远，如果有人可以驾车帮助老人往返，就可以当即取回材料并顺利办理。虽然老人和派出所之间在权利和义务上是对等的，但他需要特殊的帮助。那么，愿意开车帮助老人的行为就不是义务而是仁爱。仁爱作为必要的道德原则，也取决于人类生活的不确定性。如果我们对任何行为后果的确定性都能准确把握的话，例如你可以知道在未来的某个时间会遭遇不测，那么你就应当承认相互救助的必要性。可以假设，如果一个人不把友善作为人与人交往的原则，那么他必然面临着矛盾，因为在他自己需要救助而无法实现的时候，就实际上否认或取消了这个原则。人类生活中需要仁爱，不仅是因为仁爱是理想的道德，还因为每个人都对自己的未来生活具有不确定性，谁也不能保证自己一生中不需要他人的援助，而且每个人天生有一种对社会的归属感。

在特定的社会历史发展阶段，公正与仁爱作为处理人际关系的原则，在不同的社会关系中有所差别。中国社会的伦理关系在实践中很难采取整齐划一的处理模式，在家庭成员、亲戚朋友、同事、师生以及陌生人等错综复杂的关系结构中，道德关系的属性是不同的。法治社会要求社会关系处理方式的法治化，但对于中国社会而言，很难把陌生人社会关系的处理方式应用于熟人关系中，也同样很难把熟人关系的处理方式应用到陌生人关系之中。对于家庭成员和亲戚朋友，关系之间的协调在很大程度上依赖于人情；陌生人之间除非有第三方引荐，否则一般遵循公正的原则。中国社会中的熟人关系和陌生人关系既是社会发展的产物，也是文化心理的长期积淀，在陌生人社会中遵守公正原则，在熟人社会中遵循仁爱和宽容，两者之间不存在孰优孰劣之分，而是处理不同社会关系的原则。但在普遍意义上，公正必须成为根本的原则，而不能通过特殊的利益集团来加以解释，否则就可能在集体荣誉的压力之下损害公正。例如，如果一个人违反道德精神能够得到集体的宽容甚至纵容，那么这个人的行为只是在特定的范围内会被视为道德的。在特殊情况下，为了集体利益，不仅可以牺牲正当的个人利益，而且即使违法犯罪，也会得到集体成员的宽容甚至推崇，但这样的结果显然违背了社会的公平正义。

法律、公正、仁爱、宽容等等所有与人类生活相关的重要原则，归根到底是为了人对幸福的追求。按照维特根斯坦的说法，如果道德生活涉及什么重要问题的话，那就是幸福的问题，而不是道德规范，表达应当如何的道德规范只不过是社会游戏规则，无非是针对特定行为的赏罚标准，因此伦理学没有涉及真正的道德问题即幸福问题。

幸福以公正为基础，因为公正才能赋予人类进取的动力，才能最终实现自我。人类不幸福的根源是社会缺乏公平正义，例如社会阶层固化的危局导致社会底层群众看不到上升的希望。因此，公正是一种基本政治价值，社会公正就是社会的政治利益、经济利益和其他利益在全体社会成员之间合理而平等的分配，它意味着权利的平等、分配的合理、机会的均等和司法的公正。

幸福的本质是自由所赋予的能力，公正和仁爱则为幸福创设条件。幸福是在公正的社会关系中产生的，是人的本质追求。现实中的幸福不是靠哲学来提供的，幸福需要完美的政治和经济。一个人可以思考和感受幸福，但如果没有完美的政治和经济支撑，一定是不可靠的幸福。无论是穷人还是富人，无论是什么职业，一个人首先关注的是自己的生活状态，简单地说就是自认为可接受的收入和良好的心态。这就是每个人追求的幸福，每个人可以自由地追求自己感兴趣的生活，而不受他人的限制，只要这种追求没有在人与人之间形成敌对态势。

幸福作为人的一种能力感受，是人的本质力量的产物。人的本质力量，体现为人与自然、人与人之间的对象性关系。人化自然和社会关系是人的本质力量对象化的产物，没有人的本质力量的对象化，就没有人类的幸福。从这一点上，可以体现人类的自由、能力与幸福的关系。正如阿玛蒂亚·森指出："能力就是各种机能的一组矢量，它们反映了人过某种生活的自由。"① 政治家的纵横捭阖，资本家的经济战略艺术以及各种职业或行为体现出的技能和能力，是幸福最根本的内在驱动因素。相反，缺乏自由精神和创造能力的人是"单向度"的人。单向度的人，即是丧失批判能力和超越能力的人。这样的人不仅不再有能力去追求幸福，甚至也不再有能力去想象与现实生活不同的另一种生活。人类必然追求幸福，是因为自由的使命要求人类实现自己的理想，因为一个人不能取消自由所以不能取消幸福，能力的衰竭就是对自由的疏远。一个人通过自己的能力去实现某个目标，不仅具有自由的价值，也是社会公正的体现，那种凭借自身之外的力量去谋求利益的人永远不会感到真正的幸福。

幸福有时候是从不幸中转化而来，没有经历过痛苦和磨难，很难真正感受幸福。所以幸福一定是来之不易的，是需要自我创造的。亚里士多德说："倘使我们所持'幸福在于善行'的说法没有谬误，则无论就城邦的集体生活而言，或就人们个别的生活而言，必然以'有为'（实践）为最优良的生活。"② 因此，每个人要把自觉的实践作为现实的个人活动，深刻认识到德性和幸福不仅在于拥有，而且贯穿整个行为的过程。如果我们承认幸福是在自我实现的持续性能力中获得的，那么幸福就不能简单地被看作一个量化的概念，而必须把幸福理解为一个动态的、可持续的过程。

---

① Amartya Sen, *Inequality Reexamined*, *Cambridge*：Harvard University Press, 1992/1995, pp. 39—40.

② ［古希腊］亚里士多德：《政治学》，吴寿彭译，商务印书馆 1965 年版，第 351 页。

参考文献

中文著作类

[1] 冯契：《哲学大辞典》，上海辞书出版社 2007 年版。

[2] 张岱年：《中国伦理思想研究》，江苏教育出版社 2005 年版。

[3] 罗国杰：《马克思主义伦理学的探索》，中国人民大学出版社 2015 年版。

[4] 宋希仁：《马克思恩格斯道德哲学研究》，中国社会科学出版社 2012 年版。

[5] 焦国成：《中国古代人我关系论》，中国人民大学出版社 1991 年版。

[6] 焦国成：《中国社会信用体系建设的理论与实践》，中国人民大学出版社 2009 年版。

[7] 万俊人：《20 世纪西方伦理学经典》，中国人民大学出版社 2005 年版。

[8] 陈延斌：《陶铸国魂：社会主义核心价值体系融入国民教育和精神文明建设全过程对策研究》，广东高等教育出版社 2015 年版。

[9] 李建华：《趋善避恶论——道德价值的逆向研究》，北京大学出版社 2013 年版。

[10] 赵汀阳：《第一哲学的支点》，生活·读书·新知三联书店 2013 年版。

[11] 赵汀阳：《论可能生活》，中国人民大学出版社 2010 年版。

[12] 杨国荣：《伦理与存在》，上海人民出版社 2002 年版。

[13] 梁漱溟：《中国文化要义》，《梁漱溟全集》第 3 卷，山东人民出版社 1989 年版。

［14］余涌：《道德权利研究》，中央编译出版社 2001 年版。

［15］张文显：《法哲学范畴研究》，中国政法大学出版社 2001 年版。

［16］张维迎：《博弈与社会》，北京大学出版社 2013 年版。

［17］翟学伟：《中国人的关系原理——时空秩序、生活欲念及其流变》，北京大学出版社 2011 年版。

［18］王强：《伪善的道德形而上学形态》，中国社会科学出版社 2016 年版。

［19］樊浩：《中国伦理道德报告》，中国社会科学出版社 2012 年版。

［20］徐向东：《自我、他人与道德——道德哲学导论》，商务印书馆 2007 年版。

［21］曹刚：《道德难题与程序正义》，北京大学出版社 2011 年版。

［22］高兆明：《道德失范研究——基于制度正义的视角》，商务印书馆 2016 年版。

［23］马进、韩昌跃：《当代中国社会道德热点问题研究》，中国社会科学出版社 2014 年版。

［24］任丑：《道德哲学理论与应用》，西南师范大学出版社 2016 年版。

古籍文献类

［1］《周礼》

［2］《论语》

［3］《孟子》

［4］《礼记》

［5］《尚书》

［6］《战国策》

［7］《韩非子》

［8］《荀子》

［9］《说文解字》

［10］《庄子》

［11］《吕氏春秋》

［12］《晋书》

［13］《汉书·盐铁论》

［14］《孟子字义疏证》

外文译著类

［1］［德］马克思、恩格斯：《马克思恩格斯选集》，人民出版社1995年版。

［2］［德］马克思：《1844年经济学哲学手稿》，人民出版社2000年版。

［3］［德］赫伯特·马尔库塞：《单向度的人》，刘继译，上海译文出版社1989年版。

［4］［德］黑格尔：《法哲学原理》，范扬、张企泰译，商务印书馆1996年版。

［5］［美］威拉德·蒯因：《从逻辑的观点看》，江天骥等译，上海译文出版社1987年版。

［6］［德］康德：《未来形而上学导论》，李秋零译，中国人民大学出版社2013年版。

［7］［德］康德：《实践理性批判》，韩水法译，商务印书馆1999年版。

［8］［德］康德:《康德著作全集》，李秋零译，中国人民大学出版社2005年版。

［9］［德］康德：《道德形而上学的奠基》，中国人民大学出版社2013年版。

［10］［德］雅斯贝尔斯：《时代的精神状况》，王德峰译，上海译文出版社1997年版。

［11］［英］约翰·密尔：《论自由》，许宝骙译，商务印书馆1996年版。

［12］［法］涂尔干：《涂尔干文集》第3卷《道德教育》，陈光金、沈杰、朱谐汉译，上海人民出版社2001年版。

［13］［美］乔治·H.米德：《心灵、自我与社会》，赵月瑟译，上海译文出版社1992年版。

［14］［法］鲍德里亚：《生产之镜》，仰海峰译，中央编译出版社

2005 年版。

[15]〔荷〕E. 舒尔曼：《科技文明与人类未来——在哲学深层的挑战》，李小兵等译，东方出版社 1995 年版。

[16]〔德〕F. 拉普：《技术哲学导论》，刘武等译，辽宁科学技术出版社 1986 年版。

[17]〔美〕约翰·塞尔：《心、脑与科学》，杨音莱译，上海译文出版社 2006 年版。

[18]〔德〕舍勒：《知识社会学问题》，华夏出版社 2000 年版。

[19]〔美〕庞德：《通过法律的社会控制法律的任务》，商务印书馆 1984 年版。

[20]〔美〕庞德：《法律与道德》，陈林林译，中国政法大学出版社 2003 年版。

[21]〔美〕麦金太尔：《追寻美德：道德理论研究》，译林出版社 2003 年版。

[22]〔美〕罗尔斯：《正义论》，何怀宏等译，中国社会科学出版社 1988 年版。

[23]〔德〕耶林：《为权利而斗争》，胡宝海译，中国法制出版社 2004 年版。

[24]〔德〕施特劳斯：《霍布斯的政治哲学：基础与起源》，申丹译，译林出版社 2001 年版。

[25]〔美〕路德·宾克莱：《二十世纪伦理学》，孙彤、孙南桦译，河北人民出版社 1988 年版。

[26]〔古希腊〕亚里士多德：《政治学》，吴寿彭译，商务印书馆 1965 年版。

[27]〔英〕哈特：《法律的概念》，张文显译，中国大百科全书出版社 1996 年版。

[28]〔美〕博登海默：《法理学：法哲学法律方法》，邓正来译，中国政法大学出版社 2004 年版。

[29]〔澳美〕皮特·凯恩：《法律与道德中的责任》，罗杰华译，商务印书馆 2008 年版。

[30]〔美〕富勒：《法律的道德性》，郑戈译，商务印书馆 2005

年版。

外文著作类

［1］David Hume, *A Trestise of Human Nature*, Oxford: Clarendon Press, 1978.

［2］Peter Railton, *Facts, Values, and Norms*, Cambridge: Cambridge University Press, 2003.

［3］Bernard Gert, *Common Morality*, New York: Oxford University Press, 2004.

［4］Gilbert Harman, *The Nature of Morality : An Introduction to Ethics*, New York: Oxford University Press, 1997.

［5］David Gauthier, *Morality by Agreement*, Oxford: clarendon Press, 1986.

［6］Henry Sidgwick, *Methods of Ethics*, Hackett Publishing Company, 1981.

［7］James Q, Wilson, *The Moral Sense*, New York: Free Press, 1992.

［8］David Brink, *Moral Realism and the Foundations of Ethics*, Cambridge: Cambridge University Press, 1989.

［9］Jonathan Dancy, *Moral Reasons*, Oxford: Blackwell, 1993.

［10］Stepnen Darwall, *The British Moralists and the Internal "Ought": 1640—1740*, Cambridge: Cambridge University Press, 1995.

［11］John Mackie, *Ethics: Inventing Right and Wrong*, London: Penguin Books, 1997.

［12］Michael Smith, *The Moral Problem*, Oxford: Blackwell, 1994.

［13］James Griffin, *Well - Being*, Oxford: Oxford University Press, 1986.

［14］Richard Brandt, *Morality, Utilitarianism and Right*, Cambridge: Cambridge University Press, 1992.

［15］John Rawls, *A Theory of Justice*, Cambridge, MA: Harvard University Press，1971.

［16］ Alan Donagan，*The Theory of Morality*，The University of Chicago Press，1977.

［17］ Henry Allison，*Kant's Theory of Freedom*，Cambridge：Cambridge University Press，1990.

［18］ Paul Guyer，*Kant on Freedom*，*Law and Happiness*，Cambridge：Cambridge University Press，2002.

［19］ Immanuel Kant，*Metaphysics of Morals*，Cambridge：Cambridge University Press，1996.

［20］ Christine Korsgaard，*Creating the Kingdom of Ends*，Cambridge：Cambridge University Press，1996.

［21］ Naso，Ronald C. *Hypocrisy Unmasked：Dissociation，Shame，and the Ethics of Inauthenticity*，Jason Aronson，2010.

［22］ John Willett，Gale ECCO. *The nature and mischiefs of hypocrisy*，Print Editions，2010.

［23］ Ph. D. Stephen N. Grand. *American Hypocrisy：American Diplomacy，American Tragedy*，AuthorHouse，2007.

［24］ Fensch，Thomas C. *The Sordid Hypocrisy of to Protect and to Serve*，New Century Books，2015.

［25］ George W. Watson Farooq Sheikh . *Normative Self – Interest or Moral Hypocrisy?：The Importance of Context*，Journal of Business Ethics，2008.

［26］ C. Daniel Batson，Elizabeth Collins. *Powell Doing Business After the Fall：The Virtue of Moral Hypocrisy*，Journal of Business Ethics，2006.

［27］ Bela Szabados. *Hypocrisy*，*change of mind*，*and weakness of will：How to do moral philosophy with examples*. Published by Blackwell Publishers，1999.

期刊论文类

［1］ 倪梁康：《论伪善：一个语言哲学和现象学的分析》，《哲学研究》2006 年第 7 期。

［2］吴晓明：《守护思想，引领时代》，《人民日报》2013 年 11 月 15 日第 7 版。

［3］吴晓明：《什么是开启我们时代思想的当务之急》，《文汇报》2014 年 2 月 16 日。

［4］徐湘林：《转型危机与国家治理：中国的经验》，《经济社会体制比较》2010 年第 5 期。

［5］邓晓芒：《中国的道德底线》，《华中师范大学学报》（哲学社会科学版）2014 年第 1 期。

［6］颜岩：《技术政治与技术文化——凯尔纳资本主义技术批判理论评析》，《哲学动态》2008 年第 8 期。

［7］龚群：《网络信息伦理的哲学思考》，《哲学动态》2011 年第 9 期。

［8］肖群忠：《儒家德性传统与现代公共伦理的殊异与融合》，《中国人民大学学报》2013 年第 1 期。

［9］高兆明：《技术祛魅与道德祛魅》，《中国社会科学》2003 年第 3 期。

［10］杨义芹：《道德权利问题研究三十年》，《河北学刊》2010 年第 5 期。

［11］任剑涛：《国家释放社会是社会善治的前提》，《社会科学报》第 1410 期。